两系法超级杂交稻
制种时空择优气候诊断技术及其应用

◎ 汪扩军　帅细强　等　著

中国农业科学技术出版社

图书在版编目（CIP）数据

两系法超级杂交稻制种时空择优气候诊断技术及其应用 / 汪扩军等著. —北京：中国农业科学技术出版社，2019. 12

ISBN 978-7-5116-3525-9

Ⅰ. ①两… Ⅱ. ①汪… Ⅲ. ①水稻–杂交育种–研究 Ⅳ. ①S511.035.1

中国版本图书馆 CIP 数据核字（2019）第 281520 号

责任编辑 贺可香
责任校对 李向荣

出 版 者 中国农业科学技术出版社
北京市中关村南大街12号　　邮编：100081
电　　话 （010）82106638（编辑室）（010）82109702（发行部）
（010）82109709（读者服务部）
传　　真 （010）82106650
网　　址 http: // www.castp.cn
经 销 者 各地新华书店
印 刷 者 北京建宏印刷有限公司
开　　本 787mm×1 092mm　1/16
印　　张 16.25
字　　数 350千字
版　　次 2019年12月第1版　　2019年12月第1次印刷
定　　价 160.00元

《两系法超级杂交稻制种时空择优气候诊断技术及其应用》

著者名单

主　著　汪扩军　帅细强

副主著　陆魁东　袁小康

著　者（以姓氏拼音首字母为序）

杜东升　黄晚华　龙志长　陆魁东

罗伯良　彭　莉　帅细强　汪扩军

汪天颖　谢佰承　杨治惠　袁小康

序

两系法杂交水稻是一种配组自由度高、杂种优势强的新一代杂交稻，当前生产上的超级稻品种绝大多数属于两系法杂交稻。超级稻在全国累计推广应用面积达13.5亿亩，合计增收稻谷600亿kg，近5年的年种植面积持续稳定在1.3亿亩（1亩≈667m^2，全书同）以上，占全国水稻种植面积的30%左右，2014年已实现大面积亩产1 000kg目标，目前最高亩产超过了1 200kg，显示出两系法超级杂交稻的增产潜力巨大，前景广阔。

然而，尽管两系法杂交稻具有强大的生命力，但在20世纪的发展初期，其进展并没有预料的顺利。原因就是这种杂交稻在杂交制种时容易受到温光等气候要素影响，制种生产上存在着严重的气候风险！

两系法杂交水稻是一种利用光温敏核不育材料进行繁育的新型杂交稻，这种杂交稻的不育系的生育功能受到细胞核的隐性不育基因控制，一般在较高的温度（或）与较长的光照条件下是不育的，能用于杂交制种，而在较低的温度（或）与较短光照条件下是可育的，可用来自交繁殖。也就是说，这种不育系具有一系两用的重要特点，可以给育种工作带来极大便利，为两系法带来广阔前景；但与此同时，利用这种不育系进行杂交制种和自身繁殖时，受天气因素的严格控制，其成败取决于当时当地的温度、日照等气候生态条件。20世纪80—90年代，由于制种生产时遭遇了几次严重的低温天气过程，造成生产上出现了几次大的杂交种子不纯事件，对两系法的发展制约很大。尤其是1999年，因当时制种面积较大，受到夏季低温影响后损失惨重，引起了人们的广泛担忧，有的甚至一时对此失去了信心！

为了降低制种生产上的气候风险，解决杂交制种这个关键环节中种子育性纯度风险问题，我们两系法杂交水稻研究团队一方面调整选育策略，尽量选育育性转换起点温度值较低的实用型不育系（如培矮64S等）；一方面积极开展气候生态适宜性区划研究，针对各种不同起点温度值（22.0℃、22.5℃、23.0℃、23.5℃、24.0℃、24.5℃、25.0℃）的不育系，寻找适宜两系法杂交制种的气候区域和时段，确定两系法安全高产制种的生产基地及其具体地段。

汪扩军研究员带领的气象科研协作组，自20世纪90年代初开始，一直与我合作，围绕两系法杂交稻的气候生态问题开展研究，重点针对降低两系法制种生产上的气候风险进行攻关。气象组研究了不育系育性转换的温光条件与关系模式，分析了适宜湖南及长江中下游流域制种的实用型不育系的起点温度指标及其分布规律，研发了两系法杂交制种的时空择优气候生态诊断技术，确定了湖南省两系法杂交制种的适宜气候区域和生产时段。我们两系法科研团队根据气象研究成果，于2000年由湖南省农业厅（湖南省两系法杂交水稻办公室）下发文件通知，对全省的制种生产基地进行了一次重大调整和重新安排。进入21世纪以后将近20年来，两系法制种生产上再也没有出现过大面积的杂交种子不纯现象。气象研究成果为两系法的成功做出了重大贡献，如果没有气象科研的支持，我们的成功可能要推迟几年。汪扩军研究员与湖南省气象科学研究所分别作为主要完成人员之一和主要完成单位之一，在我们团队成果2013年荣获国家科技进步奖特等奖“两系法杂交水稻技术研究与应用”中双双获得了国家最高科技奖项的奖励。

这本专著是汪扩军同志20多年来带领气象科研团队围绕降低两系法杂交制种的气候风险所做努力的主要体现。专著既对两系法杂交制种中有关时空择优的一整套气候生态诊断技术进行了完整介绍，系统阐述了针对各种不同起点温度的不育系在湖南省各地杂交制种时育性转换安全期与抽穗扬花安全期的气候风险时空分布规律特征；又根据杂交制种的高育性纯度及高产稳产的客观需要，介绍了利用GIS技术研制成功的每一个重点县气候适宜制种的最佳播期时段及其100m×100m小网格具体地段，详尽细致而又具体明确，操作指导性很强。本书应当可以成为从事两系法杂交稻科学研究与生产管理人员的一个好帮手。

袁隆平

2019年9月6日

前　言

杂交水稻是以袁隆平先生为代表的中国农业科技工作者自主研发成功的“中国魔稻”，至今已推广至全世界40多个国家大面积种植，每年种植面积达到了700万hm^2，普遍比当地水稻增产20%以上，为世界粮食安全做出了杰出贡献。杂交水稻经历了从第1代以细胞质雄性不育系为遗传工具的三系法杂交水稻，到第2代以光温敏核雄性不育系为遗传工具的两系法杂交水稻的发展历程。当前生产上80%左右的超级稻品种属于两系法杂交水稻。

两系法杂交水稻，自1973年湖北石明松在晚粳品种农垦58大田中发现长日高温不育、短日低温可育的突变株之后，到由袁隆平院士领衔完成的“两系法杂交水稻技术研究与应用”研究成果获得2013年国家科技进步奖特等奖，已经成为我国农业界的一项值得骄傲的特大科技成果！

两系法杂交水稻是一种利用细胞核不育材料进行繁育的新型杂交稻。两系法不育系与传统的三系法不育系（一种细胞质不育材料）不同，它是一种典型的温光敏型不育系，它的育性受温光等气候条件的影响，在不同的气候生态条件下育性表现则不同，生产上正是利用它的这种特性巧妙地安排进行繁殖与制种。一般在较高的温度与（或）较长的光照条件下，不育系是不育的，可用于制种生产；在较低的温度与（或）较短的光照条件下，不育系是可育的，可用来自身繁殖。但是，这种不育系的育性转换受到温光条件的严格控制，存在着一个相对固定的临界起点温、光值，制种、繁殖的成败取决于当时当地的温光条件是否突破了这种临界起点值。因此，虽然这种杂交稻的增产潜力巨大，但由于气温的年际间变化往往波动大，在制种时种子的育性纯度常常受到温度波动的影响难以得到保障，生产上杂交的种子纯度存在严重的气候风险问题。在20世纪80—90年代两系法发展初期，这种风险造成生产上出现了几次大的（如1993年、1996年、1999年）杂交种子不纯事件，社会反响强烈，引起了人们对两系法杂交水稻前景的广泛担忧！

正是由于两系法不育系的这种温光敏特性，制种时对气候生态环境条件的要求极为严格，因而，在两系法杂交制种这个大面积推广前的关键环节中，解决制约种子育性纯度的气候风险问题至关重要，迫切需要提供一种特定而又精细的气象科技支撑服务！

为了深入研究两系法杂交水稻的气候适宜性，有效解决两系法杂交制种生产上的气候风险等问题，湖南省于1990年专门成立了两系法杂交水稻气象科研协作组，隶属于袁隆平先生的两系法杂交水稻科研团队。20多年来，湖南省气象科研协作组在湖南省人民政府的大力支持和袁隆平院士的亲自指导下，在湖南省农业厅（湖南省两系法杂交水稻办公室，后更名为湖南省超级稻办公室）、湖南省科技厅，以及科技部、中国气象局科技司等相关部门的科研项目资助下，一直围绕两系法（超级）杂交水稻安全、高效生产的关键气象技术问题进行攻关与服务。“八五”期间，气象协作组主要是针对两系法不育系育性转换温光指标的气候生态鉴定技术进行研究。通过5年田间试验，获得了两系法不育系育性转换的温光指标、温度要素与育性转换的关系模式、两系法在湖南及长江中下游流域制种的实用不育系育性转换的温度指标等成果，并研究总结了一套实用型两系不育系育性转换温光指标的气候生态鉴定办法。“九五”期间，气象协作组主要是针对两系法杂交制种的时空择优气候生态诊断技术进行研究，重点研究影响两系法杂交制种的不育系育性转换期和亲本扬花授粉期的气候条件及其时空分布规律。提出了两系法杂交制种生产上两段气候安全期的概念及第一气候安全期的基本思路，建立了相应的时空择优气候风险诊断技术及其等级指标，研制了生产决策的气候生态诊断与气候适宜性区划系统，划分了湖南省各种适宜性区域，确定了全省各制种基地县及其最佳时段。“十五”期间，利用地理信息系统技术对全省两系法超级稻制种基地县进行了精细区划，把制种安全区域细化确定到了乡镇和丘块级别。“十一五”期间，开展了两系法超级稻制种基地县的小网格推算和制种生产期间主要气象灾害的监测预警方法研究。“十二五”期间，又开展了两系法超级稻制种基地的农用天气预报技术和方法研究。

与此同时，协作组及时将研究成果应用于指导生产。2000年，在袁隆平院士的高度重视和亲自推动下，湖南省两系法杂交水稻办公室根据气象研究成果由湖南省农业厅下发文件（〔2000〕70号），对全省的制种生产基地进行了一次重大调整和重新安排。之后，我们又边研究边应用，一直为湖南省的制种基地县提供相应的气象技术指导和科技服务。在每年的6—9月期间，针对种子生产基地不育系育性敏感期间、亲本扬花授粉期间和杂交种子成熟收获期间可能遭遇的连阴雨等气象灾害开展趋势预测服务，每月1日提供当月气象灾害趋势预测结果，每周一上午提供本周气象灾害预报结果。同时，湖南省气象科学研究所还为隆平高科上市公司提供专业化农业气象服务，针对两系法杂交制种生产上的关键期定期制作和提供农用天气预报。隆平高科在给湖南省气象局的感谢信中写道：“该项服务为我公司统筹安排生产、规避气象风险、减少灾害损失、保证种子质量等做出了重大贡献！”

自从2000年湖南省农业厅发文对全省的制种生产基地进行重新调整和布局后，进入21世纪后近20年来，湖南省两系法杂交制种生产上再也没有出现过大面积的杂交种子育性不纯现象。实践证明，两系法只要抓住两段关键气候生态安全期——不育系育性敏感安全期和扬花授粉安全期，选择气候适宜的地域与时段安排杂交制种，是完全可以将气候风险降低，将这种风险控制在可以接受的极低范围内，在杂交种子生产上达到既有高纯度又有高产量的双重要求。2013年，我们的气象研究成果纳入在国家科技进步奖特等奖“两系法杂交水稻技术研究与应用”之中，成为该项国家最高科技奖项的主要完成人员之一（2013-J-201-0-01-R33）和主要完成单位之一（2013-J-201-0-01-D18）。2016年，在中国气象局的大力支持下，我们牵头制定的国家标准《超级杂交稻制种气候风险等级》（GB/T 32779—2016）正式对外发布，2017年1月1日起实施。

本书集中体现了我们气象团队20多年来就降低两系法杂交制种的气候风险所做的主要工作，全面介绍了两系法杂交制种中时空择优的气候生态诊断技术，重点介绍了为满足各地杂交制种时高纯度与高产稳产需要，利用GIS技术研制的每一个制种基地县适宜制种的最佳气候时段与100m × 100m小网格地段，详尽细致而又具体明确，可供生产实践参考。全书共分12章。其中，第一章绪论，由袁小康、汪天颖、汪扩军编写；第二章两系法杂交制种生产时空择优的气候生态诊断技术，由汪扩军、帅细强、袁小康、陆魁东编写；第三章湖南省两系法杂交制种安全高产气候适宜性区划，由汪扩军、帅细强、陆魁东、杜东升编写；第四章至第十章，湖南省两系法杂交稻主要制种基地县的气候适宜性生产安排，由帅细强、陆魁东、杜东升、黄晚华、彭莉、杨治惠、谢佰承编写；第十一章两系法杂交制种安全高产气候诊断决策服务系统软件研发，由帅细强、汪扩军、龙志长、杜东升编写；第十二章两系法杂交制种气象保障服务，由帅细强、陆魁东、罗伯良、龙志长、汪扩军编写。全书最后由汪扩军、帅细强、袁小康统稿。

在项目研究与本书编写过程中，先后共得到了湖南省农业厅、湖南省科技厅、中华人民共和国科技部、中国气象局科技司和法规司等相关部门的科研项目资助，得到了湖南省气象局、湖南省气象科学研究所，以及有关杂交制种基地的市、县气象局等相关单位的大力支持，得到了袁隆平院士等一大批专家、教授的精心指导，得到了湖南省两系法杂交水稻气象科研协作组各成员单位与各位专家的鼎力相助，得到了湖南省气象科学研究所各位同事和湖南省气象局相关管理部门的积极支持，在此，谨对各相关单位和专家、同事表示崇高的敬意和衷心的感谢！

由于编著者水平有限，书中难免存在疏漏之处，敬请广大读者提出宝贵的批评和指导意见！

汪扩军

2019年9月13日

目　录

第一章　绪　论

水稻是一种露天农作物，其生长发育和产量形成容易受到天气气候条件的影响，两系法杂交水稻及其超级杂交稻自然也不例外，两系法超级杂交水稻的制种生产受到了气象条件的严格制约。从三系杂交稻到两系杂交稻（超级杂交稻），水稻杂交制种的程序由繁至简，制种效率由低到高，但受气象条件的影响却越来越复杂，影响程度越来越大。与三系法杂交稻的杂交制种相比，两系法（超级）杂交稻的制种生产对气象条件的要求更依赖，气候风险的影响很大，需要事先选定合适的气候区域（精细地段）与季节（精准时段）进行科学安排，这种气候依赖性需要精细精准的气象专业服务。

第一节　两系法超级杂交水稻概述

杂交水稻（hybrid rice）指选用两个在遗传上有一定差异，同时它们的优良性状又能互补的水稻品种，进行杂交，生产具有杂种优势的第一代杂交种，用于生产。超级稻，即通过水稻超高产育种选育的超高产品种。超级稻从广义来说，是水稻在各个主要性状方面，如产量、米质、抗性等均显著超过现有品种（组合）的水平；从狭义来说，是指在抗性和米质与对照品种（组合）相仿的基础上，产量有大幅度提高。

1964年7月，袁隆平先生在湖南的安江农校实习农场发现水稻雄性不育株，开启了中国的杂交水稻研究历程。1973年10月，在苏州召开的水稻科研会议上，袁隆平发表了题为《利用野败选育三系的进展》的论文，正式宣告中国籼型杂交水稻“三系”配套成功。1975年，杂交水稻在中国各省市试种。1976年，杂交水稻在我国开始大面积推广，从而使中国成为全世界在生产上第一个成功利用水稻杂种优势的国家。杂交水稻是由我国首创的一项先进农业技术，为大幅提高粮食产量提供了一条切实可行的途径。杂交水稻的推广应用，为解决我国人民的吃饭问题、确保国家粮食安全做出了重大贡献。1976—2013年，中国杂交水稻累计推广5.316 2亿hm^2，并于1995年达到2 089.78万hm^2的历史最大面积，占当年水稻面积的67.97%。1999年以后呈现缓慢下降趋势，至2013年维持在1 617.87万hm^2，占水稻面积的53.37%（胡忠孝等，2016）。

截至2013年，全国共有17个省（区、市）有杂交水稻分布，其中面积最大的是湖南，达到287.94万hm^2，其次是江西，再次是湖北、安徽和四川，而上海、江苏、浙江、福建、河南、海南、重庆、贵州、云南和陕西的杂交水稻面积较小。陕西、重庆、四川、贵州、海南的杂交水稻占水稻面积的比例都达到90%以上；河南、湖北、福建、广西壮族自治区（全书简称广西）达到80%以上；江西、安徽、湖南为60%～80%；广东、云南、浙江在40%～60%；上海、江苏在20%以下。1996—2013年年推广面积在0.67万hm^2以上的杂交水稻主要品种数量持续增加，由1996年的133个增加到2013年的532个。

一、杂交稻育种发展历程

杂交水稻育种经历了从第1代以细胞质雄性不育系为遗传工具的三系法杂交水稻，到第2代以光温敏核雄性不育系为遗传工具的两系法杂交水稻的发展历程。目前绝大多数的超级稻都属于两系法杂交稻。

（一）三系法育种

第1代的杂交水稻是以细胞质雄性不育系为遗传工具的三系法杂交水稻。“三系”是水稻杂种优势利用的基础。所谓“三系”是指雄性不育系，雄性不育保持系和雄性不育恢复系，简称不育系、保持系和恢复系。要实现“三系”配套，首先利用少量的水稻“雄性不育植株”培育出一个雄性不育系，这个雄性不育系可以无限扩展到任意大；然后选配出保持系，保持系是一种常规水稻，它能使雄性不育系水稻的雄性不育特性世世代代百分之百地保持下去；最后还必须找到另外一种被命名为恢复系的常规水稻，这种常规稻与不育系杂交之后，其杂交后代全面恢复其雄性可育性而自交结实，从而由此获得第一代种子而用于大田生产。这样，每年用一部分不育系和保持系杂交，其杂交后代保持了雄性不育的特性，就可以延续不育系后代；用另一部分不育系与恢复系杂交，其后代恢复了雄性可育的活力，因而可以自交结实，以制备大田生产所需的种子（李晏，2010）。三系法杂交水稻经久不衰，至今的种植面积仍占杂交水稻的50%左右（袁隆平，2018）。三系法的优点是其不育系育性稳定，不足之处是其不育系育性受恢保关系的制约，恢复系很少，保持系更少，因此选到优良组合的难度大，几率较低（袁隆平，2016）。

（二）两系法育种

第2代的杂交水稻是以光温敏雄性不育系为遗传工具的两系法杂交水稻（袁隆平，2018）。两系法杂交水稻是我国在世界上首先研究成功的水稻杂种优势利用的新技术，是指用水稻光（温）敏细胞核雄性不育系与恢复系杂交配制杂交组合，以获得杂种优势（袁隆平，1997）。在两系法杂交制种生产上，广泛使用的是籼型不育系，它是一种温敏型不育系，其育性主要受温度制约，光照长度只起到一定程度的补偿作用。

两系法与三系法比较，不需要使用保持系，就是利用光温敏核不育系繁殖杂种，光温敏核不育系在不同的气候条件下，可以由不育转化为可育，即省去了保持系与不育系杂交繁殖不育系后代的这个环节，体现了两系法配套技术的优越性。两系法的优点是配组的自由度很高，几乎绝大多数常规品种都能恢复其不育系的育性，因此选到优良组合的几率大大高于三系法。此外，选育光温敏不育系的难度较小。但是，两系法的弱点是其不育系育性受气温高低的影响，而天气非人力能控制，制种遇异常低温或繁殖遇异常高温，结果都会失败（袁隆平，2016）。

三系法与两系法区别：三系法杂交水稻的不育系不育性的表达是由细胞质核基因互作控制，不受环境条件制约；两系法杂交水稻的制种，母本是利用光温敏两用核不育系，不育性的表达是由细胞核基因和温光生态条件共同控制，只有在一定的温光生态条件下雄性不育性方能完全表达。

两系法杂交育种可以在高温（或长光照）下制种，恢复系的选配材料比较容易选配，解决了亲本花期难以相遇的问题，因此避免了三系法育种时母本繁殖中出现的困难。两系不育系的不育基因易于转育，根据科研需要可以培育出所需要的不育材料，既可以用作父本，又可以用作母本，而且可以在低温（短照）下恢复育性自交繁殖，杂种父本也可以广泛遴选，比核质互作的三系材料简单得多。由于不需要保持系，而且繁殖不育系亲本种子与种植常规稻的要求基本相同，所以省田、省工，大大降低了制种成本。两系法制种方法简便，程序简约，易于掌握，还能有效保持种子纯度，可以有效促进杂交水稻技术的推广和杂交稻种的商品化生产，有利于杂交水稻的大面积推广应用。

（三）超级稻育种

超级杂交稻育种自20世纪90年代开始。1994年，国际水稻研究所在国际农业研究磋商小组召开的会议上，通报了育成的“新株型稻”，其产量潜力在热带旱季小区实验中可望达到12.5t/hm^2。国际水稻研究所育成的新株型稻，新闻媒体用“超级稻”（Super Rice）一词进行宣传报道，超级稻因此而得名（袁隆平，2008）。1997年，袁隆平在剖析、总结超级杂交稻模式组合“培矮64S/E32”的遗传组成、株型特点基础上，发表了“杂交水稻超高产育种”论文，提出以“形态改良与杂种优势利用相结合”的水稻超高产育种技术路线和设想（袁隆平，1997），成为中国超级杂交稻育种的灵魂思想。1998年，袁隆平向国务院提交《开展杂交水稻超高产育种计划建议书》，国家农业部和科学技术部相继启动了“超级杂交稻育种研究计划”。在“形态改良与杂种优势利用相结合”技术路线指引下，中国超级杂交稻育种迅速步入快车道，相继取得了一系列国际领先成果，尤以长江中下游一季中籼超级杂交稻育种成果最为丰硕。

育种实践表明，通过育种提高作物产量，形态改良是一条有效的途径，与气象条件也有着紧密的关系：①上三叶叶片应长、直、窄、凹、厚。长而直的叶子不仅叶面积大，而且能两面受光又互不遮阴，因此能更有效地利用光能；窄叶所占的空间面积小，能增加有效的叶面积指数；凹字形可使叶片坚挺不披；厚叶光合功能强且不易早衰。具有这种形态特征的水稻品种，能有最大的有效叶面积指数和光合功能，为超高产提供充足的光合产物；②冠层要高。从形态学观点来看，提高植株高度是提高生物学产量有效而可行的方法；③穗层要矮。植株高了会引起倒伏，穗层矮（成熟期稻穗顶部离地面仅60～70cm），使植株重心下降，可使植株高度抗倒伏。抗倒是培育超高产水稻必备的特性（袁隆平，2010）。

二、两系法超级杂交稻的现状

超级杂交水稻是农业部超级杂交水稻培育计划的成果，该计划由“杂交水稻之父”袁隆平主持。先锋品种两优培九于2000年实现第1期超级杂交稻产量目标，即亩（1亩≈667m^2。全书同）产700kg，累计推广超过700万hm^2；第2期超级杂交稻产量目标（亩产800kg）于2004年实现，其代表品种Y两优1号自2010年以来即成为我国年推广面积最大的杂交水稻品种，累计推广已达400万hm^2；2011年，Y两优2号百亩连片平均亩产达926.6kg（13.9t/hm^2），实现了第3期超级杂交稻单产的目标，即亩产900kg；2014年，第4期超级杂交稻代表品种Y两优900创造百亩连片平均亩产1 026.7kg（15.4t/hm^2）的高产新纪录，两倍于中国水稻的平均产量，实现了第4期超级杂交稻产量目标，即亩产1 000kg（吴俊等，2016）（表1-1）。截至2018年，农业农村部认定可冠名超级稻品种（组合）为132个，其中超级杂交稻品种占80%左右，超级杂交稻主要品种有汕优63、两优倍九、Y两优1号，Y两优2号，Y两优900等。

表1-1　各期超级杂交稻代表性组合穗粒结构及产量构成（吴俊等，2016）

组合	有效穗数（10^4/667m^2）	穗粒数（粒）	总颖花数（10^4/667m^2）	实际产量（kg/667m^2）	产量潜力（kg/667m^2）	折扣率（%）	相对增产幅度（%）
汕优63（CK）	17.3	146.1	2 527.5	573.3	600	95.6	0.0
两优培九	17.0	179.0	3 043.0	634.8	700	90.7	10.7
Y两优1号	18.2	182.8	3 327.0	680.6	800	85.1	18.7
Y两优2号	15.4	237.5	3 657.5	740.0	900	82.2	29.1
Y两优900	14.1	288.7	4 070.7	786.7	1 000	78.7	37.2

截至2019年，全国水稻种植面积4.53亿亩，其中杂交稻种植面积占50%。全国杂交水稻每年制种面积10万hm^2以上，产种约2.7亿kg。近5年，超级稻的年种植面积持续稳定在1.3亿亩以上，占全国水稻种植面积30%左右。超级稻在全国累计推广应用面积达13.5亿亩，合计增收稻谷600亿kg，带动全国水稻生产稳定发展。超级稻已成为我国农业科技自主创新的典范和农业协同攻关的标杆，为保障国家粮食安全发挥了重要的作用。

1980年，杂交水稻作为我国出口的第一项农业科研成果转让给美国，拉开了杂交水稻国际化的序幕。20世纪90年代初，联合国粮农组织将推广杂交水稻列为解决发展中国家粮食短缺问题的首选战略措施，首先在印度、越南等水稻生产大国实施，取得良好的效果。印、越两国于20世纪90年代中期成为继中国之后在生产上大面积成功应用杂交水稻的国家。为促进杂交水稻在国外的发展，袁隆平院士受聘为联合国粮农组织首席顾问，并派遣了湖南杂交水稻研究中心10多名专家作为联合国粮农组织国际技术顾问，多次赴印度、越南、缅甸、孟加拉等国指导发展杂交水稻。为促使杂交水稻在美洲发展，湖南杂交水稻研究中心于1994年开始与美国水稻技术公司合作，袁隆平院士作为该公司顾问，多次赴美亲临指导，还常年派专家前往该公司进行技术指导。在联合国粮农组织、联合国发展计划署（UNDP）、亚洲开发银行（ADB）和国际水稻研究所（IRRI）等国际组织及我国政府、研究机构和企业的支持和帮助下，目前杂交水稻的国际发展取得了较大的进展，已有多个国家实现了杂交水稻商业化生产应用。

水稻是世界上最重要的粮食作物之一，它广布五大洲，但栽培面积的90%集中在亚、非、美国家。从亚非美稻区来看，水稻产区还是集中在温暖多雨的东亚、东南亚、南亚一带，其水稻总产量占世界总产的90%以上，世界水稻主产国中国、印度、印尼、泰国、日本都集中在亚洲。所以，亚洲是杂交水稻重点发展地区。目前，亚洲竞相开展杂交水稻试种研究和推广应用的国家有印度、越南、印尼、巴基斯坦、缅甸、泰国、孟加拉、菲律宾、斯里兰卡、老挝、柬埔寨、韩国、马来西亚等国。

三、两系法超级杂交稻发展趋势

袁隆平（2018）认为，杂交水稻在经历从第1代以细胞质雄性不育系为遗传工具的三系法杂交水稻，到第2代以光温敏雄性不育系为遗传工具的两系法杂交水稻的快速发展，目前正在研究攻关以遗传工程雄性不育系为遗传工具的第3代杂交水稻。他提出了杂交水稻发展的战略，将沿着第4代C_4型杂交水稻和以利用无融合生殖固定水稻杂种优势的第5代杂交水稻的方向不断向前发展。

以遗传工程雄性不育系为遗传工具的第3代杂交水稻是青出于蓝而胜于蓝，不仅兼有三系不育系不育性稳定和两系不育系配组自由的优点，同时又克服了三系不育系配组受局限和两系不育系制种时可能“打摆子”和繁殖产量低的缺点。第4代应是正在研究中的碳四（C_4）型杂交水稻。理论上C_4型的玉米、甘蔗等作物的光合效率比C_3型的水稻、小麦等作物高30%~50%。高光效、强优势的C_4杂交稻必将把水稻的产量潜力进一步大幅度提高。第5代的杂交水稻是利用无融合生殖固定水稻的杂种优势，这是杂交水稻发展的最高阶段。无融合生殖是不通过受精作用而产生种子的生殖方式，二倍体无融合生殖可使世代更迭但不会改变基因型，后代的遗传构成与母本相同，因此可以固定杂种优势，育成不分离的杂交种。

在超级杂交水稻育种方面，袁隆平（2010）指出常规育种与生物技术相结合是今后作物育种的发展方向，这也是选育超级杂交稻具有巨大潜力的途径。育种实践表明，通过育种提高作物产量，可归纳出两条有效途径：一是形态改良，二是杂种优势利用。单纯的形态改良，潜力有限；杂种优势不与形态改良结合，效果较差。相关育种途径和技术，包括基因工程在内的高技术，最终将落实到优良的形态和强大的杂种优势上，才会对提高产量有贡献。高产品种有高冠层、矮穗层、中大穗的形态特征。

吴俊等（2016）也指出，“形态改良与杂种优势利用相结合”始终是杂交水稻超高产育种的灵魂思想，是贯穿各阶段超级杂交稻育种研究的核心策略，并且该策略的应用目前仍有较大潜力可挖，是未来持续突破超级杂交稻新目标的主要途径：

1. 形态改良的潜力

水稻生产的实质是群体光合产物的积累与分配。水稻形态改良的意义就在于通过塑造优良的个体株型和内部生理机能的改良来进一步扩大光合产物的生产，满足超高产对“源”的需求。水稻生产是群体形式，因此水稻形态改良必须实现个体与群体平衡协调，达到群体光能利用率最大化（吴俊等，2016）。

2. 杂种优势的魅力

利用杂种优势可提高水稻个体生理机能，提高单叶净光合速率和植株机能活力，促进源、库、流协调发展，达到增加光合产物积累和提高收获指数的目的。理论上来说，杂种优势取决于双亲遗传距离。因此，亚种间杂种优势要大于品种间杂种优势（吴俊等，2016）。

3. 提高生物量

在水稻高产育种实践中，株高的增加是提高生物学产量最简单有效的途径，但由于抗倒力与株高的平方成反比，株高太高又非常容易导致倒伏。袁隆平认为，半高秆育种潜力挖掘殆尽后，还可以在继续保持稳定收获指数的同时，通过“新高秆”、“超高秆”育种进一步大幅度提高水稻生物学产量，从而进一步提升产量潜力（袁隆平，2012）。

4. 协调改良米质和适应性

高产、高质、高抗是水稻等农作物育种永远追求的目标，超级杂交稻在追求超高产的同时，也从未放弃对优质、多抗和广适性的追求。目前，超级杂交稻除了产量高，其食味品质和外观品质都比普通杂交水稻有了较大提升，超高产和优质并不矛盾。我国育成的100个超级杂交稻品种中，达到国家三等以上优质米标准的品种占一半左右。

超级杂交稻超高产潜力的发挥，受到病虫害与自然灾害的严重制约。因此，需要培育多抗、高抗和广适性强的超级杂交稻品种来解决这一问题。通过分子生物学技术与常规育种方法相结合，在综合表现优良的超级杂交稻亲本基础上，导入单个或聚合多个病虫害抗性基因，针对性改良现有超级杂交稻抗性和生态适应性，培育高产、高档优质、高生物与非生物胁迫抗性的“三高”超级杂交稻新品种，将是未来超级杂交稻的重要发展方向。

随着大量半矮秆、耐肥高产品种的培育和推广应用，化肥、农药和水资源的过量使用以及劳动力的投入激增，农业生产面临着越来越严峻的挑战，其中，水稻生产与资源环境的矛盾表现尤为突出。面对资源趋紧、环境污染严重、生态系统退化的严峻形势，2005年，张启发提出了“绿色超级稻”的新理念，主张以功能基因组研究的成果为基础，大力培育“少打农药、少施化肥、节水抗旱、优质高产”的“绿色超级稻”新品种（张启发，2005），并倡导“高产、高效、生态、安全”的绿色栽培管理模式（张启发，2009），从而实现作物生产方式的根本转变，促进农业的绿色发展。

第二节　两系法超级杂交稻制种与气象条件的关系

选择能使光温敏两用核不育系不育性表达完全的生态条件，将光温敏两用核不育系与配组父本按一定的行比相间种植，使父母本花期相遇，并进行人工辅助授粉，获得生产应用的杂交水稻种子，这就是“两系法”杂交水稻制种。如培两优288的制种，就是选择能使培矮64S不育性完全表达的生态条件，即选择适合的制种基地和季节，将培矮64S和父本R288按16：2的行比相间种植，在双亲花期相遇的情况下，进行人工辅助授粉，生产培两优288的杂交种子（陈立云等，2001）。

由于两系不育系是一种光温敏型不育系，因此两系法杂交稻制种受光温条件的制约，容易遭受低温、连阴雨、高温热害等气象灾害的影响，导致制种产量下降、种子纯度不达标，发芽率降低等质量问题。不育系的育性转换之间存在一种临界的温光气候指标值。两系制种纯度与自繁产量的保障主要取决于不育系育性转换期间温光生态条件是否符合要求，在进行制种时，敏感期间如果出现了温光要素值低于育性转换临界指标的天气条件，如出现低温天气，不育系的育性就会得以恢复或部分恢复，出现所谓的“打摆子”现象，造成杂交种子育性混杂，导致制种失败。

两系制种产量主要取决于亲本抽穗扬花授粉期间的天气气候条件，抽穗扬花期是决定制种产量的关键时段。这段安全期内的主要气候生态因子是温度、湿度、降雨、光照与风速（汪扩军等，2003）。

一、两系法不育系育性转换与气象条件的关系

两系不育系是一种细胞核雄性不育水稻材料，与传统的三系不育系（一种细胞质不育材料）不同，三系不育系的育性表达不随气候生态条件的变化而改变，而两系不育系的育性则因温光等气候生态环境的不同而不同。这种不育系是一种典型的温光敏型不育系，育性表达受到温光等气候生态条件的严重制约，取决于当时当地的温光生态条件。一般地，在较高的温度与（或）较长的光照条件下，不育系是不育的，被用于制种生产；在较低的温度与（或）较短的光照条件下，不育系是可育的，被用来自身繁殖。

（一）水稻雄性不育性

水稻是典型的自花授粉作物，雌雄同花，由同一朵花内花粉进行传粉受精而繁殖后代，杂种优势的利用有赖于雄性不育系的培育。所谓雄性不育性，是指雄性器官退化，不能形成花粉或形成无生活力的败育花粉，因而不能自交结实，但雌性器官正常，一旦授以正常可育花粉则又可受精结实，具有这种特性的品系称为雄性不育系。

两用核雄性不育系是指既能自交结实繁殖自身又能表现完全雄性不育，用作制种工具的水稻品系。根据育性对光温条件反应的不同，将核不育系分为两个基本类型：

光敏型：育性变化主要受光照长度影响，在长日照条件下，表现完全雄性不育，在短日照条件下，表现为雄性可育。温度对育性变化基本上不起作用或者作用很小。

温敏型：育性变化主要受温度影响，在较高温度下表现完全雄性不育，在较低温度下表现可育，光照长度对育性变化基本上不起作用或者作用很小。籼型稻不育系是温敏型不育系。

此外，在光敏型和温敏型之外还有一种类型，即光温互作型，光温互作型的育性变化是光温互作效应的结果。它分为两个亚类：①以光为主，温度起协调作用的光温型。当光长在临界值左右时，高温可诱导不育，低温导致可育；②以温为主，光长起协调作用的温光型。当温度在临界值左右时，长光照可导致不育，短光照导致可育（袁隆平，1990；黄银琪等，2002）。

在光温敏两用核不育系生长发育的一定时期，其核不育因子在环境因子（主要是光照和温度）的控制下决定雄性的可育或不育，这一时期称为育性敏感期（邓启云、符习勤，1998）。光温敏不育系的育性敏感期一般从雌雄蕊形成期至花粉母细胞减数分裂期，即幼穗分化的第4～6期。不同的不育系之间育性敏感期存在一定差异。

（二）两系超级杂交水稻的遗传基础

现有光温敏不育系种类繁多，它们在遗传上的共同特点就是其光温不育特性都受核内隐性基因控制，因而用光温敏不育系与普通水稻配置的两系杂交水稻杂种一代均表现正常可育，这是光温敏不育系可被生产上应用的基础（陈立云等，2001）。

1. 光敏核不育水稻雄性不育性的遗传

光敏核不育水稻具有长日照条件下抽穗雄性不育、短日照条件下可育的基本特征。

2. 温敏核不育水稻雄性不育系的遗传

温敏核不育水稻在高温条件下抽穗雄性不育、低温条件下可育。

（三）两系法不育系育性转换与气象条件的关系

两系法超级杂交稻不育性对光照时间、温度等气象条件有较高要求。生产上利用的两用核不育系，主要分为光敏型和温敏型两大类。光敏型的不育系，雄性不育性主要受光照长度控制。当光照长度在14h以上时表现出不育，在13.75h以下时表现可育，13.75～14h育性产生波动。温敏型的不育系，雄性不育性主要受温度控制。可育转育的起点温度在23.5～24℃，连续3d日平均气温在23.5℃以下转向可育，24℃以上为不育，23.5～24℃育性产生波动（陈立云等，2001）。

温敏型不育系的育性，除日平均气温之外，还与日最低气温和低温持续的时间长短有关。如培矮64S在日平均气温不低于24℃，但日最低气温低于20℃时育性产生了波动。

光敏型不育系除了主要控制因素——光照长度外，温度也有一定影响。如7001S在1991年8月25日出现了染色花粉，不育性开始向可育转化。8月29日至9月3日出现日平均气温高于30℃，9月中旬不育性回头，连续几天无染色花粉。由此说明，当温度高于一定范围时，光敏核不育系在短光照条件下仍为不育。

二、两系法杂交制种育性纯度的气象条件

两系杂交稻进入推广阶段后，因为气候对不育系的复杂影响，出现了许多育性变化的异常现象，如不育系育性起点温度的漂移。姚克敏（1996）认为育性模型是水稻不育系的育性受光、温生态条件影响机理的归纳和概括，提出了水稻光温敏核不育系育性模型应具备的功能与作用，分析了第二光周期模型、光温作用模型和育性量化模型3种育性模型。

育种学家认为研究光温综合调控不育系育性的数学模型及其客观机理的本质，才能正确指导不育系的选育和应用，使两系法杂交稻的研究从理论和实践方面取得成功。姚克敏等（1994，1995）在导出育性量化模型的基础上，讨论了育性变化的光温敏感期及

其影响机理，提出了温光当量的概念，根据结实率量化模型及其气象机理归纳出育性转换通用图式。

该图1-1所示基本观点是：

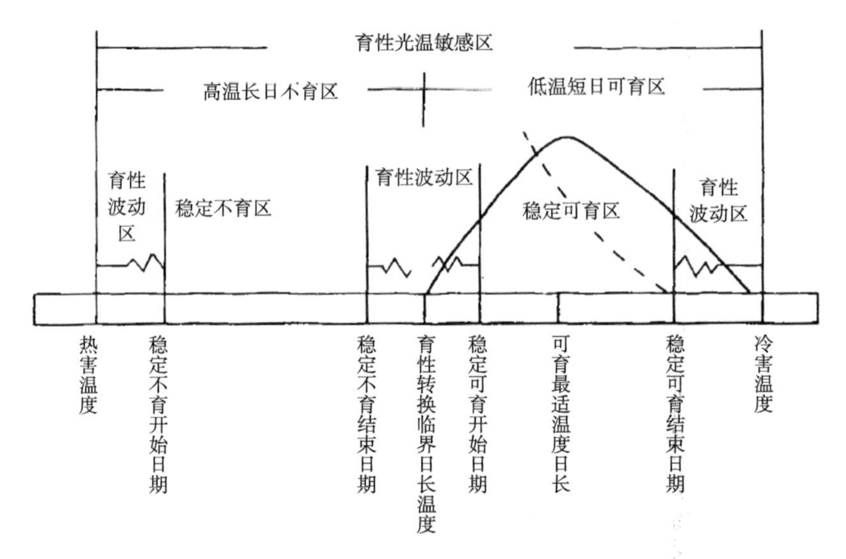

图1-1　育性转换通用图式（姚克敏等，1994）

（1）在水稻抽穗扬花期的热害温度和冷害温度之间为光敏核不育水稻的育性敏感区域。凡遗传性稳定的不育系，育性在该区域内同时受日长和温度的综合影响。

（2）在育性敏感区域内的高温（长日）时段，育性可表现为一个不育区；低温（短日）时段，育性可表现为一个或两个以上可育区。

（3）在可育区内，温度的影响呈现为一偏态抛物线，日长的影响呈一指数曲线，并存在最适临界温度及最适临界日长。可育区内不育系的结实率因不育系的类型不同受育性敏感期相应的日长或温度水平的影响，可呈现明显波动，甚至临时不育。

（4）由于存在温度和日长的时间（年际间）和空间（地区间）变化，育性的光温效应在出现时间上必然随之波动，因而在育性转换的交界处，各会出现一个育性气候波动区域，其宽度取决于种植地的地理位置（高度及纬度）及气候条件。相应地，在两个育性波动区域之间，各自形成一个稳定可育区，其宽度决定了该不育系在种植地的实际利用价值。

育性转换是一个可逆连续过程，其恢复和降低的程度取决于日长和温度变化的强度和持续时间。根据育性转换机理和光温条件的时空变化规律，育性转换期也具有显著的气候学特征。温敏型不育系的育性转换期波动大，只有育性转换临界温度幅度较大的不育系才可能有较广泛的适应性。光（温）敏型不育系的育性转换期波动较小，只要育性转换临界日长较长，最适日长较短，就具有较高的利用价值。研究结果对不育系选育、鉴定和应用具有指导意义。

姚克敏等（1994）指出，鉴于光温敏核不育系具有育性转换的特征，且受气象因子变化的影响较大，因此有必要开展育性及其敏感期预测方法的研究，以便能结合相应的生育期和育性调控措施，为两系杂交稻繁殖、制种提供指导。预报方法的基本思路是在检验水稻生育期模型对光温敏核不育水稻的适用性的基础上，根据大田逐日套袋结实率资料及其对光温条件的反应规律，建立育性变化模型，并通过回归筛选确定育性敏感期，综合后提出光温敏核不育系的育性敏感期和结实率预测方法，并就实际预报应用提出设想。

三、两系法杂交稻制种高产稳产的气象条件

在适宜两系法杂交稻生长发育的气象条件方面，一些学者做了许多研究工作，得出了许多农业气象指标，对实现两系法杂交稻高产稳产具有重要的指导意义。袁隆平（1998）根据生产要求，提出了实用两系不育系的指标参数：起点温度低（连续3d平均温度<23/24℃）、光敏温度范围宽（23～29℃）、临界光长短（<13h）、长光照对低温和短光照对高温的补偿作用强等。汪扩军等（2003）指出，抽穗扬花期是决定两系杂交稻制种产量的关键时段。这段时期影响产量的主要气候生态因子是气温、空气湿度、风速。适宜的气候生态条件一是晴朗天气，二是日平均气温在26～28℃，三是相对湿度为80～90%，四是2～3级风力。白天温度29.1～33.0℃、湿度71%～90%对开花授粉较为理想。雷东阳等（2009，2013）指出，不同不育起点温度的两用核不育系“三个安全期”适宜气象指标为：育性敏感期要求不出现连续3d日均温低于不育起点温度的天气；抽穗扬花期日均温24～30℃，无连续3d空气平均湿度≤70%或≥90%，无连续3d为阴雨天；种子成熟收获期无连续3d以上的雨日。

四、两系法杂交制种生产的气候适宜性

两系杂交稻的品质、产量具有明显的优势。但两系杂交稻制种对光、温、水等气象因子反应十分敏感，加上气候年际间存在一定的波动，给两系杂交稻制种带来一定的风险。在一些制种气候不稳定地区，曾多次出现制种失败，一度影响两系杂交稻的推广。在我国南方水稻生产省份，双季水稻生产气候资源优越，具有丰富多样的立体气候资源，有着许多适宜两系杂交水稻制种的气候区域。但面临的问题是在什么区域、什么海拔高度、什么季节安排制种才能充分利用气候资源，将气候风险降到最低程度。

袁隆平根据生产要求提出了实用两系不育系的指标参数：临界温度低（连续3d平均<23/24℃）、光敏温度范围宽（23~29℃）、临界光长短（<13h）、长光照对低温和短光照对高温的补偿作用强等（袁隆平，1998）。安排两系法杂交制种生产，从气候上要做到“三防”：一防敏感期低温，制种基地抽穗前10～20d历年日平均气温不低于24℃，最低湿度不能低于80%；二防敏感期冷灌，制种基地抽穗前10～20d不能有低于

育性转换起点温度的水灌溉；三防花期高温，制种基地花期日平均气温不得高于28℃，最高温度不能高于35℃。

两系杂交稻制种的适宜区域为丘陵山区、丘陵区和滨湖，丘陵山区优于平原。其次，海拔为350～450m的区域为两系杂交稻制种的适宜区域。两系杂交稻制种的最佳季节是7月下旬至8月下旬可安排抽穗扬花期，既能保证稳定通过育性转换敏感期又能保证正常地抽穗扬花（靳德明，2008）。

湖南雨季一般在6月底至7月初结束，7月中旬至9月上旬雨水较少，且以雷阵雨天气为主，降雨连续3天以上的情况很少。7月下旬至8月上旬是湖南气温最高时期。湖南立秋前以南风为主，立秋后以北风为主。湘中、湘南多为低海拔丘陵区，湘西由于海拔差异较大，立体气候特征明显。因此，湘中、湘南双季稻区杂交水稻制种安全抽穗扬花授粉期在7月初至9月上旬，其中最适宜的时期在7月5—15日和8月中下旬，湘西一季稻区在7月上旬至8月中旬。

第二章　两系法杂交制种生产时空择优的气候生态诊断技术

第一节　时空择优的基本思路

两系杂交稻制种的基地与季节的确定主要考虑两段安全期的气候风险，第一安全是育性安全期（即不育系幼穗分化Ⅳ—Ⅵ），第二安全期是扬花安全期（即抽穗扬花授粉安全期）。这两段安全期既有其对气候条件的特定要求，又互相关联。其中第一安全期直接影响到制种的纯度，决定了制种的成败。安排制种时首先要确保不育系不育性稳定可靠，选择那些低温天气出现频率极低的地域与时段，以满足育性转换敏感期对高温的需要。第二安全期直接影响到制种产量的高低、效益的大小，也必须足够重视，尽可能兼顾。因此，两系制种区域与季节确定的基本思路是首先按第一安全期的需要，安排好制种的初选区域与时段；然后，结合扬花安全期的需求，从中挑选最适区域、最佳时段（汪扩军等，1996；2000）。

一、两系法杂交制种的气候生态安全期

由于两系法杂交水稻品种组合增产明显，农业生产对种子需求旺盛，反过来需要增加两系法杂交制种面积，这就需要拓展新的制种基地，而两系杂交稻制种生产中存在育性纯度和产量的气候风险问题。我国在20世纪80—90年代，两系制种生产上出现了几次严重的种子不纯事件，如湖南省1989年、1993年、1996年、1999年由于夏季气温偏低，导致不同程度种子纯度问题，妨碍了两系法杂交水稻的推广，致使预期推广目标未能如期实现。特别是1999年，因制种面积较大，产量损失较重，社会上普遍产生了对两系法杂交水稻前途的担忧。为解决两系制种第一安全期和第二安全期的气候风险问题，课题组经过近20年的研究，认为种子生产上只要抓住两段关键气候生态安全期，选择气候适

宜的地域与时段，完全可以做到将气候风险控制到很低的程度，实现两系法杂交稻种子生产既高纯又高产的目标。

目前，生产上应用的光温敏核不育系的育性转换都受温度影响，其育性转换的临界温度大都在23～24℃。因此，两系法杂交制种需根据气象条件确保两个安全期。

一是不育系育性敏感安全期（育性转换安全期）。不育系育性敏感安全期（育性转换安全期）是指幼穗分化Ⅳ—Ⅵ期这一时段，即雌雄蕊形成期到花粉母细胞减数分裂期。不育系育性敏感安全期为两系法杂交水稻制种特有的安全期，在光温敏两用核不育系生长发育的一定时期，其核不育因子在环境因子（主要是光照和温度）的控制下决定雄性的可育或不育，这一时期为育性敏感期（陈立云等，2001）。

不育系的育性转换之间存在一种临界的温光气候指标值。对于一个长年进行两系种子生产的基地而言，不育系的关键生育期时段应尽可能安全，出现不利气候生态条件的几率应足够小，尤其是对育性转换敏感期更应如此。两系制种纯度与自繁产量的保障主要取决于不育系育性转换期间温光生态条件是否符合要求，在进行制种时，敏感期间如果出现了温光要素值低于育性转换临界指标的天气条件，不育系的育性就会得以恢复或部分恢复，出现所谓的“打摆子”现象，造成杂交种子育性混杂，导致制种失败；在进行自繁时，敏感期间如果出现了温光要素值高于育性转换临界指标的天气条件，不育性就会得以充分表达，造成自繁的产量很低甚至颗粒无收，导致繁殖失败。

温敏型不育系的育性转换主要受控于温度的高低，光敏型不育系的育性转换主要受控于光照的长短。但是，在实际生产过程中，温度与光照都会对育性起作用，并且纯光敏型或纯温敏型的不育系都是不存在的。制种生产上根据这种要求进行安排。不过，温度影响的问题比较复杂。因为对于一个地点来说，光长年际间的变化幅度不大，而温度的年际间变化幅度相对较大，两系制种的风险主要来自于温度的异常。我国南方广泛应用的不育系大多为籼型温敏不育系，如培矮64S，育性主要受控于温度的高低，日照长度只起到一定程度的补偿作用。

二是抽穗扬花安全期。两系杂交稻制种产量主要取决于亲本抽穗扬花授粉期间的气象条件，这段时期适宜的气候生态条件一是晴朗天气，二是日平均气温在26～28℃，三是相对湿度为80%～90%，四是2～3级风力。白天温度29.1～33.0℃、湿度71%～90%对开花授粉较为理想（汪扩军等，2003）。不利的天气条件是低温阴雨或者高温低湿火南风（夏永华，1999），危害天气的指标为：①连续3d平均气温≤24℃或≥30℃；②连续3d平均湿度≤70%或≥90%；③连续3d均为阴雨天，尤其是出现大雨洗花（汪扩军等，1996；黄四齐等，1998；许世觉等，2000）。遇上了上述几种任何一种天气，即会导致杂交制种的产量低，严重时甚至绝收。

二、两系法杂交制种生产时空择优的基本要点

两系杂交稻制种应重点注意两段气候生态安全期的协调。育性安全期为首要安全期，它直接影响到制种的纯度，决定了制种的成败。安排制种时首先要确保不育系不育性的充分表达，选择那些低温天气出现频率极低的地域与时段，以满足育性转换敏感期对高温的需要。扬花授粉安全期直接影响到制种产量的高低、效益的大小，也必须足够重视。因此，两系制种区域与季节确定首先要按第一安全期的需要，安排好制种的初选区域与时段；然后，结合扬花授粉安全期的需求，从中挑选最适区域与最佳时段。帅细强等（2016）根据此原则，制定了两系法超级杂交稻制种气候风险等级指标，形成了国家标准《超级杂交稻制种气候风险等级》（GB/T32779—2016）。

第二节　时空择优的气候生态诊断技术

利用常德、长沙、汝城等地田间试验数据分析结果和借鉴已有的研究成果，构建了不育系育性转换安全期临界光温指标和扬花授粉安全期气象指标，建立育性转换安全期和扬花授粉安全期气候生态诊断模型和等级指标。

一、育性转换安全期的气候生态诊断技术

利用了常德、长沙、汝城等地育性转换田间试验资料，确定不育系育性转换安全期临界温光指标；建立育性转换安全期气候诊断模型，统计、分析不育系育性转换敏感期间出现超过临界光温指标事件的概率；依据田间试验结果和制种生产经验，建立两系法杂交制种育性转换安全期气候风险等级指标。

（一）育性转换安全期临界光温指标的确定

为了确定不育系育性转换安全期临界光温指标，1991年和1992年，在常德、长沙、汝城三地进行了不同地点的分期播种联合试验。播种自3月底至7月底，每隔10d播一期，育性观测采用KI-I液镜检染色花粉，并套袋考察自交结实率。试验结果表明：培矮64S属温敏性强、光敏性弱、温光互作效应不明显的籼型高温不育系。由表2-1可见，温度诱导培矮64S育性转换的敏感期为穗前10～15d，导致培矮64S不育的临界温度为连续3d日平均气温23.5℃，穗前15～10d内连续3d日平均气温在23.5℃以上时，培矮64S花粉不育无自交结实率，日均气温在23.5℃以下时有较高黑染花粉率。另外，据田间小气候观测资料，敏感期大田泥温、株间高20cm处气温、150cm大气气温与育性的相关性比较，以20cm高处气温与育性的相关最为密切，说明敏感部位大致在稻株20cm高处。敏感期间幼穗正好距地20cm左右，因而进一步证实了徐孟亮等关于温度影响的敏感部位

为幼穗这一结论。光长对培矮64S育性的影响较温度影响弱，按光长诱导育性转换敏感期为穗前15d左右计算，诱导培矮64S育性转换的临界光长大致为12.5h。

表2-1　穗前10～15d内温度与培矮64s育性之间的关系

年份	连续3d日均气温（℃）			黑染花粉率（%）			自交结实率（%）		试验基地
	日期（月/日）	平均	低温	日期（月/日）	平均	最高	平均	最高	
1992	09/16—09/18	20.7	20.4	09/22—09/27	43.2	51.0	13.4	45.0	长沙
1992	08/22—08/24	23.4	21.5	08/31—09/06	18.2	37.5			常德
1992	08/22—08/24	23.5	22.3	07/19—09/16	0.0	0.0	0.0	0.0	长沙
1991	08/11—08/13	25.1	24.6	08/21—08/23	0.0	0.0	0.0	0.0	汝城

1993年选用3种类型的不育系，一种是光敏不育系3088S（湖南农业大学和益阳市农科所选育）；一种是高温不育系安农810S（安江农校选育）；一种是低温不育系衡农S-3（衡阳市农科所选育）。试验点为长沙市（28° 12′ N，113° 05′ E，海拔44.9m），怀化市（27° 33′ N，109° 58′ E，海拔270m），汝城县（25° 34′ N，113° 41′ E，海拔600m）。怀化与汝城两点均采用大田分期播种法，长沙点采用自然条件与定光处理相结合的盆栽分期播种办法。

3088S的育性温光性与指标：3种光长下，短光照能恢复3088S的育性，导致自交结实，光长越短则结实率越高；光长越长则结实率越低（表2-2）。7月17—28日，自然光长下结实率仅0.1%，12h和11h下分别为14.6%与21.4%。7月10—16日的观测表现出了同样规律。从逐日结实率分布中可以得出：8月25日前后的结实率存在明显转折。8月25日前，结实率一般较低，有稳定不育期，低温对结实率有控制作用。在8月25日后，结实率一般较高，且无明显不育期，高温不能导致不育。按光长影响敏感期为穗前15d计算，8月10日的光长应为其可育临界光长，亦即临界光长为13.6h。光长在13.6h以上时，8月10日前的3次低温过程中，6月22—24日温度较高（≥25.5℃），未能恢复育性（表2-3）。7月的两次低温过程温度较低，部分恢复了育性。可见可育温度指标约25.0℃。光长在13.6h以下时，高温对不育性不存在控制作用（表2-4）。8月10日后的9月14—17日，温度高达27.4℃，10d以后的结实率仍高达36.3%。汝城夏季日长一般小于13.6h，导致自6月29日见穗后一直无全不育现象。怀化7月底后光长也小于13.6h，7月29日至8月7日温度高达27.0℃时结实率仍有4.8%。上述分析表明，3088S属较典型的光敏不育系，其临界光长适中（13.6h），可育临界温度较高（约25.0℃）。光温互作效应较明显。

表2-2　不同光长下不育系的自交结实率比较（1993，长沙）

不育系	抽穗时段（月/日）	自交结实率（%）		
		自然光长	光照12h	光照11h
3088S	07/10—07/16	0.6	64.6	61.2
	07/17—07/28	0.1	14.6	21.4
	08/29—09/05	29.5	24.2	32.6
衡农S-3	09/07—09/09	45.8	49.9	52.1
	09/10—09/22	3.3	27.6	26.4
	09/23—09/27	0.0	30.0	24.3
	09/28—10/03	3.5	16.8	18.0

表2-3　自然光长下低温与3088S的育性的关系（1993，长沙）

敏感期低温		抽穗期结实率	
时段（月/日）	平均温度（℃）	时段（月/日）	自交结实率（%）
06/22—06/24	25.5	07/02—07/04	0.2
07/02—07/04	21.9	07/12—07/14	0.9
07/24—07/26	24.0	08/04—08/06	0.6
08/16—08/18	25.3	08/26—08/28	49.5
08/29—08/31	21.6	09/07—09/09	63.2
09/11—09/13	22.8	09/21—09/23	72.8

表2-4　短日（≤13.6h）高温与3088S的育性的关系（1993）

敏感期高温		抽穗期育性			试验基地
时段（月/日）	平均温度（℃）	时段（月/日）	黑染花粉率（%）	自交结实率（%）	
09/14—09/17	27.4	09/24—09/27		36.3	长沙
07/16—07/25	26.3	07/26—08/04	22.0	16.4	汝城
08/04—08/06	27.1	08/14—08/16	97.0	16.8	汝城
08/11—08/13	27.0	08/21—08/23	88.0	15.5	汝城
07/29—08/07	27.0	08/08—08/17	14.4	4.8	怀化

衡农S-3的育性温光性与指标：衡农S-3的育性亦受光照条件影响，短日照可促进育性恢复，导致结实率增加（表2-2）。如9月23—27日，自然条件下结实率为0，12h光长以下结实率在24.3%以上，9月10—22日的结果也证实了这点。从逐日结实率分布中可知，9月23日是其结实率变化转折点，之前温度对育性影响很大，有稳定不育期，且结实率明显受温度控制，温度高则结实率高，温度低则结实率低，表现出低温不育特性（表2-5）。9月23日后温度对育性失去控制，无论温度多低，结实率均在0.5%以上。

表2-5　高温过程与衡农S-3的育性的关系（1993，长沙）

敏感期高温		抽穗期育性	
时段（月/日）	平均温度（℃）	时段（月/日）	自交结实率（%）
08/23—08/25	29.8	09/07—09/09	45.8
08/26—08/28	25.4	09/11—09/13	0.9
09/03—09/05	26.5	09/18—09/20	8.4
09/14—09/17	27.4	09/29—10/01	4.6
09/21—09/23	21.9	10/04—10/06	2.6

安农810S的育性温光性与指标：从怀化试验点的逐日自交结实率分布中可见，8月25日是光长影响的转折点。之前15d的光长13.1h即为临界光长指标。此不育系在高温下不育，可育临界温度较对照安农S-1和衡农S-1低，大致为24.0℃，有一定温光互作效应，且高温下败育彻底，可育时结实率高，具有制种较安全，繁殖产量较高的优点，是较理想的高温不育系（表2-6）。

表2-6　几种籼型核不育系的育性与温度间关系比较（1993，怀化）

敏感期		抽穗期			
时段（月/日）	平均温度（℃）	时段（月/日）	自交结实率（%）		
			安农810S	衡农S-1	安农S-1
06/30—07/07	<24.0	07/15—07/18	47.2	2.8	33.8
07/08—07/23	>26.0	07/19—08/03	0.0	0.0	0.0
07/24—07/26	24.0	08/04—08/06	0.7	1.6	1.3
08/07—08/09	26.0	08/18	0.0	0.0	1.0
08/17—08/19	24.3	08/26—08/31	0.0	10.2	19.7
08/29—09/07	<24.0	09/09—09/12	45.1	17.2	

1994年和1995年，在汝城县热水镇（海拔360m）开展培两优特青、培两优288制种试验与示范。试验采用分期播种方法，开展了农艺性状、发育期与气象要素平行观测。培矮64S的播期分两期，第一期5月4日，第二期5月14日。抽穗期间增设田间小气候观测，每小时在观测父母本开闭颖数的同时观测田间小气候要素。对于同一日抽穗的不育系株采用套袋与不套袋两种方法，与定穗挂牌相结合观测自交结实率与异交结实率。1994年试验示范5.73hm^2，平均单产2 422.5kg/hm^2；1995年试验示范6.8hm^2，单产3 757.5kg/hm^2，两年纯度都在98%以上（表2-7）。

表2-7　培两优组合制种纯度（%）的逐日分布（1995，汝城）

组合	日期（月/日）	自交结实率	异交结实率	纯度*
培两优	07/29	0.1	50.2	99.8
288	07/30	0.0	55.2	100.0
	07/31	0.1	59.1	99.8
	08/01	1.0**	59.7	98.2**
	08/02	0.2	49.7	99.7
	08/03	0.2	39.0	99.6
	08/04	0.0	50.0	100.0
	08/05	0.0	29.9	100.0
	平均	0.09	49.1	99.6
培两优	08/10	0.2	61.9	99.7
特青	08/11	0.0	57.0	100.0
	08/12	0.2	44.8	99.5
	08/13	0.0	48.4	100.0
	08/14	0.0	68.7	100.0
	平均	0.08	56.2	99.8

注：*纯度为100%-（自交结实率/异交结实率）×100%；

**8月1日的自交结实率可能有误，未作统计

采用开花期间逐日套袋自交与挂牌异交对照观测的办法，自交结实率与异交结实率之比为含杂率，100%与含杂率之差值为纯度值。将逐日纯度与相应的敏感期温度进行对照分析，可得出敏感期内连续3d未出现24.0℃以下温度条件时，制种纯度可保99.5%以上。对照分析制种纯度与敏感期温度，1995年7月11日至8月10日，未出现一天日均气

温24.0℃以下低温天气，出现24.0～25.0℃的日期为8月1日、4日、5日，此种低温显然对纯度的影响不大。8月10—14日抽穗的纯度平均高达99.8%，说明日平均温度在24.0℃以上时，培两优组合的制种纯度可达99.5%以上。培两优288在8月1日抽穗时自交结实率较高为1.0%，纯度较低为98.2%，原因可能并非气象条件影响。事实上，从8月1日镜检资料看，镜检的62个花粉中无一个黑染花粉，不育率达100%，故此日的自交结实率可能有误。

主要不育系的临界光温指标见表2-8。

表2-8　主要不育系临界光温指标

不育系名称	临界光温指标		不育系名称	临界光温指标	
	日长（h）	气温（℃）		日长（h）	气温（℃）
2-2S	13.5	24.0	W9593S	12.7	27.0
Se21S	13.5	25.0	N95073S	13.3	27.0
K1405S	13.5	25.0	1290S	12.5	27.0
F131S	13.5	26.0	2136S	13.5	23.5
培矮64S	13.5	23.0	Gd1-s	11.5	26.5
3418S	13.8	27.0	N17S	12.5	27.0
穗35S	13.5	23.0	蜀光570S	11.5	27.0
399S	13.5	24.0	N5088S	12.7	27.0
N9S	12.4	27.0	苏紫S	12.5	26.5
株1S	—	23.5	广占63S	14.5	23.5
广越S	12.5	24.0	SE21S	—	23.5
云峰S	—	23.5	272S	—	23.5
隆科638S	—	23.5	1892S	—	23.5
惠34S	14.5	23.0	晶4155S	—	23.5
锦4128S	—	23.0	9771S	—	23.0
航93S	13.5	23.0	和620S	—	23.0
F136S	—	23.0			

（二）育性转换安全期的气候诊断模型与等级指标的建立

根据试验分析研究结果，建立育性转换敏感期气候风险诊断模型，计算公式为：

$P=N/L\times 100\%$

式中：

P——不育系育性转换敏感期间出现超过临界光温指标气象事件的概率；

N——不育系育性转换敏感期间出现超过临界光温指标气象事件的年数；

L——气候资料总年数。

将相关气候要素资料进行逐年逐日逐个时段的滚动统计。对于温度影响而言，分析育性安全期时可将不育临界起点温度指标分成连续3d平均气温≤22.0℃、≤22.5℃、≤23.0℃、≤23.5℃、≤24.0℃、≤24.5℃等6个等级，分别统计其历史上的出现概率，即制种时育性纯度的气候生态风险率。统计步长为一个安全期的天数，同一年同一安全期内出现几次低温时只计一次，统计其出现的年度概率。一般而言，杂交稻制种不育系的盛花历期在12d以内，育性敏感期历期大致在20d左右，因此，育性安全期在长度为20d时即可以基本满足安全要求；在22d以上时较好，生产安排可以更加主动；在17d以下时难以满足正常需求，最小安全天数为17d。

育性转换敏感期气候风险等级指标主要根据种子生产企业承担的经济损失进行分级。对于一个长年进行两系种子生产的基地而言，不育系的关键生育期时段应尽可能安全，出现不利气候生态条件的概率应足够小，尤其是对育性转换敏感期更应如此。两系制种纯度主要取决于不育系育性转换期间温光生态条件是否符合要求，在进行制种时，敏感期间如果出现了温光要素值低于育性转换临界指标的天气条件，不育系的育性就会得以恢复或部分恢复，出现所谓的“打摆子”现象，造成杂交种子育性混杂，导致制种失败。育性转换敏感期间出现临界温光指标以下的概率至少应是30年一遇，最好是百年不遇。在此基础上，假设按10年制种中有9年成功，1年制种失败，其经济损失由9年分摊，种子生产企业不能完全承担这种风险。如果超过10年一遇后，种子生产企业根本无法承担这种风险造成的损失，从而影响杂交稻种植面积的推广，进一步对粮食安全造成危害。为减轻杂交稻制种的气候风险，根据田间试验结果和制种生产经验，建立了两系法超级杂交稻育性转换气候风险等级指标（表2-9）。

表2-9　超级杂交稻制种育性转换气候风险等级

等级	名称	指标
一级	一级风险	不育系育性转换敏感期间出现达到临界光温指标气象事件的概率<0.000 1。
二级	二级风险	不育系育性转换敏感期间出现达到临界光温指标气象事件的概率≥0.000 1且<0.034。

（续表）

等级	名称	指标
三级	三级风险	不育系育性转换敏感期间出现达到临界光温指标气象事件的概率≥0.034且<0.05。
四级	四级风险	不育系育性转换敏感期间出现达到临界光温指标气象事件的概率≥0.05且<0.1。
五级	五级风险	不育系育性转换敏感期间出现达到临界光温指标气象事件的概率≥0.1。

二、扬花授粉安全期的气候生态诊断技术

根据田间试验数据，分析确定扬花授粉安全期气象指标；采用扬花授粉期综合天气危害指数，建立气候诊断模型；分析计算湖南省97个国家气象台站的综合天气危害指数的分布状况，结合生产实践经验，建立了两系法超级杂交稻扬花授粉安全期等级指标。

（一）扬花授粉安全期气象指标的确定

在进行育性转换敏感期临界光温指标试验研究时，于1994年和1995年在汝城县热水镇（海拔360m）还开展了培两优特青、培两优288制种产量试验与示范研究。试验采用分期播种、作物生长发育与气象要素平行观测等办法。培矮64S的播期分两期，第一期5月4日，第二期5月14日。抽穗期间增设田间小气候观测，每小时在观测父母本开闭颖数的同时观测田间小气候要素。对于同一日抽穗的不育系株采用套袋与不套袋两种方法，与定穗挂牌相结合观测自交结实率与异交结实率。1994年试验示范5.73hm^2，平均单产2 422.5kg/hm^2。1995年试验示范6.8hm^2，单产3 757.5kg/hm^2。培两优288的开花习性与气象条件之间关系密切。一天中，当温度超过27.0℃时，两亲本的开花数都较多，母本开花率达94%，父本开花率100%。其中又以29.1～33.0℃花时较集中，母本开花率61.8%，父本60.4%，花时相遇率60.4%，记为P_A。湿度为71%～90%时，父母本开花率分别达99.3%和82.4%，花遇率为82.4%，记为P_B。温度29.1～33.0℃，湿度71%～90%的综合气象条件下，父母本花时相遇率为P_{A+B}，且满足关系式

$$P_{A+B}=P_A+P_B-P_A\times P_B=60.4\%+82.4\%-60.4\%\times 82.4\%=93.0\%$$

一天中温度29.1～33.0℃时异交结实率（即此温度范围内结实粒数占总结实粒数的百分率）为65.4%；湿度71%～90%时异交结实率为79.4%，故在温度29.1～33.0℃，湿度71%～90%的条件下异交结实率类似上式，为65.4%+79.4%−65.4%×79.4%，即92.9%。可见，从花时相遇率与异交结实率两个角度看，结论完全一致，都表明一天中温度29.1～33.0℃，湿度71%～90%是培两优288开花结实较为理想的综合气象条件（表2-10）。

表2-10　亲本开花结实与温湿度之关系（培两优288，1994，汝城）

气象要素		父本开花动态		母本开花动态		异交结实率	
		花数（朵）	百分率（%）	花数（朵）	百分率（%）	实粒数（粒）	百分率（%）
温度（℃）	<25.0	0	0.0	1	0.3	1	0.9
	25.1 ~ 27.0	0	0.0	27	7.3	8	7.5
	27.1 ~ 29.0	63	39.6	100	27.0	28	26.2
	29.1 ~ 31.0	31	19.5	134	32.6	33	30.8
	31.1 ~ 33.0	65	40.9	108	29.2	37	34.6
湿度（%）	61 ~ 70	1	0.6	37	10.0	13	12.2
	71 ~ 80	95	59.7	219	59.2	61	57.0
	81 ~ 90	63	39.6	86	23.2	24	22.4
	91 ~ 100	0	0.0	28	7.6	9	8.4

从逐日开花结实与天气气候条件的关系看，日平均气温25.0 ~ 27.0℃，晚上或凌晨有小雨，白天其余时间为晴天的天气条件下花遇率最高，异交结实率较高，一般在40%以上，最高可达65.5%。如1995年7月29日、30日与8月2日3d日平均气温26.1℃，日最高气温33.0℃，相对湿度87.3%，天气晴朗但早晨有零星小雨或较大的露水，平均结实率为50.7%；而1994年7月26—28日3d平均气温24.6℃，日最高气温31.4℃，相对湿度93.0%，上午或下午有雨的天气下，平均结实率仅26.0%。从逐日开花结实与天气气候条件的关系中还可看出，培两优组合制种时扬花授粉的不利天气气候指标为：连续3d日平均气温≤21.0℃或≥30.0℃；连续3d日平均湿度≤70%或≥90%；连续3d阴雨天。上述天气危害指标与三系杂交稻制种的指标基本一致。

（二）扬花授粉安全期的气候诊断模型与等级指标的建立

根据前文所述的扬花授粉期不适宜的气象指标，建立扬花授粉期综合天气危害指数模型：

$$H = \frac{1}{L}\left(\sum_{i=1}^{L}\sum_{j=1}^{M}H_{ij}\right)$$

式中：

H——授粉期天气综合危害指数；

L——气候资料总年数；

i——第i个年份，i=1，2…L；

M——气象灾害种类的总数；

j——第j种气象灾害，j=1，2…M；

H_{ij}——第i年第j种气象灾害出现强度。

在授粉期内，第i年第j种灾害指标出现的持续时间不足3d时，该灾害没有发生，记灾害强度值H_{ij}=0；当持续时间刚好为3d时，灾害已经发生，记H_{ij}=1；当持续时间超过3d时，每超过1d则强度值加上1；如该时段内灾害多次发生，则先分别用上述办法统计各自的强度值，然后累加求得H_{ij}值。

授粉期主要气象灾害指标包括：

——连续3d日平均气温≤24℃；

——连续3d日平均气温≥30℃；

——连续3d日平均湿度≤70%；

——连续3d日平均湿度≥90%；

——连续3d阴雨天。

授粉期综合天气危害指数越小，获得高产的可能性越大。笔者分析计算了湖南省97个国家气象台站的天气综合危害指数的分布状况，并结合生产实践经验从中找出了是否适宜制种的危害指数临界指标值。指数值在4.0以下时制种产量比较理想；为4.0～8.0时产量一般；超过8.0后产量不高，不适宜制种。高产制种气候风险等级划分见表2-11。等级越高，获得高产的可能性越小。

表2-11　超级杂交稻制种授粉气候风险等级

等级	指数
一级	H<0.01
二级	0.01≤H<1.0
三级	1.0≤H<4.0
四级	4.0≤H<8.0
五级	H≥8.0

注：H表示授粉期天气综合危害指数

第三节　两系法杂交制种的气候适宜性分析

通过分析湖南省两系法杂交制种育性转换安全期的时空分布规律，可以得出：湖南省两系法杂交制种宜安排在湘中以南地区，育性敏感期宜安排在7月11日至8月20日。通过分析湖南省两系法杂交制种扬花授粉安全期的时空分布规律，可以得出：湖南省全省均适宜杂交稻制种，最佳区域为湘西吉首、怀化等地，扬花授粉期中值宜安排在7月31日。

一、湖南省两系法杂交制种育性转换期的气候分布规律与特点

生产上应用的两用不育系的育性转换起点温度指标大多在23.5～24.0℃，如培矮64S的育性转换起点温度为连续3d日平均气温≥23.5℃，安农810S的育性转换起点温度为连续3d日平均气温≥24.0℃。但也有一些育性转换起点温度较高的不育系，特别是1989年前选育的籼型两用核不育系，如W6154S、W6111S、安农S-1、KS-9等，育性转换温度在25℃以上。同时，为了避免盛夏期间极端低温过程对杂交稻制种造成的风险，陈良碧等（1999）提出了育性转换起点温度为22℃、低温生理育性转换起点温度为17℃的双低两用不育水稻选育策略，徐孟亮等（2002）选育出了双低两用不育材料96-5-2S，其育性转换起点温度为连续3d日平均气温≥22℃。为此，针对不育系育性转换起点温度指标的不同，为22.0～25.0℃时，设计了按0.5℃间距进行制种气候风险诊断分析。

针对温敏型不育系，育性转换安全指标采用连续3d日平均气温小于等于育性转换起点温度。利用上述建立的育性转换安全期气候诊断模型和等级指标，使用湖南省97个气象站1950年以来6—9月的逐日气象资料，对连续3d日平均气温≤22.0℃、22.5℃、23.0℃、23.5℃、24.0℃、24.5℃、25.0℃等7个等级的低温分别进行统计和分析。图2-1为利用育性转换安全期气候诊断模型对湖南省14个市（州）气象站观测资料分别进行统计后（育性转换敏感期为20d），取其算术平均值，形成湖南省不同临界温度出现频率曲线。统计结果表明，不论不育系育性转换临界温度指标的高低，湖南省育性转换敏感期气候风险等级最低时段均在7月11日至8月10日；临界温度越低，出现频率越低，气候风险越小，直至为0（历史未遇）。

就湖南省各地而言，同一时间内，不同气候生态区之间，各级育性转换起点温度的出现频率有很大的差异。湘北、湘西出现临界低温的频率高，湘中、湘南的频率则比较低，其中又以湘南最低，说明湘北气候风险高不利于两系法超级杂交稻制种，湘中以南气候风险低则较安全。例如，当育性转换起点温度指标为23.5℃时，各地低温出现频率最小的时段，湘北为7月21日至8月10日，低温出现频率最高，为5.1%～7.7%；湘西吉首、怀化为7月21日至8月10日，低温出现频率次之（图2-1），为5.1%；湘中娄底、邵

阳为7月11日至8月20日，低温出现频率为4.1%～4.9%；湘中长株潭为7月11日至8月20日，低温出现频率较低，为2.2%～2.4%；湘南为7月11日至8月20日，低温出现频率最小，为2.0%～2.1%（表2-12）。

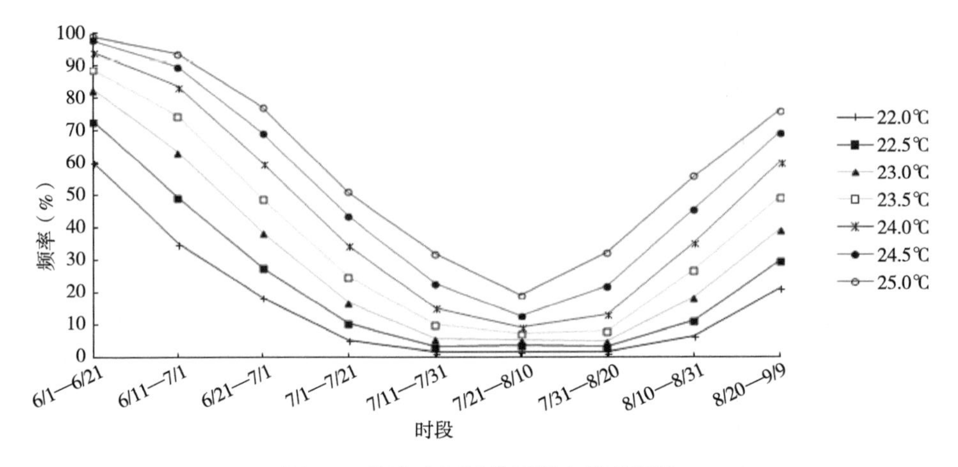

图2-1　湖南省不同临界温度出现频率

因此，从不育系育性转换安全的角度考虑，湖南省两系法杂交制种宜安排在湘中以南地区，育性敏感期宜安排在7月11日至8月20日。

表2-12　湖南省14个市（州）育性转换安全期气候诊断结果（23.5℃）

地区＼时间＼频率（%）	6月1—21日	6月11日至7月1日	6月21日至7月11日	7月1—21日	7月11—31日	7月21日至8月10日	7月31日至8月20日	8月10—31日	8月20日至9月9日
张家界	94.9	89.7	66.7	30.8	23.1	7.7	10.3	30.8	56.4
常德	92.3	74.4	56.4	30.8	12.8	7.7	5.1	35.9	51.3
益阳	92.3	82.1	59.0	30.8	7.7	7.7	7.7	38.5	51.3
岳阳	92.3	69.2	51.3	20.5	5.1	5.1	5.1	23.1	41.0
吉首	100.0	87.2	66.7	38.5	17.9	5.1	7.7	33.3	56.4
怀化	100.0	92.3	66.7	35.9	12.8	5.1	10.3	33.3	53.8
长沙	81.0	61.9	40.5	11.9	2.4	2.4	2.4	16.7	45.2
株洲	82.6	63.0	37.0	13.0	2.2	4.3	2.2	17.4	39.1
湘潭	81.8	65.9	38.6	15.9	2.3	2.3	2.3	22.7	50.0
娄底	95.1	75.6	43.9	24.4	4.9	4.9	4.9	24.4	48.8
邵阳	89.8	81.6	49.0	18.4	4.1	4.1	4.1	26.5	44.9

（续表）

地区 \ 时间 / 频率（%）	6月1—21日	6月11日至7月1日	6月21日至7月11日	7月1—21日	7月11—31日	7月21日至8月10日	7月31日至8月20日	8月10—31日	8月20日至9月9日
衡阳	73.5	63.3	32.7	14.3	2.0	4.1	2.0	10.2	28.6
郴州	85.4	58.3	16.7	4.2	4.2	4.2	2.1	8.3	45.8
永州	79.6	69.4	34.7	16.3	2.0	4.1	4.1	16.3	34.7

二、湖南省两系法杂交制种扬花授粉期的气候分布规律与特点

杂交稻制种不育系的盛花历时一般为12d，因此，将12d作为一个时段步长进行逐日滑动统计，分析各地逐个时段内扬花授粉天气综合危害指数的分布规律，并从中确定各地哪些时段有利于杂交制种的安全扬花授粉。

湖南各地由于地形、纬度等的差异，杂交稻制种扬花授粉天气综合危害指数各地区间差异较大。为此，选取14个市（州）气象站的资料，对不同区域杂交稻制种扬花授粉期危害指数进行分析，其中湘西区选取张家界、吉首、怀化3个站，湘北区选取常德、岳阳、益阳3个站，湘中区选取长沙、株洲、湘潭、娄底、邵阳5个站，湘南区选取衡阳、永州、郴州3个站。各代表站杂交稻制种扬花授粉天气综合危害指数见图2-2、图2-3和表2-13。

湘西区在6月6日至6月16日扬花授粉天气综合危害指数呈上升趋势，16日达到阶段性的峰值，为4.90；6月17日后呈下降态势，7月1日达到阶段性谷底，为1.70；7月2日至16日又呈上升趋势，7月16日又达到阶段性峰值，为6.03；7月17日至7月31日又开始下降，7月31日达到谷底，极小值为1.23；8月变化趋势不明显，基本上为3.0左右；8月31日后急剧上升，9月24日达到9.27。

湘北区在6月6日至6月26日扬花授粉天气综合危害指数呈缓慢上升态势，6月27日后呈急剧上升趋势，7月16日达到阶段性的峰值，为10.93；7月16日后呈下降态势，8月30日达到谷底，最小值为2.73；8月30日后急剧上升，9月24日达到9.67。

湘中区6月6日后扬花授粉天气综合危害指数呈上升态势，7月16日达到峰值，最大值为13.3；7月16日后呈下降趋势，8月15日达到谷底，最小值为2.66；8月15日后缓慢变化，在4.0左右；9月19日后急剧上升，9月24日达到8.74。

湘南区6月6日后扬花授粉天气综合危害指数呈上升态势，7月11日达到峰值，最大值为14.2；7月11日后呈下降趋势，8月20日达到谷底，最小值为4.31；8月20日后缓慢变化，在6.0左右；9月19日后急剧上升，9月24日达到7.52。

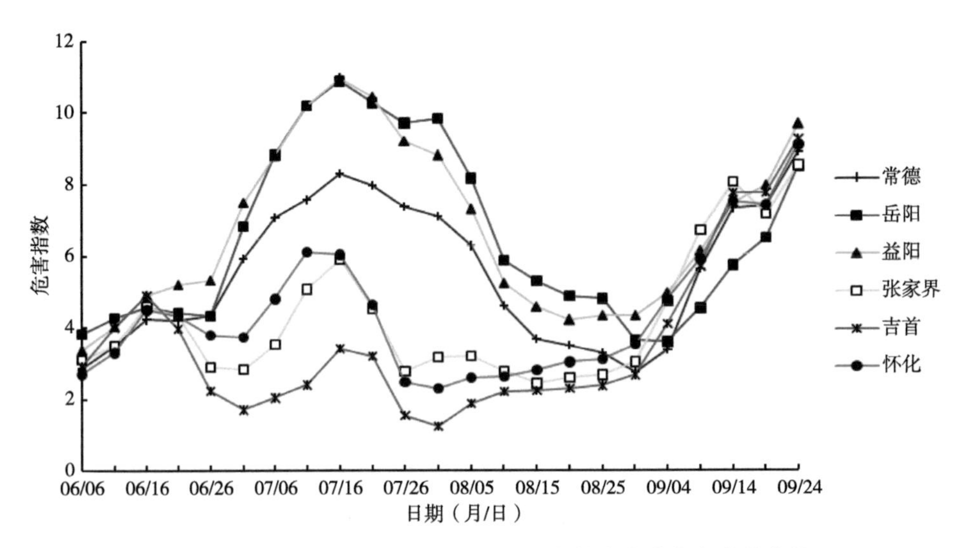

图2-2 湘西、湘北代表站扬花授粉天气综合危害指数变化曲线

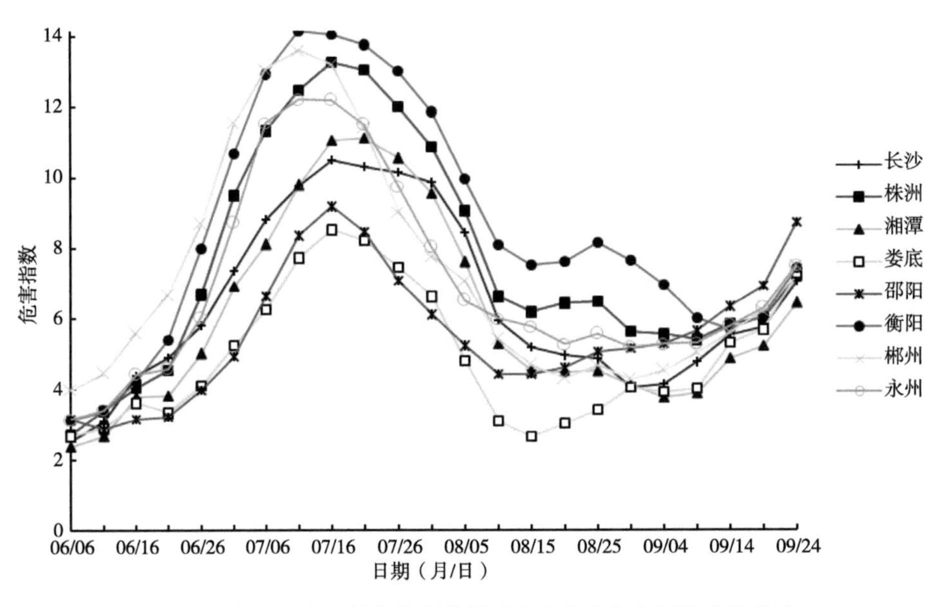

图2-3 湘中、湘南代表站扬花授粉天气综合危害指数变化曲线

综上所述，从扬花授粉安全期的角度考虑，湘西、湘北、湘中、湘南区均有两段低值区可供选择。其中湘西区第一段为6月26日至7月11日，危害指数为3.5左右，第二段为7月26日至8月25日，危害指数为2.0左右，最佳时段为7月26日至8月25日。湘北区第一段为6月6日至6月26日，危害指数为4.0左右，第二段为8月5日至9月4日，危害指数为4.0左右，最佳时段为8月5日至9月4日。湘中区第一段为6月6日至6月21日，危害指数为3.5左右，第二段为8月11日至9月11日，危害指数为4.0左右，最佳时段为6月6日至6月21日。湘南区第一段为6月6日至6月21日，危害指数为4.0左右，第二段为8月15日至9月14日，危害指数为6.0左右，最佳时段为6月6日至6月21日。

表2-13　湖南省14个市（州）扬花授粉安全期气候诊断结果

时间＼危害指数＼地名	张家界	吉首	怀化	常德	岳阳	益阳	长沙	株洲	湘潭	娄底	邵阳	衡阳	郴州	永州
06/06	3.10	2.93	2.70	2.87	3.83	3.37	2.52	2.72	2.37	2.68	3.15	3.13	4.00	3.15
06/11	3.50	4.00	3.30	3.50	4.27	4.03	3.10	3.40	2.68	2.92	2.87	3.39	4.47	3.43
06/16	4.60	4.90	4.50	4.23	4.57	4.90	4.38	4.05	3.80	3.63	3.17	4.24	5.62	4.43
06/21	4.33	3.97	4.33	4.20	4.43	5.20	4.90	4.56	3.83	3.34	3.24	5.41	6.69	4.59
06/26	2.90	2.23	3.80	4.33	4.33	5.33	5.83	6.70	5.02	4.11	3.98	8.00	8.71	6.07
07/01	2.83	1.70	3.73	5.93	6.83	7.50	7.38	9.51	6.93	5.26	4.93	10.70	11.56	8.74
07/06	3.53	2.03	4.80	7.07	8.83	8.80	8.83	11.35	8.12	6.26	6.65	12.96	13.09	11.57
07/11	5.07	2.40	6.10	7.57	10.20	10.20	9.79	12.51	9.80	7.74	8.37	14.20	13.62	12.24
07/16	5.90	3.40	6.03	8.30	10.87	10.93	10.50	13.30	11.07	8.53	9.20	14.09	13.22	12.22
07/21	4.53	3.20	4.63	7.97	10.27	10.43	10.31	13.07	11.15	8.24	8.48	13.78	11.44	11.52
07/26	2.77	1.53	2.47	7.37	9.70	9.20	10.17	12.02	10.56	7.47	7.09	13.04	9.04	9.76
07/31	3.17	1.23	2.30	7.10	9.83	8.80	9.86	10.88	9.56	6.63	6.13	11.89	7.78	8.04
08/05	3.20	1.87	2.60	6.27	8.17	7.30	8.45	9.07	7.61	4.82	5.24	9.96	7.07	6.52
08/10	2.77	2.20	2.63	4.60	5.87	5.23	5.95	6.63	5.29	3.11	4.43	8.11	5.42	6.00
08/15	2.43	2.23	2.80	3.67	5.30	4.57	5.19	6.19	4.51	2.66	4.43	7.54	4.69	5.78
08/20	2.60	2.30	3.03	3.50	4.87	4.20	4.95	6.44	4.49	3.05	4.61	7.63	4.31	5.28
08/25	2.67	2.37	3.10	3.27	4.80	4.33	4.86	6.49	4.51	3.42	5.07	8.17	4.67	5.57
08/30	3.03	2.67	3.53	2.73	3.63	4.33	4.05	5.63	4.10	4.05	5.15	7.67	4.27	5.20
09/04	4.73	4.10	4.77	3.37	3.60	4.97	4.14	5.56	3.76	3.92	5.28	6.96	4.53	5.28
09/09	6.70	5.70	5.90	5.63	4.53	6.13	4.76	5.40	3.88	4.03	5.65	6.02	5.04	5.30
09/14	8.07	7.77	7.53	7.33	5.73	7.50	5.52	5.84	4.88	5.32	6.35	5.70	5.60	5.80
09/19	7.17	7.77	7.43	7.40	6.50	7.97	5.76	6.00	5.22	5.68	6.93	6.07	6.22	6.30
09/24	8.53	9.27	9.10	8.90	8.50	9.67	7.05	7.21	6.44	7.29	8.74	7.43	7.51	7.52

第三章　湖南省两系法杂交制种安全高产气候适宜性区划

杂交稻制种最关注的是育性安全期和扬花安全期的气候风险，而湖南省由于地形复杂，境内多山地丘陵，对杂交稻制种基地选择存在一定的条件制约，同时，气候资源在空间上存在一定的差异，因此，为降低杂交稻制种安全期气候风险，有必要开展安全性区划和适宜性区划。利用GIS（地理信息系统）技术，根据育性转换气候风险等级指标进行制种安全性区划，根据两系法杂交制种气候适宜性区划指标进行适宜性区划，分析确定杂交制种的适宜小网格地段。

第一节　气候适宜性区划的指标与方法

以育性转换安全期为第一安全期，建立两系法杂交制种气候适宜性区划指标与方法。

一、气候适宜性区划指标

育性转换安全期为第一安全期。利用建立的育性转换安全期气候诊断模型与等级指标，分析确定制种的初选区域与时段；然后结合扬花授粉安全期的需求，从中挑选最适宜的区域与最佳的时段。根据此原则，提出了两系法杂交制种气候适宜性区划指标详见表3-1，并最终形成了国家标准《超级杂交稻制种气候风险等级》（GB/T 32779—2016）。

表3-1　两系法杂交制种气候适宜性区划指标

等级	指标 （制种气候风险等级有交叉时，由最低制种气候风险等级决定）
极低风险	T为一级，且S低于等于二级

（续表）

等级	指标 （制种气候风险等级有交叉时，由最低制种气候风险等级决定）
较低风险	T低于等于二级，且S低于等于三级
中度风险	T低于等于三级，且S低于等于四级
较高风险	T低于等于四级，且S低于等于五级
极高风险	T为五级

注：T表示育性转换气候风险等级，S表示授粉气候风险等级

二、气候适宜性区划方法

首先根据育性转换安全期气候诊断模型与等级指标，统计历史气象资料，分析确定杂交制种点的育性转换气候风险等级和相应的初选时段；然后结合扬花授粉安全期气候诊断模型与等级指标，根据初选时段和育性转换敏感期至抽穗期天数，分析杂交制种扬花授粉期历史气象资料，确定授粉气候风险等级。根据两系法杂交制种气候适宜性区划指标，确定杂交制种气候适宜性的最终等级。

第二节　精细化区划的小网格推算技术

一般情况下，某网格点上的气候要素值决定于该点的纬度、经度、海拔、坡度和坡向等地理要素值，其数学表达式为

$Y=Y(\phi, \lambda, h, D, X)$

式中Y表示某气候要素值，ϕ、λ、h、D、X分别为纬度、经度、海拔、坡度、坡向。根据这些地理要素值，应用数理统计等方法建立气候要素值与地理要素值之间的关系模型，可以较真实地反映地面气候资源的实际分布。

一、气温的小网格推算技术

统计各站6—9月平均气温，建立月平均气温与纬度、经度、海拔等地理要素值的关系模型。

（一）6月平均气温小网格推算模型

$T=34.919-0.440\,4\phi+0.030\,5\lambda-0.005\,4h$

式中Φ、λ、h为纬度、经度、高度，$R=0.950\,5$。此模型通过0.001的显著性检验。

统计全省97个气象站，6月平均气温小网格推算模型的绝对误差为0.23℃，相对误差为0.92%。

（二）7月平均气温小网格推算模型

T=24.742 7−0.238 9 ϕ +0.101 2λ−0.006 6h

式中Φ、λ、h为纬度、经度、高度，R=0.932 4。此模型通过0.001的显著性检验。统计全省97个气象站，7月平均气温小网格推算模型的绝对误差为0.33℃，相对误差为1.18%。

（三）8月平均气温小网格推算模型

T=28.759 1−0.151 2 ϕ +0.038 3λ−0.006 5h

式中Φ、λ、h为纬度、经度、高度，R=0.931 9。此模型通过0.001的显著性检验。统计全省97个气象站，8月平均气温小网格推算模型的绝对误差为0.32℃，相对误差为1.17%。

（四）9月平均气温小网格推算模型

T=42.785 6−0.521 5 ϕ +0.035 4λ−0.005 3h

式中Φ、λ、h为纬度、经度、高度，R=0.910 2。此模型通过0.001的显著性检验。统计全省97个气象站，9月平均气温小网格推算模型的绝对误差为0.34℃，相对误差为1.43%。

二、降雨的小网格推算技术

由于地形对降水的作用十分复杂以及雨量（R）地理分布的不均一性，要给出雨量地理分布的气候学方程$R=F$（ϕ，λ，h，G）是十分困难的（式中ϕ、λ、h分别为纬度、经度、高度，G为地形因子，可分解为坡度θ、坡向β等）。如果不考虑小地形（坡度、坡向与小的地形形态）影响，山区某一地点的降水量R应是在标准高度上由宏观地理因素所决定的降水量R_0，再加上由于局地海拔高度不同所产生的降水量变化$\triangle R_h$，即$R=R_0+\triangle R_h$。如果能找出降水随地方海拔高度变化的规律，并根据这种规律将研究地区及周围邻近气象站和一些可以利用的水文雨量站的降水资料先订正到同一标准高度，绘制标准高度上的宏观降水分布图，就可以确定该点的R_0，并可以根据降水随海拔高度变化的规律和该点的海拔高度求出$\triangle R_h$，最后得到R。

吉野曾归纳降水随站点的海拔高度分布的各种经验模式，大致有以下四种：

（1）简单线性模式　　$R=a+b\cdot h$

（2）二元线性模式　　$R=a+b\cdot h+c\cdot \mathrm{tg}\alpha$

（3）抛物线模式　　$R=a+b\cdot h+c\cdot h^2$

（4）双曲线模式　　$R=a+\sqrt{b+c\cdot h+d\cdot h^2}$

式中，α为测点周围平均坡度；h为高度；a，b，c，d为经验系数。

由山区的实际气象观测和考察，雨量随高度的变化关系十分复杂，随高度既表现有准线性的递增，也有非线性的变化关系。根据我国亚热带东部丘陵山区在22个山区剖面的89个山区气象站点的观测，我国亚热带东部丘陵山区在1 000m高度以下，年降雨量随高度的准线性递增率较好，但在1 000m以上存在着3种情况：即①继续准线性递增（雨量的垂直递增率γ随高度近似常数）；②在一定高度上雨量逆转减小（存在最大降水量高度）；③个别时候，雨量递增率γ随高度增加，降水随高度急剧增加。因此，我国亚热带东部丘陵山区降水随海拔高度的变化主要有三种经验模式，即：

（1）线性型　　$R=a+b\cdot h$

（2）抛物线性型　　$R=a+b(h-H_m)^2$

（3）双曲线型　　$R=a+\sqrt{b+ch+dh^2}$

式中，H_m为最大降水量高度，其他同前。

在山地降水分析中，虽然非线性的抛物线关系式中包括着线性式，显得更为合理，但由于目前对降水随高度变化的定量研究仍然不够充分，在某些山区剖面得出的非线性关系式的参数值能在多大的区域范围内适用也存在问题，因此，在20世纪80年代中期，沈国权曾采用线性模式对小网格雨量场进行过估算。由于当时工作条件的限制，地理信息数据的空间分辨率低，是以经纬度10′为步长，将湖南省划分为788个小网格点进行估算。由于使用的模式单一，均为线性模式，因而在最大降水量高度以上，其雨量估值偏高，给推算带来误差。根据我国亚热带东部丘陵山区湖南山脉1983—1984年观测结果，湖南省年降水量最大高度在1 000m左右，1 000m以下为线性模式，1 000m以上为抛物线模式。为了减小误差，降雨量小网格推算采用分段推算的方法，即在1 000m以下采用线性模式，在1 000m以上采用抛物线模式。

（一）不同地区雨量递增率的确定

准确的雨量递增率γ值对估算小网格点雨量十分重要。雨量递增率γ值在不同山区或不同的坡向都有差异。据我国亚热带东部丘陵山区1983—1984年观测结果，年雨量的γ值变化在24.91～144.67mm/100m，在22个山区剖面中，半数在30～60mm/100m。表3-2、表3-3是湖南省亚热带山区考察剖面的γ值以及衡山、雪峰山、武陵山的4个高山站剖面多年雨量的γ值，表明湖南的γ值主要在30～60mm/100m。

表3-2　湖南省山区考察剖面的γ值（1983年4月至1984年3月）

山区	南岭北侧	罗霄山西侧	雪峰山东侧	雪峰山西侧
剖面	郴县	炎陵	隆回	黔阳
γ值（mm/100m）	29.7	68.3	69.4	38.3

表3-3　湖南省高山站剖面多年雨量的γ值（mm/100m）

山名	衡山		武陵山				雪峰山	
测站	衡山	南岳高山站	石门	东山峰高山站	龙山	八面山高山站	黔阳	雪峰山高山站
高度（m）	63.3	1 265.9	116.9	1 489.1	486.4	1 345.6	169.4	1 404.9
年雨量（mm）	1 363.9	2 074.4	1 359.2	1 898.5	1 386.7	1 677.0	1 378.0	1 779.0
γ值	59.08		39.30		33.79		32.46	

根据参考文献划出的湖南省γ值分区图，利用“GIS”软件，通过扫描、编辑、校准，形成一个多边形矢量图层。通过修改多边形属性信息，利用“GIS”软件的矢量转栅格功能，得到不同地区雨量递增率γ值的网格点数据。

（二）抛物线模式参数的确定

短时降水量受大气环流和地貌影响，各地差异较大，但多年平均值却有一定的规律。根据国家气象局在我国东部亚热带8省的十大山脉布设89个山区观测站点进行的为期3年（1983年4月至1986年3月）的地面气象观测资料，结合湖南省在雪峰山东西坡、南岭北坡和罗霄山西坡及武陵山西坡进行的山区考察资料，确定了抛物线模式参数。最大降水高度为1 000m，向上和向下均为递减。表3-4是抛物线模式$R=a+b\cdot h+c\cdot h^2$的拟合系数（a、b、c）及拟合方程的F检验值，剩余标准差（C）、复相关系数（R），N为样本数。除南岭北坡稍差外，另3个坡面的方程拟合效果较好。

表3-4　年降水量与高度的拟合情况

地点	a	b	c	F	C	R	N
雪峰山西坡	902.77	1.041 2	-0.000 3	38.70	62.21	0.981 2	6
雪峰山东坡	837.78	1.734 7	-0.000 9	8.75	109.95	0.923 9	6
南岭北坡	1 263.12	0.517 7	-0.000 1	2.69	108.46	0.853 9	5
罗霄山西坡	995.83	2.263 8	-0.001 4	9.74	95.54	0.930 9	6

（三）不同时段降水量推算

根据亚热带东部丘陵山区农业气候资源垂直分布特征和降水相对系数稳定性特征的研究，同一地点不同高度、同一季节时段的降水年分配比例P_j（$P_j=R_j/R$，式中R_j为j时段的雨量，R为年雨量），随高度的变化不大。利用气象站不同季节时段的雨量分配比例作为基准，通过“GIS”软件插值来确定各高度同一时段的雨量分配比例，然后再根据小网格点的年雨量求算不同季节时段的雨量，即$R_{jh}=R_h \cdot P_j$。

第三节　湖南省两系法杂交制种安全高产气候适宜性区划

利用GIS技术，分别对育性转换起点温度指标为22.0℃、22.5℃、23.0℃、23.5℃、24.0℃、24.5℃、25.0℃不育系的制种气候风险进行100m×100m的小网格推算，分析确定相应的制种基地。

一、育性转换起点温度22.0℃的适宜性区划结果

安全性区划只考虑第一安全性，即育性安全性。根据育性转换气候风险等级指标（表2-9），育性转换起点温度22.0℃制种安全性区划结果见图3-1a。适宜性区划在考虑第一安全性的基础上再结合第二安全性（即扬花安全性）指标进行综合区划。根据两系法杂交制种气候适宜性区划指标（表3-1），其适宜性区划结果见图3-1b。由图3-1可见：安全性区划结果与适宜性区划结果地域分布差异不明显，主要原因是育性转换起点温度较低，育性安全期长，给扬花安全性的选择余地较大。育性转换起点温度22.0℃主要选择适宜性区划结果中的极低风险区和较低风险区作为制种基地。

极低风险区主要分布在洞庭湖区、澧水和沅水的尾闾地带、资水下游和湘江流域的大部分地方及怀化中北部等地区，包括常德市所辖的澧县、津市市、临澧县、汉寿县、鼎城区、桃源县中东部，益阳市所辖的南县、沅江县、赫山区、桃江县中北部，岳阳市所辖的华容县、岳阳县、临湘县中西部、汨罗市、平江县大部、湘阴县中北部，长沙市所辖的望城区、宁乡县、浏阳市中南部，湘潭市所辖的湘乡市、湘潭县，株洲市所辖的株洲县、醴陵市中南部、攸县中西部、茶陵县大部、炎陵县北部，衡阳市所辖的衡山县、衡阳县、衡东县、衡南县、祁东县、常宁市、耒阳市，娄底市所辖的涟源市东南部、冷水江市东部、双峰县，邵阳市所辖的洞口县东南部、隆回县东南部、邵阳县大部、邵东市，永州市所辖的祁阳县、冷水滩区、东安县中南部、新田县中南部、宁远县大部、道县大部、蓝山县中北部、江永县大部，郴州市所辖的永兴县、桂阳县、嘉禾县、临武县大部、宜章县南部、资兴市西部、汝城县东部等地区。

较低风险区主要位于湖南西部等地区，包括常德市所辖的石门县东部和安乡县大

部，岳阳市所辖的临湘县东南部和湘阴县南部，长沙市所辖的浏阳市东部和北部局地和宁乡县南部，娄底市所辖的新化县部分乡镇、涟源市西北部个别乡镇、冷水江北部部分乡镇、邵阳市所辖的邵阳县北部个别乡镇、洞口县北部和西部个别乡镇、武冈市大部、新宁县大部、绥宁县东部和南部的个别乡镇、城步县北部，湘西自治州所辖的保靖县和花垣县北部个别乡镇、凤凰县东南部个别乡镇，怀化市所辖的沅陵县大部、麻阳县北部个别乡镇、芷江县西部、黔阳县大部、会同县大部、靖州县大部、通道县大部等地区。

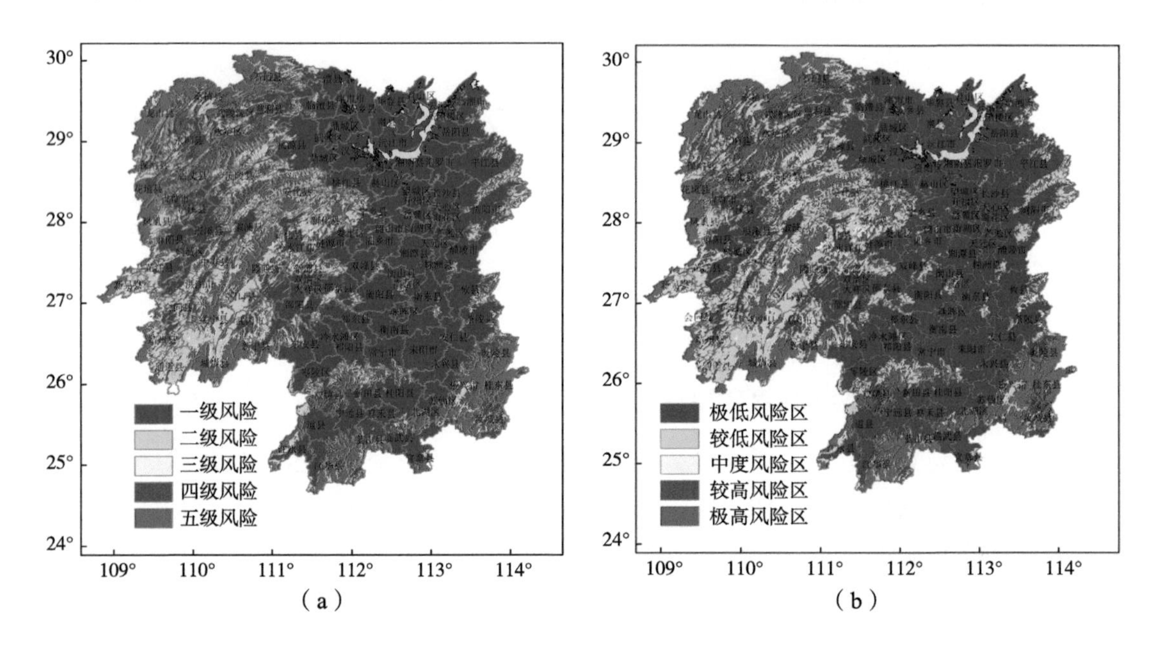

图3-1　育性转换起点温度22.0℃制种安全性（a）和适宜性（b）区划

为定量探讨不育系育性转换起点温度指标为22.0℃时，不同气候风险等级的区域面积和比例，利用GIS技术，统计了湖南省育性转换起点温度22.0℃不同气候风险等级的区域面积，分析确定了不同气候风险等级区域面积占全省面积的比例（表3-5）。由表3-5可见，极低风险区占全省面积的52.8%，较低风险区占全省面积的18.6%，两者之和达到71.4%。

表3-5　两用不育系育性转换起点温度22.0℃不同气候风险等级的区域面积与比例

级别	极低风险区	较低风险区	中度风险区	较高风险区	极高风险区
面积（km^2）	112 051	39 557	7 947	12 638	39 911
占全省土地面积比（%）	52.8	18.6	3.7	6.0	18.8

利用育性转换起点温度指标为22.0℃的不育系制种时，其育性转换敏感期一般宜作如下安排：湘西将中值安排在7月18—20日，湘北在8月8—10日，湘南的变化较大，有

的地方在7月6日左右，有的地方在8月12日左右，需区别对待（表3-6）。另外，由于有的地方安全期长度较长，生产上时间安排的余地较大，可以综合考虑季节、茬口等。通过科学合理的生产布局和时间安排，可以充分利用当地气候资源，进一步提高两系法杂交制种的经济效益，从而达到增产增收的双重目的。

表3-6 育性转换起点温度22.0℃制种参数

站名	安全起始日（月/日）	安全终止日（月/日）	安全期中值（月/日）	安全期长度（d）	敏感期中值（月/日）	扬花高峰期（月/日）	安全保证率（%）	扬花危害指数
吉首	7/07	7/28	7/18	22	7/20	7/30	100	1.10
泸溪	7/06	7/28	7/17	23	7/20	7/30	100	2.87
怀化	7/07	7/28	7/18	22	7/20	7/30	100	2.40
芷江	7/07	7/28	7/18	22	7/17	7/27	100	0.97
靖县	7/07	7/28	7/18	22	7/18	7/28	100	1.59
隆回	7/06	7/28	7/17	23	7/19	7/29	100	3.78
常德	7/07	8/21	7/30	46	8/08	8/18	100	3.30
汉寿	7/29	8/21	7/29	24	8/08	8/18	100	3.23
益阳	7/07	8/22	7/30	47	8/10	8/20	100	4.00
临湘	7/01	8/22	7/27	53	8/08	8/18	100	3.97
望城	7/05	8/26	7/31	53	8/10	8/20	100	3.81
炎陵	6/24	7/29	7/12	36	7/20	7/30	100	0.50
	7/30	8/28	8/14	30	8/12	8/22	100	0.70
资兴	6/27	7/28	7/13	32	7/19	7/29	100	1.92
	7/29	8/19	8/09	22	8/11	8/21	100	1.74
宜章	6/23	9/07	7/31	77	8/02	8/12	100	0.95
江永	6/23	9/10	8/02	80	8/03	8/13	100	0.87
江华	6/23	8/29	7/27	68	7/06	7/16	100	1.35

二、育性转换起点温度22.5℃的适宜性区划结果

安全性区划只考虑第一安全性，即育性安全性。根据育性转换气候风险等级指标（表2-9），育性转换起点温度22.5℃制种安全性区划结果见图3-2a。适宜性区划在考虑第一安全性的基础上再结合第二安全性（即扬花安全性）指标进行综合区划。根据

两系法杂交制种气候适宜性区划指标（表3-1），其适宜性区划结果见图3-2b。由图可见，适宜性区划图中的极低风险区较安全性区划图中的一级风险区有所缩减，缩减区域主要分布在常德、益阳、岳阳、衡阳等地，这主要是由于扬花授粉期的高温热害天气造成的。育性转换起点温度为22.5℃时，极低风险制种区域较22.0℃时有较大缩减，较低风险制种区域较22.0℃时有较大增加。育性转换起点温度22.5℃主要选择适宜性区划结果中的极低风险区和较低风险区作为制种基地。

极低风险区主要分布在洞庭湖区、澧水和沅水的尾闾地带、资水下游和湘江流域的大部分地方及怀化中北部等地区，包括常德市所辖的澧县西北部，岳阳市所辖的临湘县西北部、岳阳县大部、汨罗市、平江县中南部，长沙市所辖的望城区、宁乡县、浏阳市中部，湘潭市所辖的湘乡市东南部、湘潭县，株洲市所辖的株洲县、醴陵市中部、攸县西部、茶陵县中北部，衡阳市所辖的衡山县东南部、衡东县大部、衡南县中北部、祁东县、常宁市中北部、耒阳市，娄底市所辖的涟源市东南部、双峰县中北，邵阳市所辖的隆回县中南部、邵东市东北，永州市所辖的祁阳县、冷水滩区、东安县南部、新田县中南部、宁远县大部、道县大部、蓝山县中北部、江永县大部，郴州市所辖的永兴县、桂阳县、嘉禾县中北部、临武县大部、宜章县南部等地区。

较低风险区主要位于怀化、邵阳、常德、益阳四市所辖的大部分县（市），包括怀化市所辖的新晃县北部、麻阳县北部和南部、芷江县中南部、黔阳县中北部、会同县大部、靖州县大部、通道县大部，常德市所辖的澧县、津市市、鼎城区、临澧县、安乡县、桃源县东部、汉寿县，益阳市所辖的南县、沅江县西南部、安化县东北部，岳阳市所辖华容县、临湘县东部、湘阴县南部等地区。

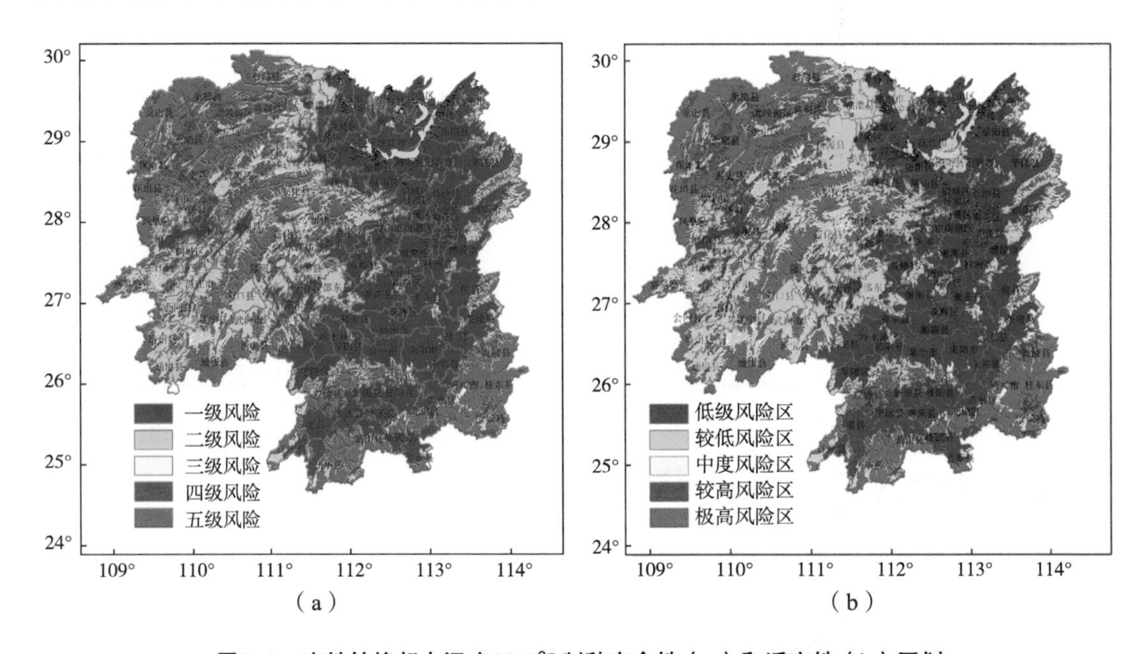

图3-2　育性转换起点温度22.5℃制种安全性（a）和适宜性（b）区划

利用100m×100m小网格技术，推算了湖南省两系法杂交制种不同气候风险等级的面积和比例（表3-7）。极低风险区占全省土地面积的33.8%，较低风险区占28.4%，两者之和为62.2%。可见，对于育性转换起点温度指标为22.5℃的两用不育系来说，湖南省有相当大的区域适宜于制种。

表3-7　湖南省两系法杂交稻22.5℃安全制种风险等级所占面积比例

级别	极低风险区	较低风险区	中度风险区	较高风险区	极高风险区
面积（km^2）	71 611	60 220	11 307	16 104	52 862
占全省土地面积比（%）	33.8	28.4	5.3	7.6	24.9

三、育性转换起点温度23.0℃的适宜性区划结果

安全性区划只考虑第一安全性，即育性安全性。根据育性转换气候风险等级指标（表2-9），育性转换起点温度23.0℃制种安全性区划结果见图3-3a。适宜性区划在考虑第一安全性的基础上再结合第二安全性（即扬花安全性）指标进行综合区划。根据两系法杂交制种气候适宜性区划指标（表3-1），其适宜性区划结果见图3-3b。由图可见，适宜性区划图中的极低风险区较安全性区划图中的一级风险区有较大缩减，缩减区域主要分布在常德、益阳、岳阳、长株潭及衡阳等地，这主要是由于扬花授粉期的高温热害天气造成的。育性转换起点温度为23.0℃时，极低风险制种区域较22.5℃时有较大缩减，较低风险制种区域较22.5℃时有所增加。育性转换起点温度23.0℃主要选择适宜性区划结果中的极低风险区和较低风险区作为制种基地。

极低风险区主要分布在湖南东部和湘中以南地区，包括岳阳市所辖的岳阳县和平江县大部，长沙市所辖的长沙县和浏阳市中部，株洲市所辖的攸县西部、茶陵县西部，衡阳市所辖的衡东县大部、衡阳县中南部、衡南县东部、常宁市中北部、耒阳市大部，永州市所辖的东安县中南部、冷水滩区大部、祁阳县北部、新田县中南部、宁远县大部、道县中南部、江永县东部、江华县西部，郴州市所辖的安仁县大部、永兴县大部、桂阳县中南部、嘉禾县北部、临武县南部、宜章县北部等地区。

较低风险区主要位于怀化中北部、湘北和湘中腹地，包括怀化市所辖的麻阳县大部、芷江县中东部、中方县中部、洪江市大部、会同县中部、靖州县中北部，常德市所辖的澧县、津市市、鼎城区、临澧县大部、安乡县、桃源县东部、汉寿县，益阳市所辖的南县、沅江市西南部、桃江县东部，岳阳市所辖华容县、临湘县中北部等地区。

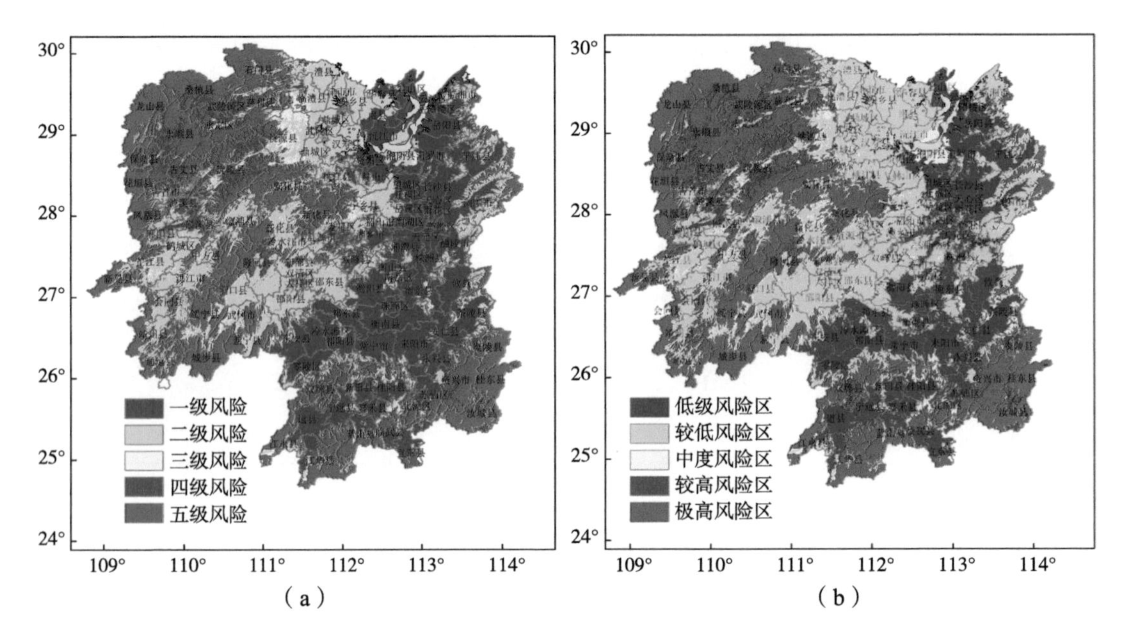

图3-3　育性转换起点温度23.0℃制种安全性（a）和适宜性（b）区划

为了定量掌握该临界温度下可制种的面积，利用GIS技术，分析了不同风险等级所占国土面积的比例（表3-8）。由表3-8可见，极低风险区占全省土地面积15.4%，较低风险区占31.7%，两者之和为47.1%。可见在育性转换起点温度指标为23.0℃时，湖南省有相当大的区域适宜于两系法杂交制种。

表3-8　两系法杂交稻23.0℃安全制种风险等级所占面积比例

级别	极低风险区	较低风险区	中度风险区	较高风险区	极高风险区
面积（km^2）	32 734	67 214	16 392	25 393	70 371
占全省土地面积比（%）	15.4	31.7	7.7	12.0	33.2

利用育性转换起点温度指标为23.0℃的不育系制种时，不育系的育性转换敏感期一般如下安排：湘北，如汉寿等县市将育性转换敏感期安排在8月5日前后为最佳，安全期长度为17d，扬花危害指数为3.83；湘中，如邵东等县市将育性转换敏感期安排在7月29日左右为最佳，安全期长度为28d，扬花危害指数为3.62；湘西南，如会同等县市以夏制为宜，将育性转换敏感期安排在7月20日左右为最佳，安全期长度为17d，扬花危害指数为1.07；湘南南部，如道县等县既可夏季制种又可秋季制种，以秋季制种为佳，夏季制种将育性转换敏感期安排在7月20日左右为最佳；早秋制将育性敏感期安排在8月8日左右为最佳；迟秋制将育性转换敏感期安排在8月27日左右为最佳，但有30年一遇的制种风险（表3-9）。

表3-9　育性转换起点温度指标为23.0℃代表站的有关制种参数

站名	安全起始日期（月/日）	安全终止日期（月/日）	安全期中值（月/日）	安全期长度（d）	敏感期中值（月/日）	扬花高峰期（月/日）	安全保证率（%）	扬花危害指数
汉寿	7/28	8/13	8/05	17	8/05	8/15	100	3.83
平江	7/29	8/22	8/10	25	8/08	8/18	100	2.27
邵东	7/10	8/06	7/23	28	7/29	8/08	97.5	3.62
泸溪	7/07	7/28	7/17	22	7/20	7/30	100	2.87
会同	7/11	7/27	7/19	17	7/20	7/30	100	1.07
炎陵	7/07	7/28	7/17	22	7/20	7/30	100	0.50
耒阳	7/29	8/31	8/14	34	8/23	9/03	100	3.90
安仁	7/29	8/24	8/11	27	8/09	8/19	100	4.26
	7/29	8/30	8/14	33	8/22	9/02	97.4	3.53
永兴	7/29	8/24	8/11	27	8/16	8/26	100	2.05
嘉禾	7/29	8/24	8/11	27	8/08	8/18	100	3.68
临武	7/02	7/24	7/13	23	7/16	7/26	100	2.74
	7/29	8/24	8/11	27	8/08	8/18	100	1.76
宜章	6/24	7/29	7/11	36	7/21	7/31	100	1.78
	7/30	9/04	8/17	37	8/12	8/22	100	1.62
新田	7/29	8/24	8/11	27	8/08	8/18	100	3.80
宁远	7/29	8/24	8/11	27	8/08	8.18	100	2.92
蓝山	7/29	8/20	8/09	23	8/11	8/21	100	2.65
江永	6/26	7/24	7/10	29	7/15	7/25	100	0.95
	7/25	8/24	8/09	31	8/04	8/14	100	1.00
道县	6/26	7/28	7/12	33	7/20	7/30	100	6.63
	7/29	8/24	8/11	27	8/08	8/18	100	4.76
	7/28	9/04	8/16	39	8/27	9/07	97.4	3.84

四、育性转换起点温度23.5℃的适宜性区划结果

安全性区划只考虑第一安全性，即育性安全性。根据育性转换气候风险等级指标

（表2-9），育性转换起点温度23.5℃制种安全性区划结果见图3-4a。适宜性区划在考虑第一安全性的基础上再结合第二安全性（即扬花安全性）指标进行综合区划。根据两系法杂交制种气候适宜性区划指标（表3-1），其适宜性区划结果见图3-4b。由图3-4可见，适宜性区划图中的极低风险区较安全性区划图中的一级风险区有较大缩减，缩减区域主要分布在岳阳、衡阳、永州、郴州等地，这主要是由于扬花授粉期的高温热害天气造成的。育性转换起点温度为23.5℃时，极低风险制种区域、较低风险制种区域均较23.0℃时有较大缩减。育性转换起点温度23.5℃主要选择适宜性区划结果中的极低风险区和较低风险区作为制种基地。

极低风险区主要位于湘中以南等地区，主要包括永州市所辖的东安县南部、宁远县北部，郴州市所辖的临武县南部、宜章县北部，衡阳市所辖的祁东县南部、耒阳市大部，株洲市所辖的攸县南部、茶陵县北部等地区。

较低风险区主要分布在怀化中部、益阳、岳阳、长沙、株洲、湘潭、衡阳、邵阳等地区，主要包括怀化市所辖的溆浦县中部、辰溪县西部、麻阳县中东部、洪江市中部、会同县东部，益阳市所辖的南县、沅江市、桃江县东部，岳阳市所辖的临湘市大部、岳阳县、汨罗市，长沙市所辖的长沙县、浏阳市大部等地区。

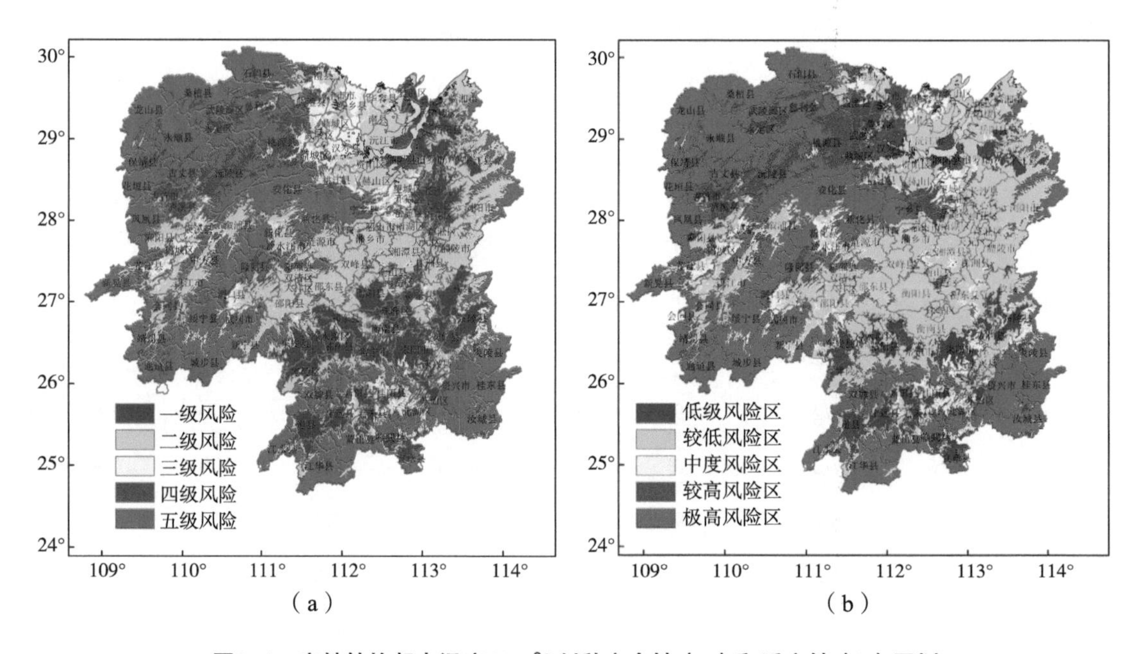

图3-4　育性转换起点温度23.5℃制种安全性（a）和适宜性（b）区划

利用GIS技术，定量估算了该临界温度下的可制种的面积，分析了不同风险等级所占国土面积的比例（表3-10）。由表3-10可见，极低风险区占全省土地面积4.0%，较低风险区占27.7%，两者之和为31.7%，约占全省面积的1/3，仍然有较大的区域适宜于该临界温度两系杂交稻制种。而中度风险区以上所占面积为68.3%，占全省面积2/3略多。

表3-10　两系法杂交稻23.5℃安全制种风险等级所占面积比例

级别	极低风险区	较低风险区	中度风险区	较高风险区	极高风险区
面积（km^2）	8 467	58 751	15 303	36 228	93 355
占全省土地面积比（%）	4.0	27.7	7.2	17.1	44.0

利用育性转换起点温度指标为23.5℃的不育系制种时，不育系的育性转换敏感期一般如下安排：湘北，如平江县的育性转换敏感期安排在8月9日左右为最佳，安全期长度为24d，扬花高峰期在8月19日左右，危害指数为2.50。湘中，如邵东市的育性转换敏感期安排在7月20日或7月29日左右，安全期长度为22～24d，扬花高峰期在7月底或8月8日左右，危害指数为3.62～4.05。湘西南，如会同县的育性转换敏感期安排在7月25日左右为最佳，安全期长度为24d，扬花高峰期在8月4日左右，危害指数为0.97。阳明山以南，如江永、临武、宜章等地将育性转换敏感期安排在7月15日或8月10日前后为佳，安全期长度有22～28d，扬花高峰期在7月25日或8月20日左右，危害指数为1～3.8（表3-11）。

表3-11　育性转换起点温度指标为23.5℃代表站的有关制种参数

站名	安全起始日（月/日）	安全终止日（月/日）	安全期中值（月/日）	安全期长度（d）	敏感期中值（月/日）	扬花高峰期（月/日）	安全保证率（%）	扬花危害指数
平江	7/30	8/22	8/10	24	8/09	8/19	100	2.50
邵东	7/07	7/28	7/17	22	7/20	7/30	100	4.05
	7/14	8/06	7/26	24	7/29	8/08	97.5	3.62
会同	7/13	8/05	7/25	24	7/25	8/04	96.7	0.97
炎陵	7/07	7/28	7/17	22	7/20	7/30	100	0.50
永兴	7/07	8/06	7/22	31	7/28	8/07	97.4	3.00
	7/30	8/20	8/09	22	8/12	8/22	97.4	2.11
嘉禾	7/30	8/20	8/09	22	8/09	8/19	100	3.84
江永	7/02	7/24	7/13	23	7/15	7/25	100	0.95
	7/29	8/20	8/09	23	8/08	8/18	100	1.58
临武	7/03	7/24	7/13	22	7/16	7/26	100	2.74
	7/30	8/24	8/11	26	8/12	8/22	100	1.76
宜章	6/27	7/24	7/10	28	7/16	7/26	100	2.88

（续表）

站名	安全起始日（月/日）	安全终止日（月/日）	安全期中值（月/日）	安全期长度（d）	敏感期中值（月/日）	扬花高峰期（月/日）	安全保证率（%）	扬花危害指数
	7/29	8/24	8/11	27	8/08	8/18	100	1.58
蓝山	7/30	8/20	8/09	22	8/11	8/21	100	2.65
宁远	7/29	8/23	8/10	26	8/08	8/18	100	2.92
新田	7/29	8/24	8/11	27	8/08	8/18	100	3.80
道县	7/02	7/24	7/13	23	7/16	7/26	100	7.84
	7/29	8/20	8/09	23	8/08	8/18	100	4.76

五、育性转换起点温度24.0℃的适宜性区划结果

安全性区划只考虑第一安全性，即育性安全性。根据育性转换气候风险等级指标（表2-9），育性转换起点温度24.0℃制种安全性区划结果见图3-5a。适宜性区划在考虑第一安全性的基础上再结合第二安全性（即扬花安全性）指标进行综合区划。根据两系法杂交制种气候适宜性区划指标（表3-1），其适宜性区划结果见图3-5b。由图3-5可见，适宜性区划图中的极低风险区较安全性区划图中的一级风险区有较大缩减，缩减区域主要分布在岳阳、株洲、衡阳、永州、郴州等地，这主要是由于扬花授粉期的高温热害天气造成的。育性转换起点温度为24.0℃时，极低风险制种区域、较低风险制种区域均较23.5℃时有较大缩减。育性转换起点温度24.0℃主要选择适宜性区划结果中的极低风险区和较低风险区作为制种基地。

极低风险区主要分布在岳阳市所辖的汨罗市东部、平江县西部，株洲市所辖的炎陵县西北部，衡阳市所辖的耒阳西北部，郴州市所辖的嘉禾县中部、临武县东部、宜章县中北部、汝城县南部和北部，永州市所辖的东安县东部、冷水滩区西部、零陵区北部、道县东部、宁远县中部、新田县东部等地区。

较低风险区主要分布在湘东、湘中及以南这一区域，主要包括岳阳市所辖的平江县大部，长沙市所辖的浏阳市大部，株洲市所辖的醴陵市、攸县大部、茶陵县中北部、炎陵县西北部，娄底市所辖的涟源市大部、双峰县，衡阳市所辖的衡山县、衡阳县、祁东县、衡南县、常宁市，郴州市所辖的苏仙区中北部、桂阳县中部、嘉禾县中西部、临武县中东部，永州市所辖的东安县中南部、祁阳县、冷水滩区、道县中部、蓝山县北部，怀化市所辖的溆浦县中西部、辰溪县西部、麻阳县中北部、洪江市中西部、会同县东部、芷江县西部、新晃县东部等地区。

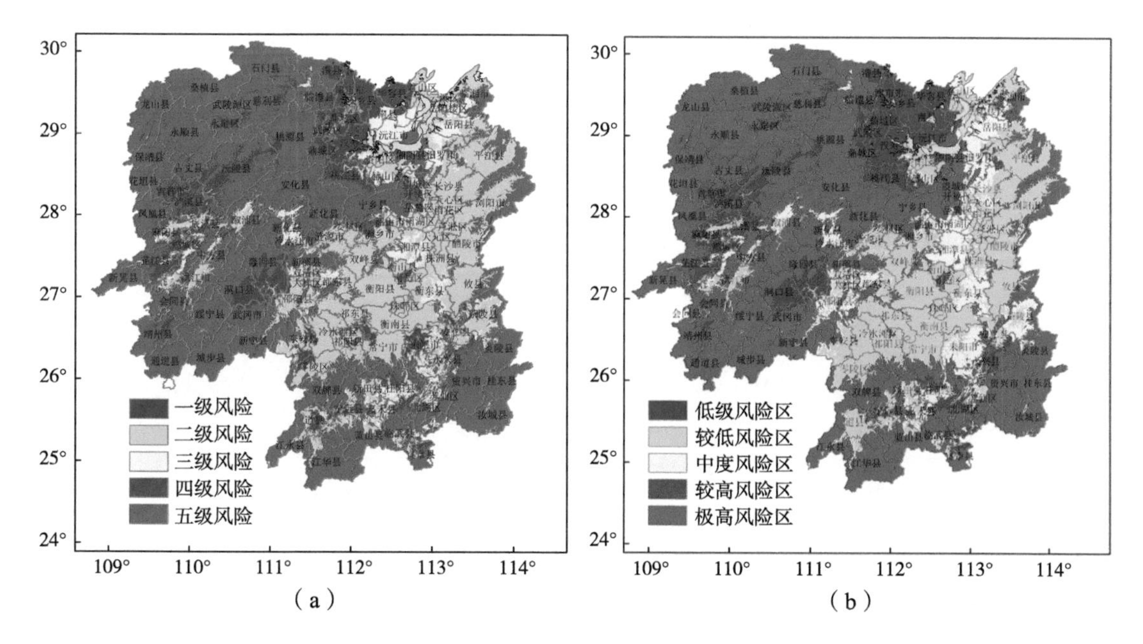

图3-5　育性转换起点温度24.0℃制种安全性（a）和适宜性（b）区划

利用GIS技术，估算了该临界温度下的可制种的面积，分析了不同风险等级所占国土面积的比例（表3-12）。由表3-12可见，极低风险区占全省土地面积0.2%，较低风险区占13.6%，两者之和仅为13.8%。而中度风险区以上所占面积为86.2%。

表3-12　两系法杂交稻24.0℃安全制种风险等级所占面积比例

级别	极低风险区	较低风险区	中度风险区	较高风险区	极高风险区
面积（km^2）	530	28 892	25 064	28 814	128 805
占全省土地面积比（%）	0.2	13.6	11.8	13.6	60.7

六、育性转换起点温度24.5℃的适宜性区划结果

安全性区划只考虑第一安全性，即育性安全性。根据育性转换气候风险等级指标（表2-9），育性转换起点温度24.5℃制种安全性区划结果见图3-6a。适宜性区划在考虑第一安全性的基础上再结合第二安全性（即扬花安全性）指标进行综合区划。根据两系法杂交制种气候适宜性区划指标（表3-1），其适宜性区划结果见图3-6b。由图3-6可见，适宜性区划图中的较低风险区较安全性区划图中的二级风险区有所缩减，缩减区域主要分布在岳阳、长株潭、衡阳、永州、郴州等地，这主要是由于扬花授粉期的高温热害天气造成的。育性转换起点温度为24.5℃时，极低风险制种区域没有，较低风险制种区域较24.0℃时有较大缩减。育性转换起点温度24.5℃主要选择适宜性区划结果中的较低风险区作为制种基地。

较低风险区主要分布在岳阳市所辖的平江县中西部，长沙市所辖的浏阳市中西部，株洲市所辖的醴陵市大部、攸县中西部，娄底市所辖的涟源市东部、双峰县中部，衡阳市所辖的衡山县北部、祁东县、衡阳县、衡南县、常宁市中北部，郴州市所辖的嘉禾县中部、宜章县中北部、汝城县南部，永州市所辖的祁阳县大部、东安县中南部、冷水滩区、零陵区大部、双牌县北部、新田县东部，怀化市所辖的洪江市中部等地区。

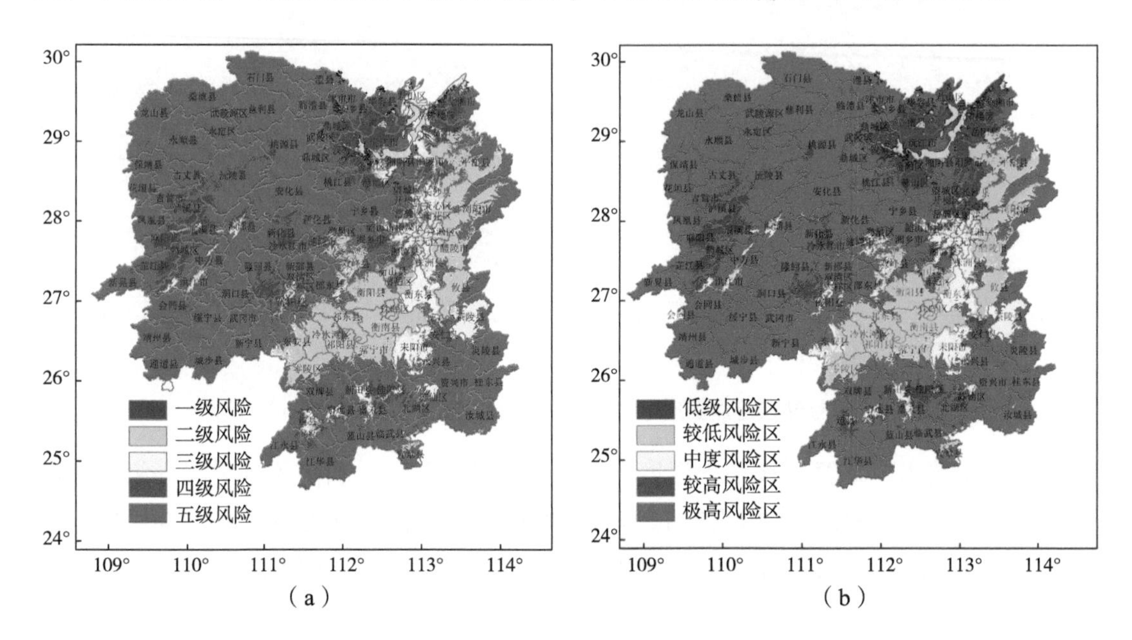

图3-6　育性转换起点温度24.5℃制种安全性（a）和适宜性（b）区划

上述分析了杂交稻育性转换起点温度指标为24.5℃地域分布情况，利用GIS技术，估算了该临界温度下的可制种的面积，分析了不同风险等级所占国土面积的比例（表3-13）。由表3-13可见，极低风险区占全省土地面积0.0%，较低风险区占8.6%，两者之和仅为8.6%。而中度风险区以上所占面积为91.4%。

表3-13　两系法杂交稻24.5℃安全制种风险等级所占面积比例

级别	极低风险区	较低风险区	中度风险区	较高风险区	极高风险区
面积（km^2）	12	18 289	9 523	16 206	168 073
占全省土地面积比（%）	0.0	8.6	4.5	7.6	79.2

七、育性转换起点温度25.0℃的适宜性区划结果

安全性区划只考虑第一安全性，即育性安全性。根据育性转换气候风险等级指标（表2-9），育性转换起点温度25.0℃制种安全性区划结果见图3-7a。适宜性区划在考

虑第一安全性的基础上再结合第二安全性（即扬花安全性）指标进行综合区划。根据两系法杂交制种气候适宜性区划指标（表3-1），其适宜性区划结果见图3-7b。由图可见，适宜性区划图中的较低风险区较安全性区划图中的二级风险区有所缩减，缩减区域主要分布在岳阳、长沙、株洲、衡阳、永州等地，这主要是由于扬花授粉期的高温热害天气造成的。育性转换起点温度为25.0℃时，极低风险制种区域没有，较低风险制种区域较24.5℃时有较大缩减。育性转换起点温度25.0℃主要选择适宜性区划结果中的较低风险区作为制种基地。

较低风险区主要分布在岳阳市所辖的岳阳县中部、汨罗市东部、平江县西部，长沙市所辖的长沙县东部、浏阳市中西部，株洲市所辖的醴陵市中西部、攸县西南部，衡阳市所辖的衡山县东部、衡东县东部、衡阳县、祁东县、衡南县中部、常宁市北部、耒阳市北部，永州市所辖的祁阳县中北部、冷水滩区、零陵区中部、双牌县北部等地区。

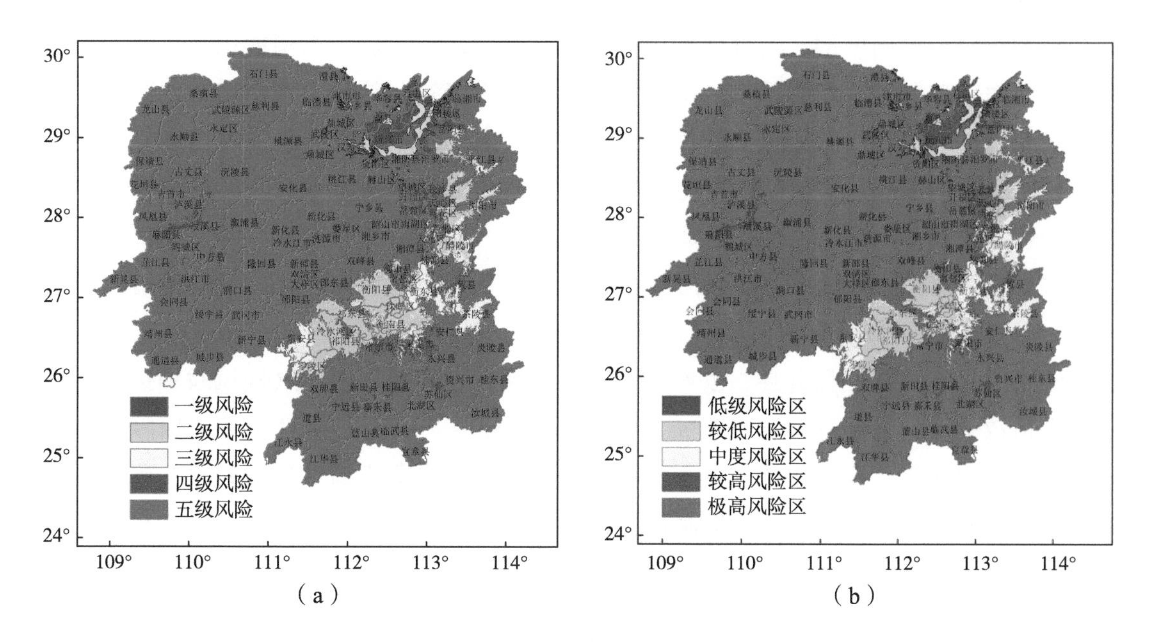

（a）　　　　（b）

图3-7　育性转换起点温度25.0℃制种安全性（a）和适宜性（b）区划

利用GIS技术，估算了该临界温度下的可制种的面积，分析了不同风险等级所占国土面积的比例（表3-14）。由表3-14可见，极低风险区占全省土地面积0.0%，较低风险区占1.9%，两者之和仅为1.9%。

表3-14　两系法杂交稻25.0℃安全制种风险等级所占面积比例

级别	极低风险区	较低风险区	中度风险区	较高风险区	极高风险区
面积（km^2）	0	3 979	5 611	7 831	194 683
占全省土地面积比（%）	0.0	1.9	2.6	3.7	91.8

第四章　郴州市主要制种基地县的气候适宜性生产安排

郴州市位于湖南南部，地处南岭山脉北部，境内地形地貌为东南面山系重叠，群山环抱；西面山势低矮，向北开口，中部为丘、平、岗交错。地势自东南向西北倾斜，东部是南北延伸的罗霄山脉，最高峰海拔2 061.3m；南部是东西走向的南岭山脉，最高峰海拔1 913.8m；西部是郴道盆地横跨，北部有醴攸盆地和茶永盆地深入，形成低平的地势，一般海拔200～400m，最低处海拔70m。

根据两系杂交稻制种不育系育性转换敏感期气候风险和扬花授粉期危害指数两个指标，分析了郴州市所辖主要制种基地的安仁县、永兴县、桂阳县、嘉禾县、郴州市郊、资兴市、临武县、宜章县、汝城县等地不育系育性转换敏感期气候风险和扬花授粉期危害指数的时空分布规律；根据实用不育系（23.0～24.0℃）雄性不育有保障的原则（100%或97.5%），保障制种安全，将扬花授粉期安排在危害指数最低时段，确定两系制种的最适播种期，为各地杂交稻制种提供科学依据。

第一节　安仁县制种基地生产安排

一、时空择优气候诊断分析

根据安仁县气象站历史资料统计，分析了杂交稻制种不育系育性转换不同临界温度风险较低时段（图4-1）。由图4-1可见：

育性转换起点温度指标为22.0℃时，不育系育性转换风险最低时段为6月27日至9月4日，为历史未遇。

育性转换起点温度指标为22.5℃时，不育系育性转换风险最低时段为7月1—28日、7月29日至9月4日，为历史未遇。

育性转换起点温度指标为23.0℃时，不育系育性转换风险最低时段为7月7—28日、7月29日至8月24日，为历史未遇。

育性转换起点温度指标为23.5℃时，不育系育性转换风险最低时段为7月7—28日，为历史未遇，其次是7月29日至8月15日，为30年一遇。

育性转换起点温度指标为24.0℃时，不育系育性转换风险最低时段为7月8—28日、7月30日至8月14日，为30年一遇。

育性转换起点温度指标为24.5℃时，不育系育性转换风险最低时段为7月9—24日，为30年一遇。

育性转换起点温度指标为25.0℃时，不育系育性转换风险最低时段为7月21日至8月20日，为15年一遇。

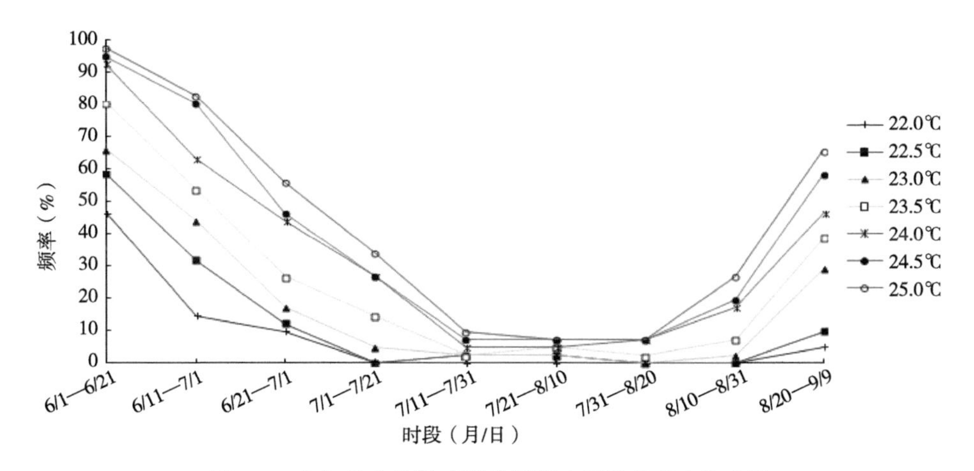

图4-1　安仁县育性敏感期临界温度风险几率变化曲线

利用扬花授粉期危害指数公式，计算了安仁县杂交稻制种扬花授粉期各时段的危害指数（图4-2）。由图4-2可见，7月16日前呈上升趋势，峰值为12.63；7月16日至8月10日呈下降趋势；8月10日至9月14日变幅不大，为3.32～4.92。开展两系法超级杂交稻制种时，建议将扬花授粉时段安排在8月10日至9月14日。

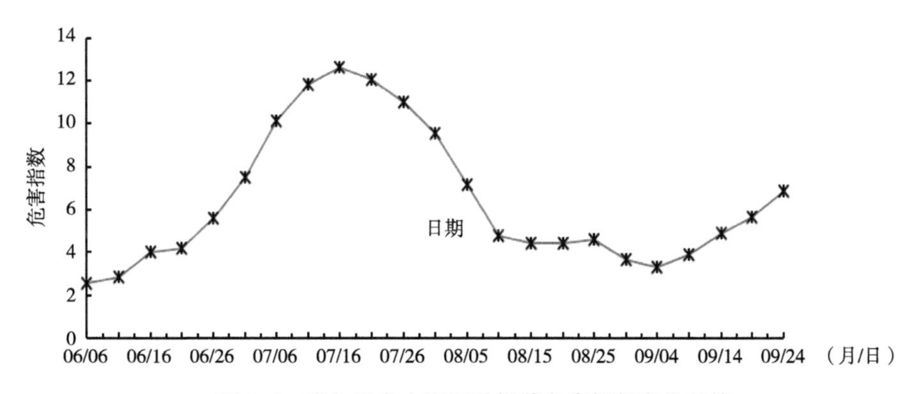

图4-2　安仁县杂交稻制种扬花危害指数变化规律

二、气候时段安排

根据两系杂交稻制种不育系育性转换敏感期气候风险和扬花授粉期危害指数两个重要指标，在确保不育系雄性不育保证率高于96.7%（气候风险小于30年一遇），保障制种安全，并将扬花授粉期安排在危害指数最低时段，从而确定两系制种的最适播种期，见表4-1。由表4-1可见，当不育系育性转换临界温度指标为23.0℃或23.5℃时，选择播始历期（播种至始穗期）为80d的不育系时，其最适播种期为6月11日，扬花授粉结束期为9月9日，不育系雄性不育保证率达97.4%，扬花时段危害指数为3.24，可安全高产。

表4-1　安仁县两个临界温度适宜播种期安排

不育系临界温度指标（℃）	播种日期（月/日）	敏感期日期（月/日）	始穗日期（月/日）	扬花终止日期（月/日）	播种至始穗期天数（d）	敏感期至始穗期天数（d）	不育系雄性不育保证率（%）	扬花时段危害指数
23.0	6/11	8/20	8/29	9/09	80	10	97.4	3.24
23.5	6/11	8/20	8/29	9/09	80	10	97.4	3.24

三、具体地段安排

根据育性转换不同的临界温度指标，分析了安仁县杂交稻制种的气候风险区域（图4-3）。由图4-3可见：

育性转换起点温度指标为22.0℃风险区域：大部分地区为极低风险区，南部的金紫仙坳、盘古仙、五峰山以及元朗坳等地为极高风险区。

育性转换起点温度指标为22.5℃风险区域：大部分地区为极低风险区，金紫仙坳北部、盘古仙西部为较低风险区，南部的金紫仙坳、盘古仙、五峰山以及元朗坳等地为极高风险区。

育性转换起点温度指标为23.0℃风险区域：大部分地区为极低风险区，南部的金紫仙坳、盘古仙、五峰山以及元朗坳等地为极高风险区。

育性转换起点温度指标为23.5℃风险区域：极低风险区域主要分布在县城以北的永乐江流域，极高风险区域主要分布在南部的金紫仙坳、盘古仙、五峰山以及元朗坳，其他大部分地区为较低风险制种区。

育性转换起点温度指标为24.0℃风险区域：极低风险区域基本没有，极高风险区域主要分布在南部的金紫仙坳、盘古仙、五峰山以及元朗坳，较低风险区域主要分布在县城以北的永乐江流域，其他大部分地区为较高风险制种区。

育性转换起点温度指标为24.5℃风险区域：极低风险区域没有，较低风险区域主要分布在北部，中度风险区域主要分布在北部和东部，其他大部分地区为较高风险制种区。

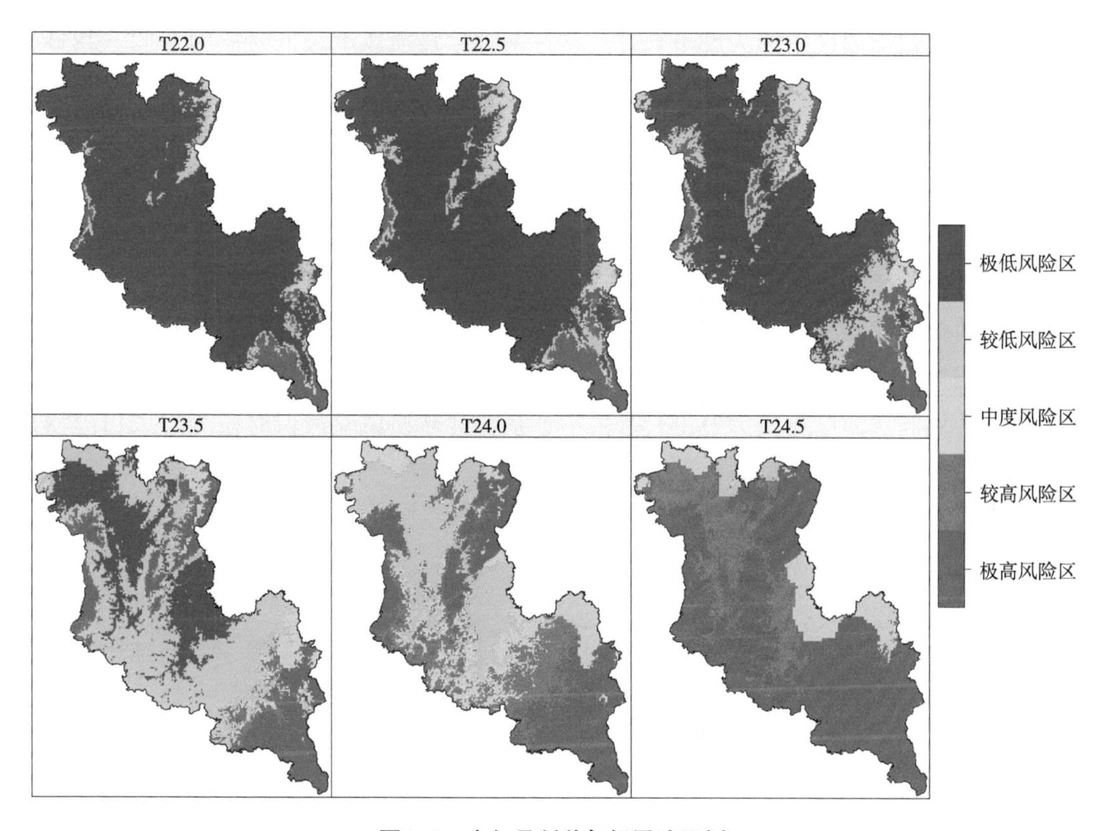

图4-3　安仁县制种气候风险区划

目前育种专家培育的两用不育系育性转换起点温度大多为22.0～25.0℃，而生产上应用的两用不育系育性转换起点温度大多为23.0～24.0℃。根据大多数两用不育系制种气候风险分析结果，建议制种基地具体地段选择在县城以北的永乐江流域，母本在6月11日左右播种（播始历期80d）。

第二节　永兴县制种基地生产安排

一、时空择优气候诊断分析

根据永兴县气象站历史资料统计，分析了不同不育系育性转换临界温度风险较低时段（图4-4）。由图4-4可见：

育性转换起点温度指标为22.0℃时，不育系育性转换风险最低时段为6月26日至7月29日、7月30日至9月4日，为历史未遇。

育性转换起点温度指标为22.5℃时，不育系育性转换风险最低时段为6月27日至7月28日、7月29日至8月31日，为历史未遇。

育性转换起点温度指标为23.0℃时，不育系育性转换风险最低时段为7月2—28日、7月29日至8月24日，为历史未遇。

育性转换起点温度指标为23.5℃时，不育系育性转换风险最低时段为7月7—28日，为历史未遇，其次是7月30日至8月20日，为30年一遇。

育性转换起点温度指标为24.0℃时，不育系育性转换风险最低时段为7月7—24日，为30年一遇。

育性转换起点温度指标为24.5℃时，不育系育性转换风险最低时段为7月31日至8月20日，为15年一遇。

育性转换起点温度指标为25.0℃时，不育系育性转换风险最低时段为7月21日至8月10日，为10年一遇。

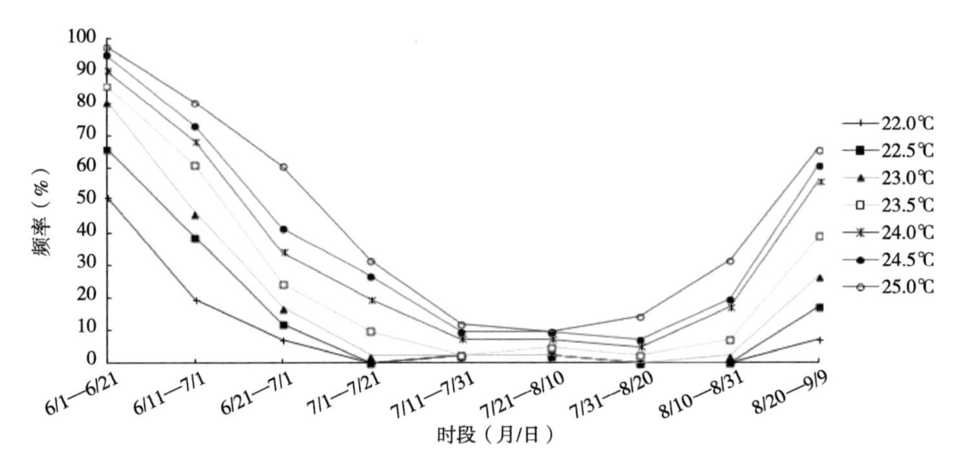

图4-4　永兴县育性敏感期临界温度几率变化曲线

利用扬花授粉期危害指数模型，计算了永兴县杂交稻制种扬花授粉期各时段的危害指数（图4-5）。由图4-5可见，7月16日前呈上升趋势，峰值为7.08；7月16日至8月30日呈下降趋势，最小值为1.53；8月30日至9月24日呈上升趋势。开展两系法超级杂交稻制种时，建议将扬花授粉时段安排在7月31日至9月9日。

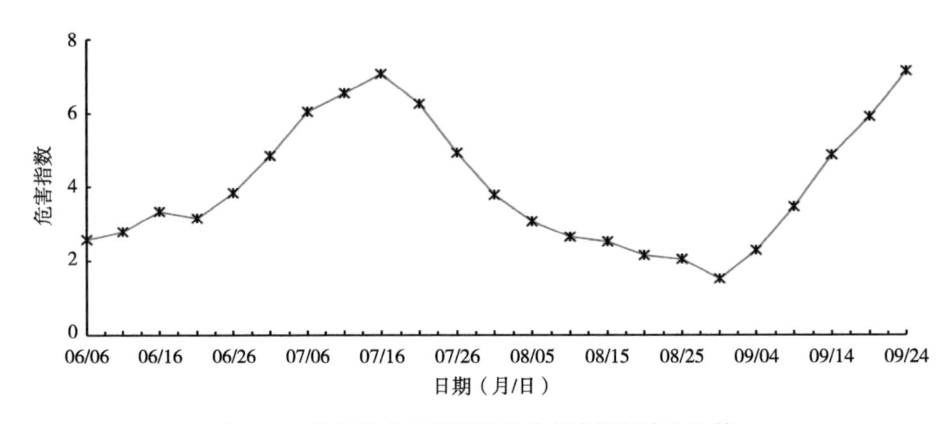

图4-5　永兴县杂交稻制种扬花危害指数变化规律

二、气候时段安排

根据两系杂交稻制种不育系育性转换敏感期气候风险和扬花授粉期危害指数两个重要指标，在确保不育系雄性不育保证率高于96.7%（气候风险小于30年一遇），保障制种安全，并将扬花授粉期安排在危害指数最低时段，从而确定两系制种的最适播种期（表4-2）。由表4-2可见，当不育系育性转换临界温度指标为23.0℃时，选择播始历期（播种至始穗期）为80d的不育系时，其最适播种期为6月7日，扬花授粉结束期为9月5日，不育系雄性不育保证率达100%，扬花时段危害指数为1.53；当不育系育性转换临界温度指标为23.5℃时，其最适播种期为6月6日，扬花授粉结束期为9月4日，不育系雄性不育保证率达100%，扬花时段危害指数为1.58，可安全高产。

表4-2　永兴县两个临界温度适宜播种期安排（播始历期80d）

不育系临界温度指标（℃）	播种日期（月/日）	敏感期日期（月/日）	始穗日期（月/日）	扬花终止日期（月/日）	播种至始穗期天数（d）	敏感期至始穗期天数（d）	不育系雄性不育保证率（%）	扬花时段危害指数
23.0	6/07	8/16	8/25	9/05	80	10	100	1.53
23.5	6/06	8/15	8/24	9/04	80	10	100	1.58

三、具体地段安排

根据育性转换不同的临界温度指标，分析了永兴县杂交稻制种的气候风险区域（图4-6）。由图4-6可见：

育性转换起点温度指标为22.0℃：制种高风险区域主要分布在东部的东岭山脉、青山垄以东的七甲、大布江，其他大部分地区为极低风险制种区。

育性转换起点温度指标为22.5℃：制种高风险区域主要分布在东岭山脉、青山垄以东的七甲和大布江以及西部的三塘、油麻，其他大部分地区为极低风险制种区。

育性转换起点温度指标为23.0℃：制种高风险区域主要分布在东岭山脉、青山垄以东的七甲和大布江、龙王岭以及西部的三塘、油麻，黄口堰、青山垄、龙潭为中度风险区，其他大部分地区为极低风险制种区。

育性转换起点温度指标为23.5℃：制种极低风险区域仅分布在西河、便江流域，高风险区域主要分布在东岭山脉及其以东区域及西部的三塘、油麻，其他大部分地区为中度风险制种区。

育性转换起点温度指标为24.0℃：极低风险区域没有，较低风险区域主要分布在中部的河谷地带，中度风险区域分布在西部，极高风险区域分布在东部。

育性转换起点温度指标为24.5℃：较低风险区域没有，中度风险区域主要分布在西部，其他大部分地区为极高风险区。

目前育种专家培育的两用不育系育性转换起点温度大多为22.0～25.0℃，而生产上应用的两用不育系育性转换起点温度大多为23.0～24.0℃。根据大多数两用不育系制种气候风险分析结果，建议制种基地具体地段选择在西河、便江流域，母本在6月6日左右播种（播始历期80d）。

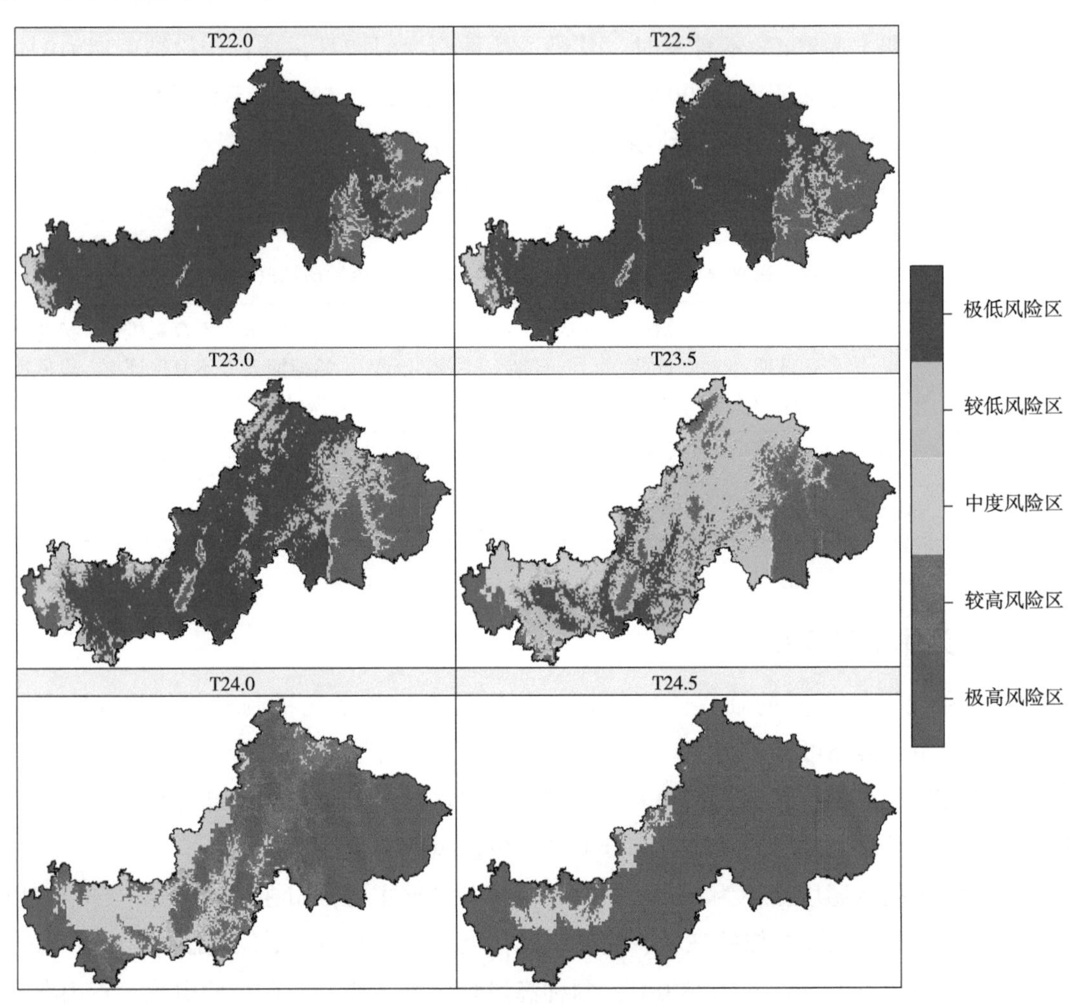

图4-6　永兴县制种气候风险区划

第三节　桂阳县制种基地生产安排

一、时空择优气候诊断分析

根据桂阳县气象站历史资料统计，分析了不同不育系育性转换临界温度风险较低时段（图4-7）。由图4-7可见：

育性转换起点温度指标为22.0℃时，不育系育性转换风险最低时段为7月2—28日、7月29日至8月24日，为历史未遇。

育性转换起点温度指标为22.5℃时，不育系育性转换风险最低时段为7月6—24日、7月30日至8月20日，为历史未遇。

育性转换起点温度指标为23.0℃时，不育系育性转换风险最低时段为7月7—24日、7月31日至8月19日，为30年一遇。

育性转换起点温度指标为23.5℃时，不育系育性转换风险最低时段为7月7—24日，为30年一遇。

育性转换起点温度指标为24.0℃时，不育系育性转换风险最低时段为7月11日至8月10日，为10年一遇。

育性转换起点温度指标为24.5℃时，不育系育性转换风险最低时段为7月11—31日，为8年一遇。

育性转换起点温度指标为25.0℃时，不育系育性转换风险最低时段为7月11日至8月10日，为4年一遇。

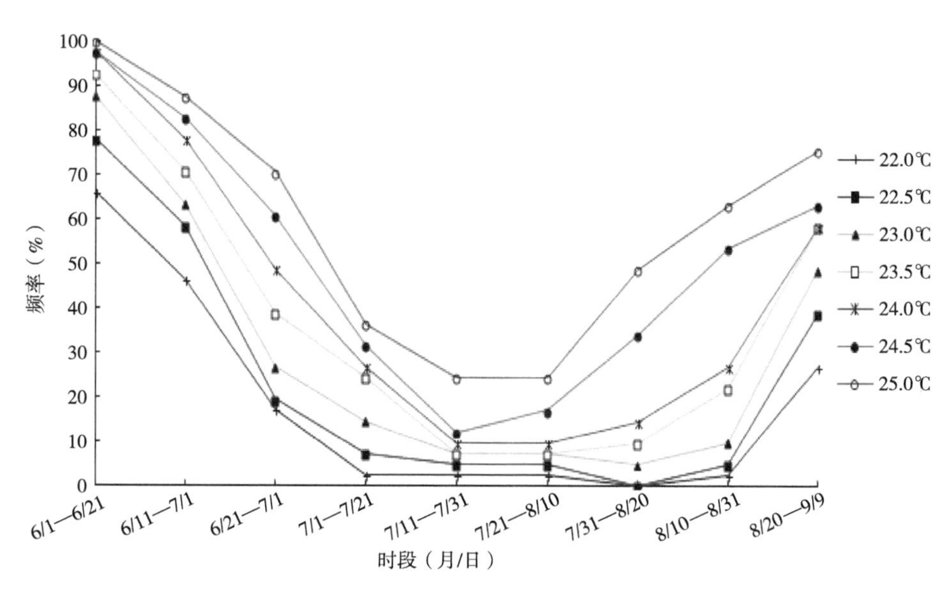

图4-7　桂阳县育性敏感期临界温度风险几率变化曲线

利用扬花授粉期危害指数公式，计算了桂阳县杂交稻制种扬花授粉期各时段的危害指数（图4-8）。由图4-8可见，7月16日前呈上升趋势，峰值为10.61；7月16日至8月20日呈下降趋势，最小值为3.87；8月20日至9月24日呈上升趋势。开展两系法超级杂交稻制种时，建议将扬花授粉时段安排在8月5日至9月9日。

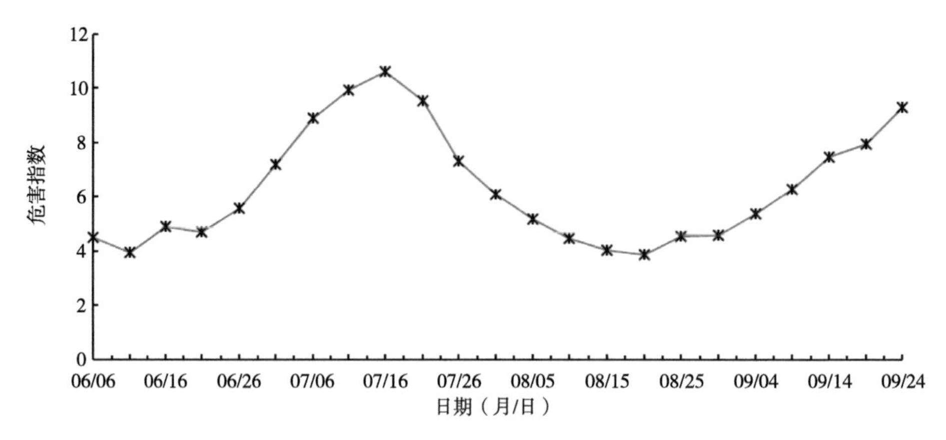

图4-8　桂阳县杂交稻制种扬花危害指数变化规律

二、气候时段安排

根据两系杂交稻制种不育系育性转换敏感期气候风险和扬花授粉期危害指数两个重要指标，在确保不育系雄性不育保证率高于96.7%（气候风险小于30年一遇），保障制种安全，并将扬花授粉期安排在危害指数最低时段，从而确定两系制种的最适播种期（表4-3）。由表4-3可见，当不育系育性转换临界温度指标为23.0℃时，选择播始历期（播种至始穗期）为80d的不育系时，其最适播种期为5月31日，扬花授粉结束期为8月29日，不育系雄性不育保证率达100%，扬花时段危害指数为4.24，可安全高产；当不育系育性转换临界温度指标为23.5℃时，其最适播种期为5月10日，扬花授粉结束期为8月8日，不育系雄性不育保证率达100%，扬花时段危害指数为5.5，可安全高产。

表4-3　桂阳县两个临界温度适宜播种期安排（播始历期80d）

不育系临界温度指标（℃）	播种日期（月/日）	敏感期日期（月/日）	始穗日期（月/日）	扬花终止日期（月/日）	播种至始穗期天数（d）	敏感期至始穗期天数（d）	不育系雄性不育保证率（%）	扬花时段危害指数
23.0	5/31	8/13	8/18	8/29	80	10	100	4.24
23.5	5/10	7/19	7/28	8/08	80	10	100	5.5

三、具体地段安排

育性转换起点温度指标为22.0℃：大部分为极低风险区，制种高风险区域主要分布在北部的塔山、泗州山区及南部的荷叶镇。

育性转换起点温度指标为22.5℃：大部分为极低风险区，制种高风险区域主要分布在北部的塔山、泗州山区及南部的荷叶镇。

育性转换起点温度指标为23.0℃：极低风险区主要分布在中部，包括泗洲乡、流峰镇、敖泉镇、塘市镇、四里镇、桥市乡、和平镇、樟市镇、仁义镇、古楼乡、十字乡、余田乡、春陵江镇、浩塘镇、正和镇等地，较低风险区主要分布在光明乡、莲塘镇、桥市乡、洋市镇等地，其他大部地区为极高风险区。

育性转换起点温度指标为23.5℃：极低风险区主要分布在中部，包括塘市镇、四里镇、桥市乡、和平镇、仁义镇、古楼乡、春陵江镇、浩塘镇等地，较低风险区主要分布在光明乡、桥市乡、十字乡、余田乡等地，中度风险区主要分布在泗洲乡、流峰镇、敖泉镇、樟市镇、正和镇等地，其他大部地区为极高风险区。

育性转换起点温度指标为24.0℃：极低风险区域没有，较低风险区域主要分布在塘市镇、四里镇、桥市乡、和平镇、樟市镇、仁义镇等地，中度风险区主要分布在古楼乡、十字乡、余田乡、春陵江镇、浩塘镇等地，其他大部地区为较高和极高风险区。

育性转换起点温度指标为24.5℃：较低风险区域没有，中度风险区域主要分布在中部的河谷地带和西部的低海拔地区，全县大部分地区为较高和极高风险区。

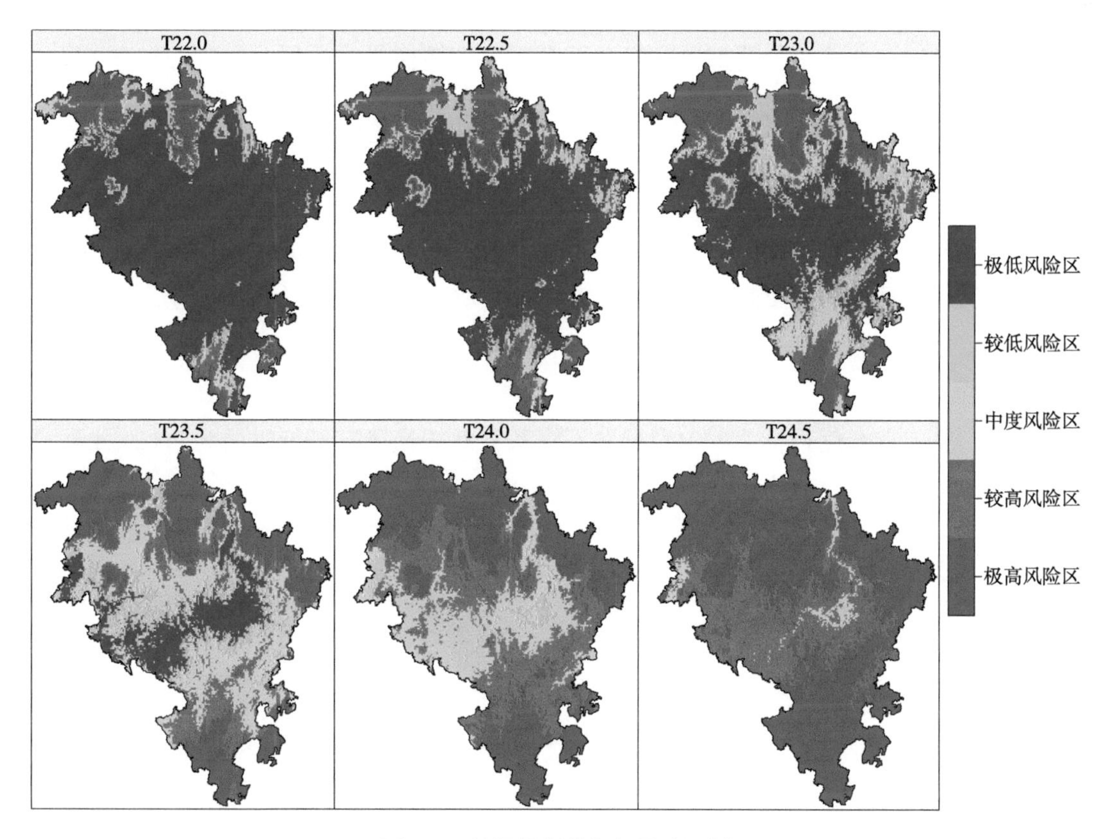

图4-9　桂阳县制种气候风险区划

目前育种专家培育的两用不育系育性转换起点温度大多为22.0～25.0℃，而生产上应用的两用不育系育性转换起点温度大多为23.0～24.0℃。根据大多数两用不育系制种

气候风险分析结果，建议制种基地具体地段选择在塘市镇、四里镇、桥市乡、和平镇、樟市镇、仁义镇等地，母本在5月10日左右播种（播始历期80d）。

第四节　嘉禾县制种基地生产安排

一、时空择优气候诊断分析

根据嘉禾县气象站历史资料统计，分析了不同不育系育性转换临界温度风险较低时段（图4-10）。由图4-10可见：

育性转换起点温度指标为22.0℃时，不育系育性转换风险最低时段为6月23日至9月4日，为历史未遇。

育性转换起点温度指标为22.5℃时，不育系育性转换风险最低时段为7月2—28日、7月29日至9月4日，为历史未遇。

育性转换起点温度指标为23.0℃时，不育系育性转换风险最低时段为7月3—28日、7月29日至8月24日，为历史未遇。

育性转换起点温度指标为23.5℃时，不育系育性转换风险最低时段为7月3—24日、7月30日至8月20日，为历史未遇。

育性转换起点温度指标为24.0℃时，不育系育性转换风险最低时段为7月7—24日、7月31日至8月20日，为历史未遇。

育性转换起点温度指标为24.5℃时，不育系育性转换风险最低时段为7月6—24日，为30年一遇。

育性转换起点温度指标为25.0℃时，不育系育性转换风险最低时段为7月21日至8月10日，为10年一遇。

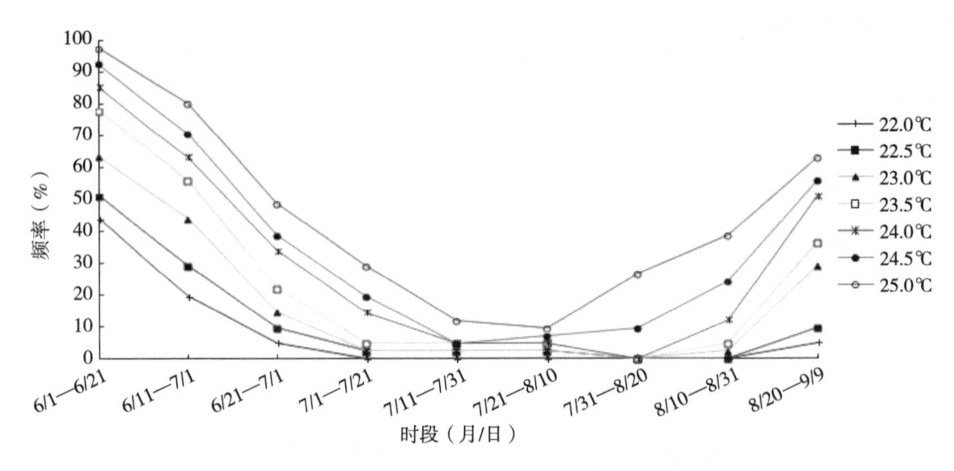

图4-10　嘉禾县育性敏感期临界温度风险几率变化曲线

利用扬花授粉期危害指数公式，计算了嘉禾县杂交稻制种扬花授粉期各时段的危害指数（图4-11）。由图4-11可见，7月16日前呈上升趋势，峰值为11.03；7月16日至8月15日呈下降趋势，最小值为3.76；8月15日至9月24日呈上升趋势。开展两系法超级杂交稻制种时，建议将扬花授粉时段安排在8月10日至9月9日。

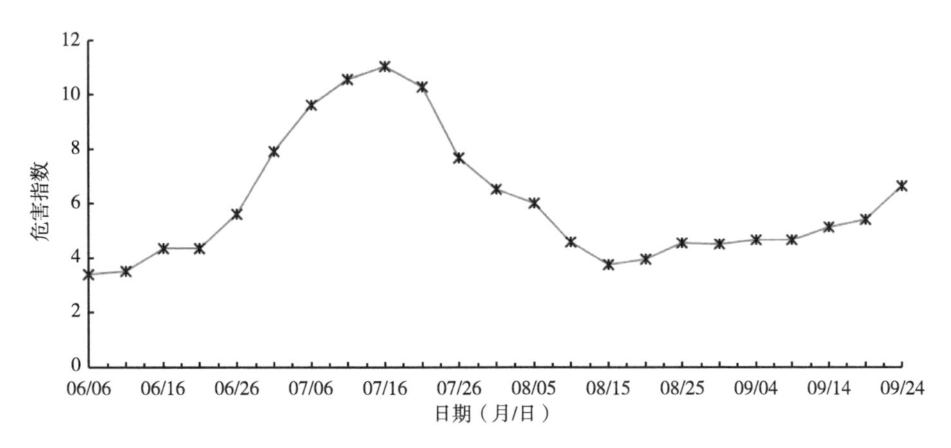

图4-11　嘉禾县杂交稻制种扬花危害指数变化规律

二、气候时段安排

根据两系杂交稻制种不育系育性转换敏感期气候风险和扬花授粉期危害指数两个重要指标，在确保不育系雄性不育保证率高于96.7%（气候风险小于30年一遇），保障制种安全，并将扬花授粉期安排在危害指数最低时段，从而确定两系制种的最适播种期（表4-4）。由表4-4可见，当不育系育性转换临界温度指标为23.0℃或23.5℃时，选择播始历期（播种至始穗期）为80d的不育系时，其最适播种期为5月24日，扬花授粉结束期为8月22日，不育系雄性不育保证率达97.4%以上，扬花时段危害指数为3.66，可安全高产。

表4-4　嘉禾县两个临界温度适宜播种期安排（播始历期80d）

不育系临界温度指标（℃）	播种日期（月/日）	敏感期日期（月/日）	始穗日期（月/日）	扬花终止日期（月/日）	播种至始穗期天数（d）	敏感期至始穗期天数（d）	不育系雄性不育保证率（%）	扬花时段危害指数
23.0	5/24	8/02	8/11	8/22	80	10	100	3.66
23.5	5/24	8/02	8/11	8/22	80	10	97.4	3.66

三、具体地段安排

根据育性转换不同的临界温度指标，分析了嘉禾县杂交稻制种的气候风险区域（图4-12）。由图4-12可见：

育性转换起点温度指标为22.0℃：大部分为极低风险制种区，高风险区域主要分布在西南部的尖峰岭山区。

育性转换起点温度指标为22.5℃：大部分为极低风险制种区，较低风险区主要分布在广发乡的北部和普满乡的北部，极高风险区域主要分布在西南部的尖峰岭山区。

育性转换起点温度指标为23.0℃：大部分为极低风险制种区，较低风险区主要分布在广发乡的北部、普满乡、盘江乡、龙潭镇等地，极高风险区域主要分布在西南部的尖峰岭及其周边。

育性转换起点温度指标为23.5℃：极低风险制种区主要分布在中西部，包括石桥镇、坦坪乡、莲荷乡、珠泉镇、袁家镇、车头镇、塘村镇、肖家镇等地，较低风险区主要分布在广发乡、盘江乡、龙潭镇等地，中度风险区主要分布在田心乡、行廊镇等地，极高风险区域主要分布在西南部的尖峰岭及其周边。

育性转换起点温度指标为24.0℃：极低风险区域主要分布在中部，包括莲荷乡、珠泉镇、车头镇等地，较低风险区主要分布在广发乡、坦坪乡等地，中度风险区主要分布在石桥镇、肖家镇、盘江乡、袁家镇、塘村镇等地，其他大部分地区为较高和极高风险区。

育性转换起点温度指标为24.5℃：极低风险区域没有，较低风险区主要分布在莲荷乡广发乡、坦坪乡等地，中度风险区主要分布在坦坪乡、珠泉镇、车头镇等地，其他大部分地区为较高和极高风险区。

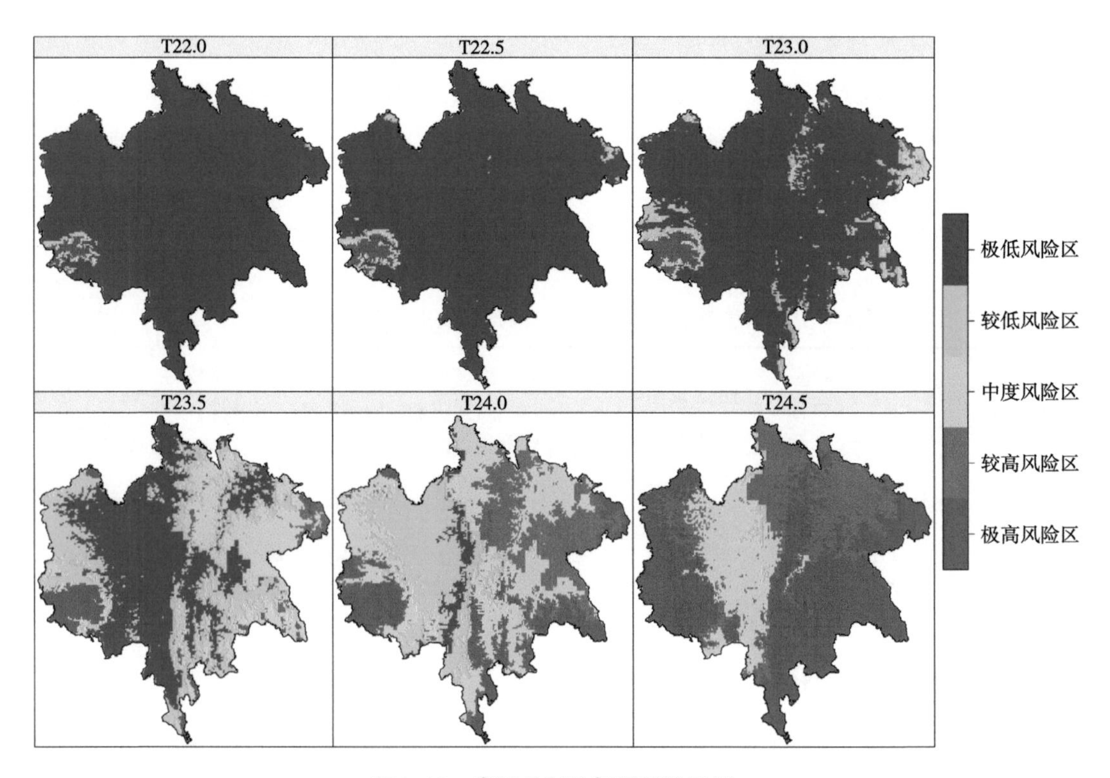

图4-12　嘉禾县制种气候风险区划

目前育种专家培育的两用不育系育性转换起点温度大多为22.0～25.0℃，而生产上应用的两用不育系育性转换起点温度大多为23.0～24.0℃。根据大多数两用不育系制种气候风险分析结果，建议制种基地具体地段选择在莲荷乡、珠泉镇、车头镇等地，母本在5月24日左右播种（播始历期80d）。

第五节　郴州市郊区制种基地生产安排

一、时空择优气候诊断分析

郴州市郊包括北湖区和苏仙区，由于该区没有气象站，利用郴州市气象站历史资料统计，分析了不同不育系育性转换临界温度风险较低时段（图4-13）。由图4-13可见：

育性转换起点温度指标为22.0℃时，不育系育性转换风险最低时段为6月27日至9月4日，为历史未遇。

育性转换起点温度指标为22.5℃时，不育系育性转换风险最低时段为7月2—28日、7月29日至8月31日，为历史未遇。

育性转换起点温度指标为23.0℃时，不育系育性转换风险最低时段为7月2—28日、7月29日至8月20日，为历史未遇。

育性转换起点温度指标为23.5℃时，不育系育性转换风险最低时段为7月3—24日、7月30日至8月19日，为历史未遇。

育性转换起点温度指标为24.0℃时，不育系育性转换风险最低时段为7月7—24日、7月30日至8月19日，为30年一遇。

育性转换起点温度指标为24.5℃时，不育系育性转换风险最低时段为7月7—24日、7月31日至8月15日，为30年一遇。

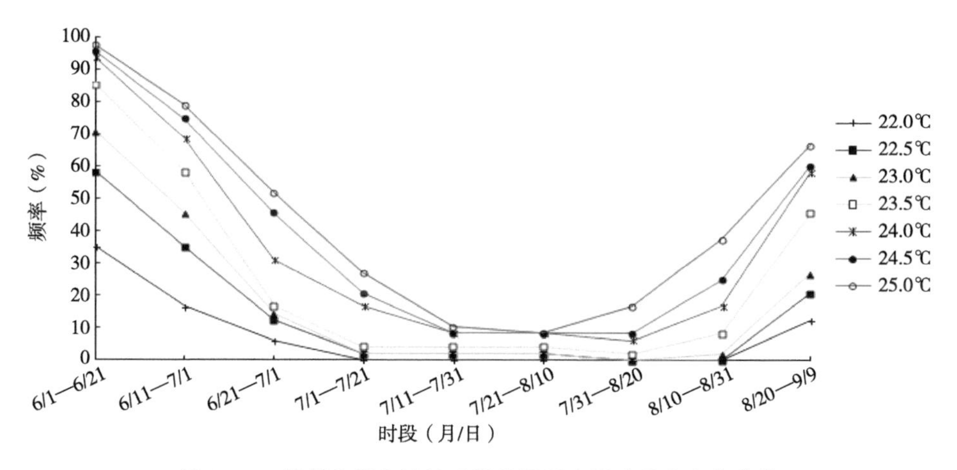

图4-13　郴州市郊育性敏感期临界温度风险几率变化曲线

育性转换起点温度指标为25.0℃时，不育系育性转换风险最低时段为7月21日至8月10日，为12年一遇。

根据同样的方法，计算了郴州市郊区杂交稻制种扬花授粉期各时段的危害指数（图4-14）。由图4-14可见，7月16日前呈上升趋势，峰值为13.62；7月16日至8月20日呈下降趋势；8月20日至9月9日缓慢变化，危害指数为4.27～5.04。开展两系法超级杂交稻制种时，建议将扬花授粉时段安排在8月10日至9月9日。

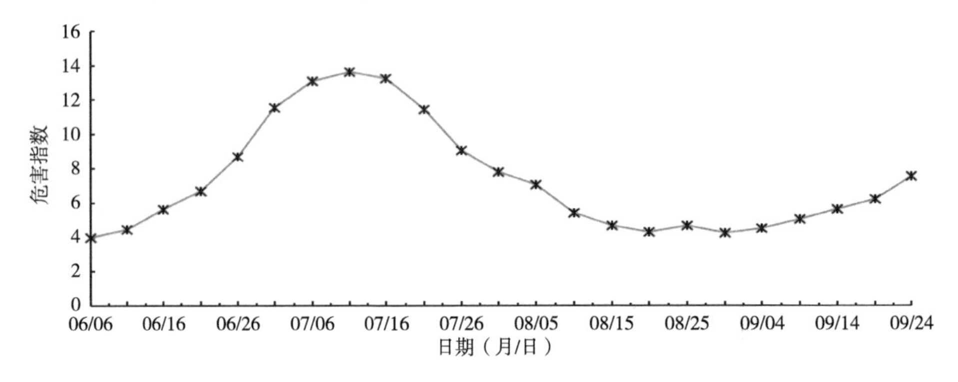

图4-14　郴州市郊杂交稻制种扬花危害指数变化规律

二、气候时段安排

根据两系杂交稻制种不育系育性转换敏感期气候风险和扬花授粉期危害指数两个重要指标，在确保不育系雄性不育保证率高于96.7%（气候风险小于30年一遇），保障制种安全，并将扬花授粉期安排在危害指数最低时段，从而确定两系制种的最适播种期（表4-5）。由表4-5可见，当不育系育性转换临界温度指标为23.0℃或23.5℃时，选择播始历期（播种至始穗期）为80d的不育系时，其最适播种期为6月6日，扬花授粉结束期为9月4日，不育系雄性不育保证率达97.4%，扬花时段危害指数分别为4.22，可安全高产。

表4-5　郴州市郊两个临界温度适宜播种期安排（播始历期80d）

不育系临界温度指标（℃）	播种日期（月/日）	敏感期日期（月/日）	始穗日期（月/日）	扬花终止日期（月/日）	播种至始穗期天数（d）	敏感期至始穗期天数（d）	不育系雄性不育保证率（%）	扬花时段危害指数
23.0	6/06	8/15	8/24	9/04	80	10	97.8	4.22
23.5	6/06	8/15	8/24	9/04	80	10	97.8	4.22

三、具体地段安排

根据育性转换不同的临界温度指标，分析了郴州市郊（苏仙区和北湖区）杂交稻制种的气候风险区域（图4-15）。由图4-15可见：

育性转换起点温度指标为22.0℃：极低风险区主要分布在中部和北部，包括五里牌镇、马头岭乡、许家洞镇、桥口镇、白露塘镇、望仙镇、华塘镇、保和镇、石盖塘镇、坳上镇、良田镇、廖家湾乡等地，其他大部分地区为极高风险区。

育性转换起点温度指标为22.5℃：极低风险区主要分布在中部和北部，包括五里牌镇、马头岭乡、许家洞镇、桥口镇、白露塘镇、望仙镇、华塘镇、保和镇、石盖塘镇、坳上镇、良田镇、廖家湾乡等地，其他大部分地区为极高风险区。

育性转换起点温度指标为23.0℃：极低风险区主要分布在中部和北部，包括五里牌镇、马头岭乡、许家洞镇、桥口镇、白露塘镇、望仙镇、华塘镇、保和镇、石盖塘镇、坳上镇等地，较低风险区主要分布在良田镇、廖家湾乡等地，其他大部分地区为极高风险区。

育性转换起点温度指标为23.5℃：极低风险区主要分布在北部，包括五里牌镇、桥口镇、许家洞镇、白露塘镇、望仙镇、华塘镇、保和镇、坳上镇等地，较低风险区主要分布在马头岭乡、石盖塘镇、良田镇等地，其他大部分地区为极高风险区。

育性转换起点温度指标为24.0℃：极低风险区没有，较低风险区主要分布在北部，包括桥口镇、许家洞镇、白露塘镇等地，中度风险区主要分布在五里牌镇、望仙镇、华塘镇、石盖塘镇、坳上镇等地，其他大部分地区为较高和极高风险区。

育性转换起点温度指标为24.5℃：极低和较低风险区没有，中度风险区主要分布在北部，包括桥口镇、许家洞镇、白露塘镇等地，其他大部分地区为较高和极高风险区。

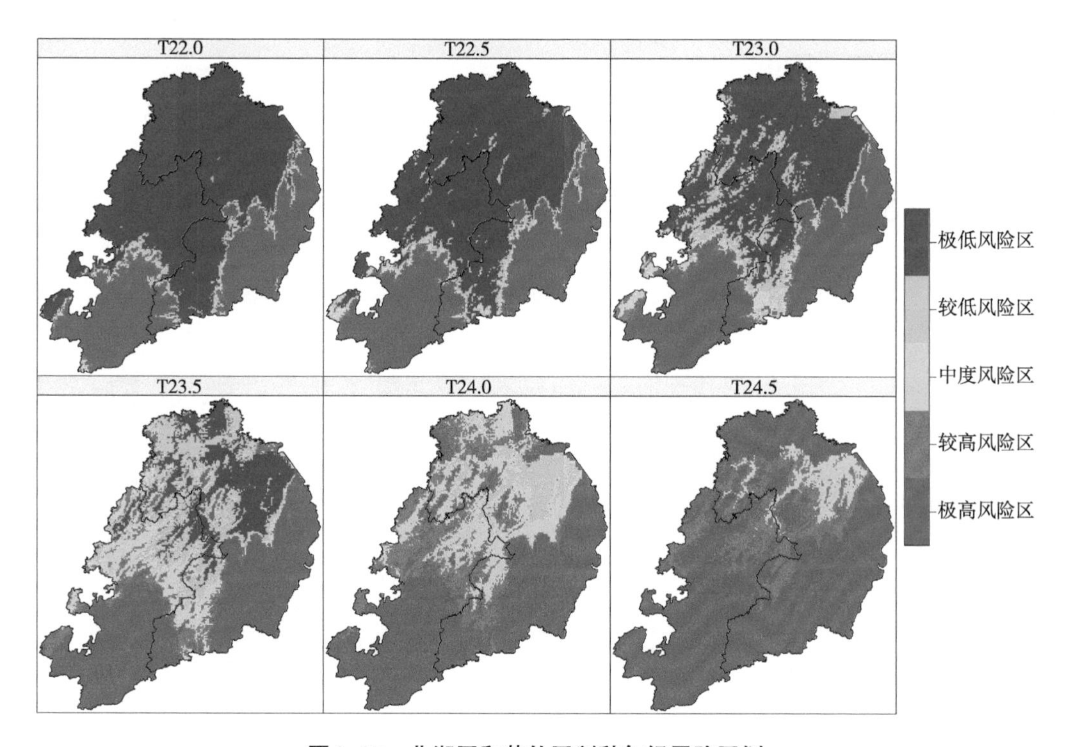

图4-15　北湖区和苏仙区制种气候风险区划

目前育种专家培育的两用不育系育性转换起点温度大多为22.0～25.0℃，而生产上应用的两用不育系育性转换起点温度大多为23.0～24.0℃。根据大多数两用不育系制种气候风险分析结果，建议制种基地具体地段选择在桥口镇、许家洞镇、白露塘镇等地，母本在6月6日左右播种（播始历期80d）。

第六节　资兴市制种基地生产安排

一、时空择优气候诊断分析

利用资兴市气象站历史资料统计，分析了不同不育系育性转换临界温度风险较低时段（图4-16）。由图4-16可见：

育性转换起点温度指标为22.0℃时，不育系育性转换风险最低时段为6月27日至7月28日、7月29日至8月19日，为历史未遇。

育性转换起点温度指标为22.5℃时，不育系育性转换风险最低时段为7月3—28日、7月30日至8月19日，为历史未遇。

育性转换起点温度指标为23.0℃时，不育系育性转换风险最低时段为7月7—28日、7月31日至8月19日，为30年一遇。

育性转换起点温度指标为23.5℃时，不育系育性转换风险最低时段为7月7—24日、7月31日至8月18日，为30年一遇。

育性转换起点温度指标为24.0℃时，不育系育性转换风险最低时段为7月11—31日，为10年一遇。

育性转换起点温度指标为24.5℃时，不育系育性转换风险最低时段为7月11—31日，为7年一遇。

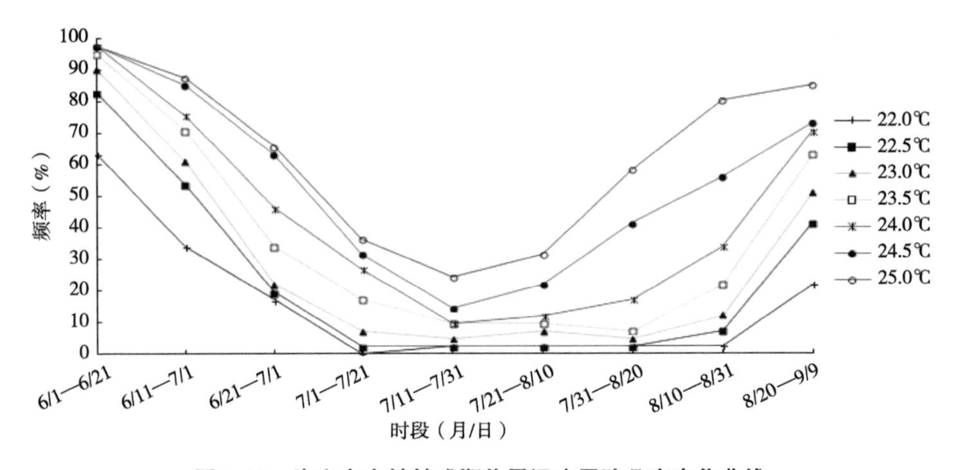

图4-16　资兴市育性敏感期临界温度风险几率变化曲线

育性转换起点温度指标为25.0℃时，不育系育性转换风险最低时段为7月11—31日，为4年一遇。

利用扬花授粉期危害指数公式，计算了资兴市杂交稻制种扬花授粉期各时段的危害指数（图4-17）。由图4-17可见，8月30日前缓慢变化，危害指数为4.68～3.76，8月30日至9月24日呈上升趋势，9月24日达到8.82。开展两系法超级杂交稻制种时，建议将扬花授粉时段安排在7月26日至8月30日。

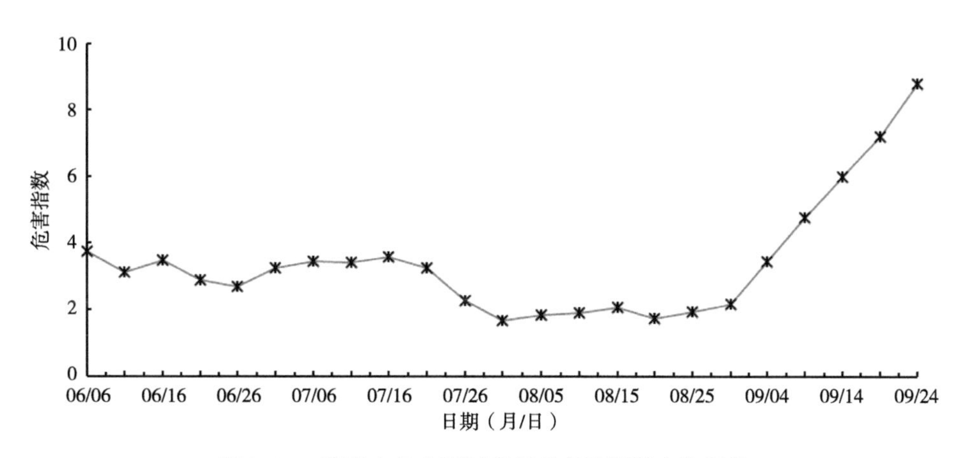

图4-17　资兴市杂交稻制种扬花危害指数变化规律

二、气候时段安排

在确保不育系雄性不育保证率高于96.7%（气候风险小于30年一遇），保障制种安全，并将扬花授粉期安排在危害指数最低时段，从而确定两系制种的最适播种期（表4-6）。由表4-6可见，当不育系育性转换临界温度指标为23.0℃，选择播始历期（播种至始穗期）为80d的不育系时，其最适播种期为5月10日，扬花授粉结束期为8月8日，不育系雄性不育保证率达97.4%，扬花时段危害指数为1.53，可安全高产；当不育系育性转换临界温度指标为23.5℃时，择播始历期（播种至始穗期）为80d的不育系时，其最适播种期为5月29日，扬花授粉结束期为8月27日，不育系雄性不育保证率达97.4%，扬花时段危害指数为1.66，可安全高产。

表4-6　资兴市两个临界温度适宜播种期安排（播始历期80d）

不育系临界温度指标（℃）	播种日期（月/日）	敏感期日期（月/日）	始穗日期（月/日）	扬花终止日期（月/日）	播种至始穗期天数（d）	敏感期至始穗期天数（d）	不育系雄性不育保证率（%）	扬花时段危害指数
23.0	5/10	7/19	7/28	8/08	80	10	97.4	1.53
23.5	5/29	8/07	8/16	8/27	80	10	97.4	1.66

三、具体地段安排

根据育性转换不同的临界温度指标，分析了资兴市杂交稻制种的气候风险区域（图4-18）。由图4-18可见：

育性转换起点温度指标为22.0℃：制种极低风险区域主要分布在程江和东江流域，较低风险区域主要分布中部和南部的低海拔地区，其他大部分地区为极高风险制种区。

育性转换起点温度指标为22.5℃：制种极低风险区域主要分布在西北部和东南部，较低风险区域主要分布在程江和东江流域，其他大部分地区为极高风险制种区。

育性转换起点温度指标为23.0℃：制种极低风险区域主要分布要西北部和东南部的低海拔地区，中度风险区主要分布在程江流域，其他大部分地区为极高风险制种区。

育性转换起点温度指标为23.5℃：制种极低风险区域主要分布在西北部的蓼江镇中部，较低风险区域主要分布在西北部的蓼江镇北部和三都镇的西部，中度风险区主要分布在三都镇的中部，其他大部分地区为极高风险制种区。

育性转换起点温度指标为24.0℃：制种极低和较低风险区域没有，中度风险区主要分布在西北部的蓼江镇，其他大部分地区为极高风险制种区。

育性转换起点温度指标为24.5℃：全市为极高风险区。

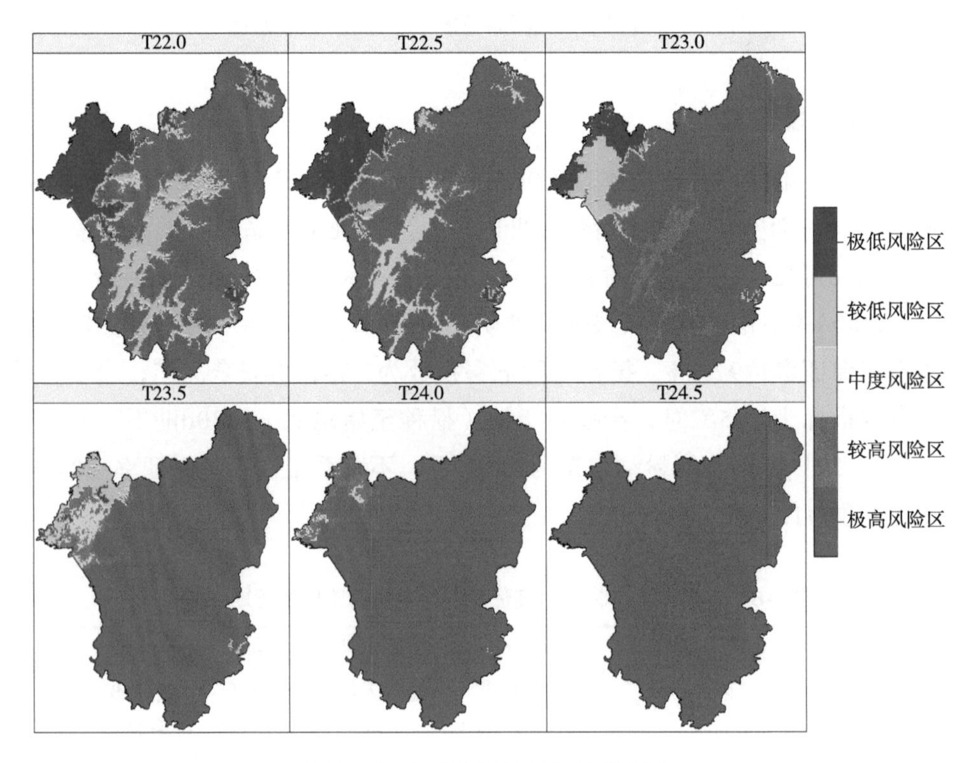

图4-18　资兴市制种气候风险区划

目前育种专家培育的两用不育系育性转换起点温度大多为22.0～25.0℃，而生产上应用的两用不育系育性转换起点温度大多为23.0～24.0℃。根据大多数两用不育系制种

气候风险分析结果，建议制种基地具体地段选择在蓼江镇、三都镇等地，母本在5月29日左右播种（播始历期80d）。

第七节　临武县制种基地生产安排

一、时空择优气候诊断分析

利用临武县气象站历史资料统计，分析了不同不育系育性转换临界温度风险较低时段（图4-19），由图4-19可见：

育性转换起点温度指标为22.0℃时，不育系育性转换风险最低时段为6月23日至9月7日，为历史未遇。

育性转换起点温度指标为22.5℃时，不育系育性转换风险最低时段为6月24日至7月29日、7月30日至9月4日，为历史未遇。

育性转换起点温度指标为23.0℃时，不育系育性转换风险最低时段为7月2—24日、7月29日至8月24日，为历史未遇。

育性转换起点温度指标为23.5℃时，不育系育性转换风险最低时段为7月3—24日、7月30日至8月24日，为历史未遇，其次是7月29日至8月15日，为30年一遇。

育性转换起点温度指标为24.0℃时，不育系育性转换风险最低时段为7月3—24日、7月30日至8月20日，为30年一遇。

育性转换起点温度指标为24.5℃时，不育系育性转换风险最低时段为7月21日至8月20日，为7年一遇。

育性转换起点温度指标为25.0℃时，不育系育性转换风险最低时段为7月21日至8月10日，为3年一遇。

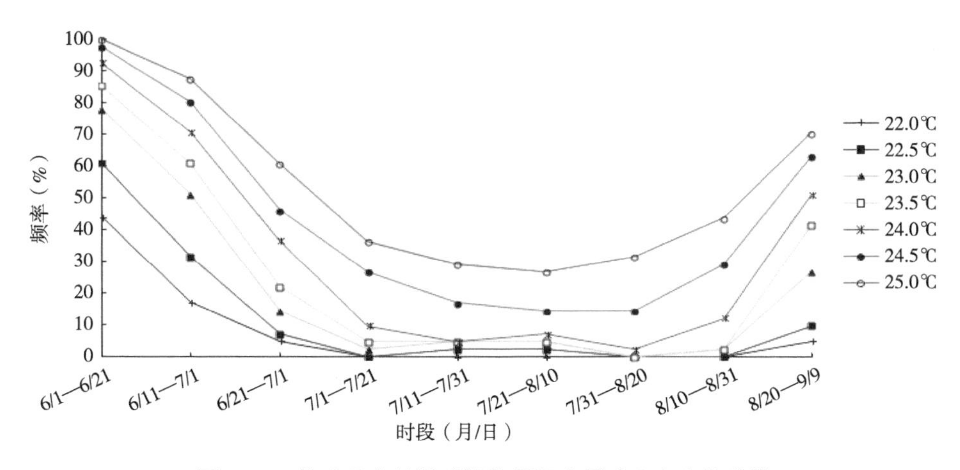

图4-19　临武县育性敏感期临界温度风险几率变化曲线

利用扬花授粉期危害指数公式，计算了临武县杂交稻制种扬花授粉期各时段的危害指数（图4-20）。由图4-20可见，6月26日前呈下降趋势，最小值为1.82；6月26日至7月16日呈上升趋势，峰值为4.13；7月16—31日呈下降趋势，7月31日至9月4日变化缓慢，9月4—24日呈上升趋势。开展两系法超级杂交稻制种时，建议将扬花授粉时段安排在7月26日至9月9日。

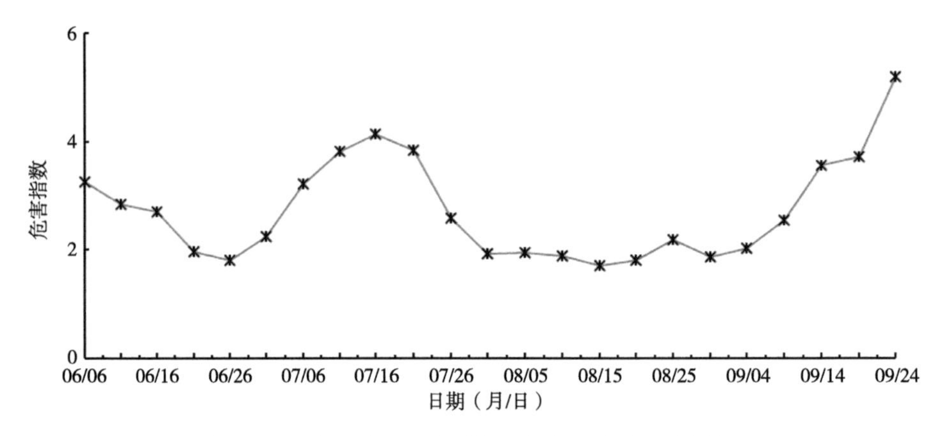

图4-20　临武县杂交稻制种扬花危害指数变化规律

二、气候时段安排

在确保不育系雄性不育保证率高于96.7%（气候风险小于30年一遇），保障制种安全，并将扬花授粉期安排在危害指数最低时段，从而确定两系制种的最适播种期（表4-7）。由表4-7可见，当不育系育性转换临界温度指标为23.0℃或23.5℃时，选择播始历期（播种至始穗期）为80d的不育系时，其最适播种期为5月24日，扬花授粉结束期为8月22日，不育系雄性不育保证率达100%，扬花时段危害指数为1.68，可安全高产。

表4-7　临武县两个临界温度适宜播种期安排（播始历期80d）

不育系临界温度指标（℃）	播种日期（月/日）	敏感期日期（月/日）	始穗日期（月/日）	扬花终止日期（月/日）	播种至始穗期天数（d）	敏感期至始穗期天数（d）	不育系雄性不育保证率（%）	扬花时段危害指数
23.0	5/24	8/02	8/11	8/22	80	10	100	1.68
23.5	5/24	8/02	8/11	8/22	80	10	100	1.68

三、具体地段安排

根据育性转换不同的临界温度指标，分析了临武县杂交稻制种的气候风险区域（图4-21），由图4-21可见：

育性转换起点温度指标为22.0℃：极低风险制种区主要分布在中部、南部和北端，包括香花镇、麦市镇、万水乡、楚江乡、花塘乡、金江镇、水东镇、土地乡、舜峰镇、武水镇、汾市镇、同益乡、南强镇等地，较低风险区主要分布在武源乡，其他大部分地区为极高风险区。

育性转换起点温度指标为22.5℃：极低风险制种区主要分布在中部、南部和北端，包括香花镇、麦市镇、楚江乡、花塘乡、金江镇、水东镇、土地乡、舜峰镇、武水镇、汾市镇、同益乡、南强镇等地，较低风险区主要分布在万水乡、武源乡等地，其他大部分地区为极高风险区。

育性转换起点温度指标为23.0℃：极低风险制种区主要分布在中部、南部和北端，包括香花镇、麦市镇、花塘乡、水东镇、土地乡、舜峰镇、武水镇、汾市镇、同益乡、南强镇等地，较低风险区主要分布在楚江乡、金江镇等地，中度风险区主要分布在万水乡，其他大部分地区为极高风险区。

育性转换起点温度指标为23.5℃：极低风险制种区主要分布在东南部，包括花塘乡、舜峰镇、武水镇、汾市镇、同益乡、南强镇等地，较低风险区主要分布在麦市镇、楚江乡、水东镇等地，中度风险区主要分布在香花镇、金江镇等地，其他大部分地区为极高风险区。

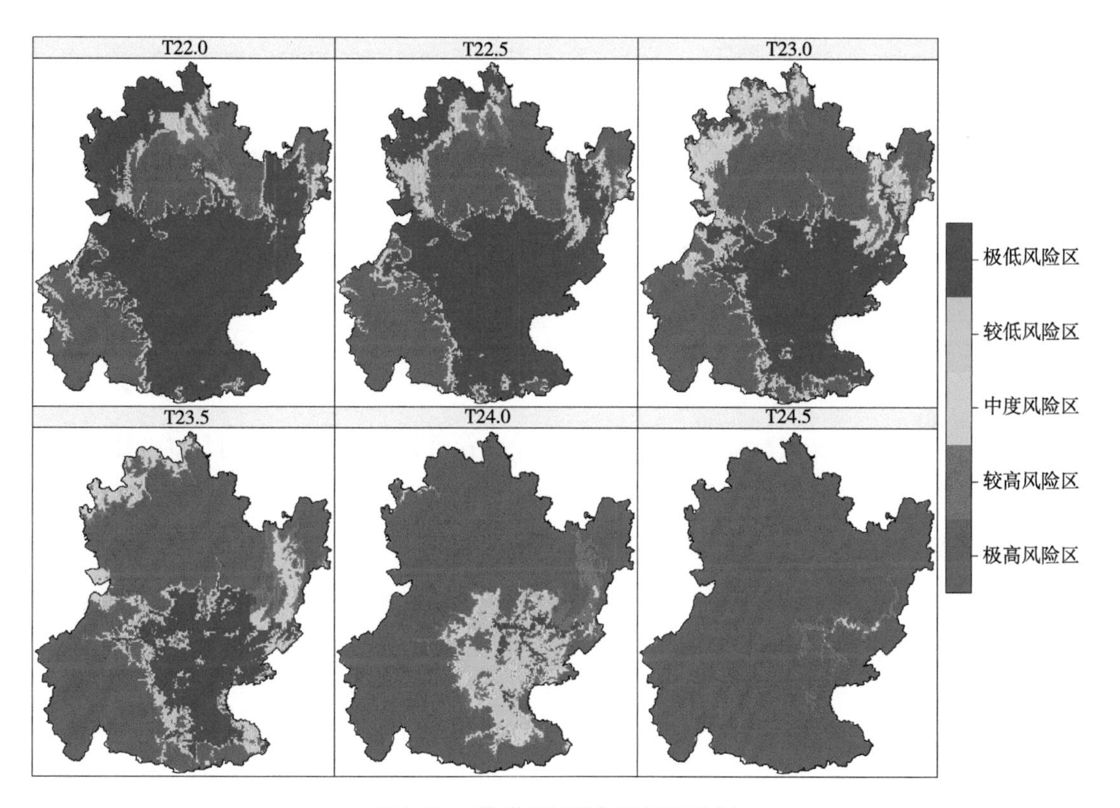

图4-21　临武县制种气候风险区划

育性转换起点温度指标为24.0℃：极低风险制种区主要分布在东南部，包括舜峰镇、武水镇、汾市镇、南强镇等地，较低风险区主要分布在花塘乡、同益乡等地，其他大部分地区为极高风险区。

目前育种专家培育的两用不育系育性转换起点温度大多为22.0～25.0℃，而生产上应用的两用不育系育性转换起点温度大多为23.0～24.0℃。根据大多数两用不育系制种气候风险分析结果，建议制种基地具体地段选择在舜峰镇、武水镇、汾市镇、南强镇等地，母本在5月24日左右播种（播始历期80d）。

第八节　宜章县制种基地生产安排

一、时空择优气候诊断分析

根据育性转换不同的临界温度指标，分析了宜章县杂交稻制种的气候风险区域（图4-22），由图4-22可见：

育性转换起点温度指标为22.0℃时，不育系育性转换风险最低时段为6月23日至9月7日，为历史未遇。

育性转换起点温度指标为22.5℃时，不育系育性转换风险最低时段为6月23日至9月7日，为历史未遇。

育性转换起点温度指标为23.0℃时，不育系育性转换风险最低时段为6月24日至7月29日、7月30日至9月4日，为历史未遇。

育性转换起点温度指标为23.5℃时，不育系育性转换风险最低时段为6月27日至7月24日、7月29日至8月24日，为历史未遇。

育性转换起点温度指标为24.0℃时，不育系育性转换风险最低时段为7月3—24日、7月30日至8月20日，为历史未遇。

育性转换起点温度指标为24.5℃时，不育系育性转换风险最低时段为7月10—28日、7月31日至8月19日，为30年一遇。

育性转换起点温度指标为25.0℃时，不育系育性转换风险最低时段为7月21日至8月10日，为10年一遇。

利用扬花授粉期危害指数公式，计算了宜章县杂交稻制种扬花授粉期各时段的危害指数（图4-23）。由图4-23可见，6月6日开始呈下降趋势，6月26日降到1.60，7月1日后呈上升趋势，7月21日达到峰值，为3.60，7月21日后呈下降趋势，8月10日降到0.98，之后呈上升趋势，9月24日达到4.78。开展两系法超级杂交稻制种时，建议将扬花授粉时段安排在7月26日至9月4日，将危害指数控制在3.0以下。

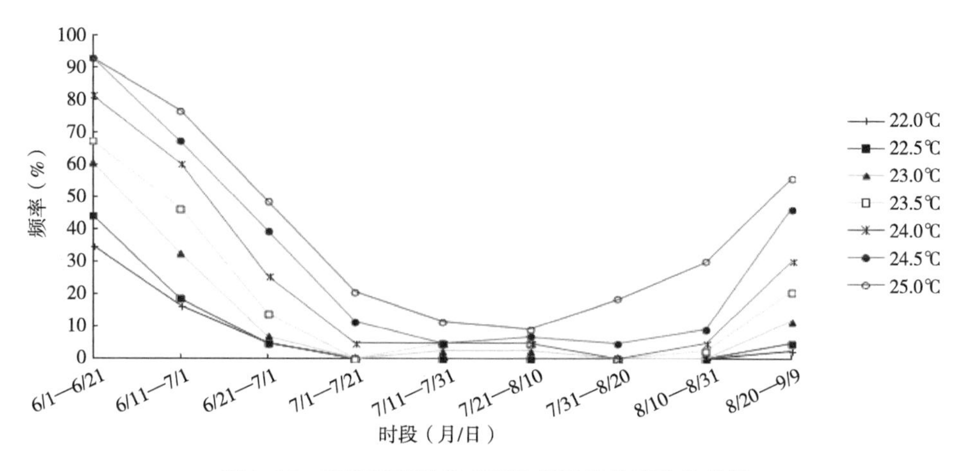

图4-22　宜章县育性敏感期临界温度几率变化曲线

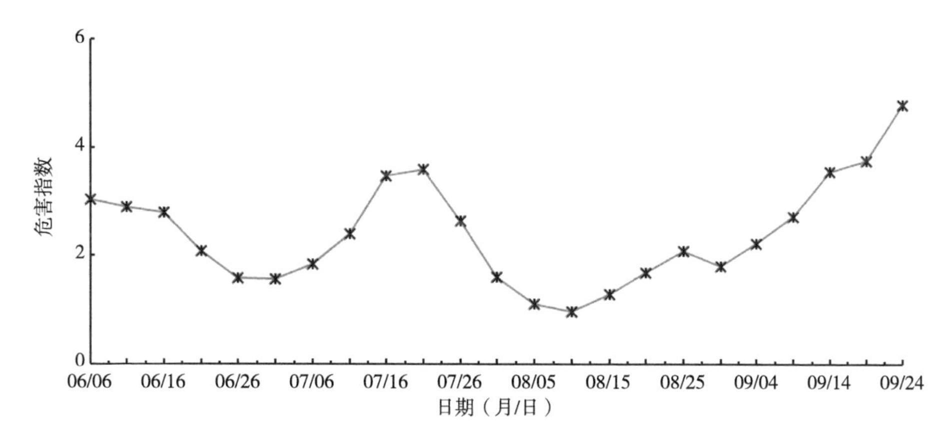

图4-23　宜章县杂交稻制种扬花危害指数变化规律

二、气候时段安排

根据两系杂交稻制种不育系育性转换敏感期气候风险和扬花授粉期危害指数两个重要指标，在确保不育系雄性不育保证率高于96.7%（气候风险小于30年一遇），保障制种安全，并将扬花授粉期安排在危害指数最低时段，从而确定两系制种的最适播种期（表4-8）。由表4-8可见，当不育系育性转换临界温度指标为23.0℃时，选择播始历期（播种至始穗期）为80d的不育系时，其最适播种期为5月15日，扬花授粉结束期为8月13日，不育系雄性不育保证率达100%，扬花时段危害指数为1.00，可安全高产；当不育系育性转换临界温度指标为23.5℃时，其最适播种期为5月22日，扬花授粉结束期为8月20日，不育系雄性不育保证率达100%，扬花时段危害指数为1.12，可安全高产。

表4-8 宜章县两个临界温度适宜播种期安排（播始历期80d）

不育系临界温度指标（℃）	播种日期（月/日）	敏感期日期（月/日）	始穗日期（月/日）	扬花终止日期（月/日）	播种至始穗期天数（d）	敏感期至始穗期天数（d）	不育系雄性不育保证率（%）	扬花时段危害指数
23.0	5/15	7/24	8/02	8/13	80	10	100	1.00
23.5	5/22	8/20	8/09	8/20	80	10	100	1.12

三、具体地段安排

根据育性转换不同的临界温度指标，分析了临武县杂交稻制种的气候风险区域（图4-24），由图4-24可见：

育性转换起点温度指标为22.0℃：大部分地区为极低风险区，主要分布在里田乡、赤石乡、白石渡镇、玉溪镇、麻田镇、梅田镇、浆水乡、迎春镇、长村乡、黄沙镇、栗源镇、岩泉镇、一六镇、笆篱乡、天塘乡、白沙圩乡等地，较低风险区主要分布在关溪乡等地，其他大部分地区为极高风险区。

育性转换起点温度指标为22.5℃：大部分地区为极低风险区，主要分布在里田乡、赤石乡、白石渡镇、玉溪镇、麻田镇、梅田镇、浆水乡、迎春镇、长村乡、黄沙镇、栗源镇、岩泉镇、一六镇、天塘乡、白沙圩乡等地，较低风险区主要分布在笆篱乡、关溪乡等地，其他大部分地区为极高风险区。

育性转换起点温度指标为23.0℃：极低风险区主要分布在赤石乡、白石渡镇、玉溪镇、麻田镇、浆水乡、迎春镇、长村乡、黄沙镇、栗源镇、岩泉镇、一六镇、天塘乡、白沙圩乡等地，较低风险区主要分布在里田乡、梅田镇、笆篱乡等地，其他大部分地区为极高风险区。

育性转换起点温度指标为23.5℃：极低风险区主要分布在中部，包括白石渡镇、麻田镇、浆水乡、迎春镇、长村乡、黄沙镇、栗源镇、岩泉镇、一六镇、天塘乡、白沙圩乡等地，较低风险区主要分布在赤石乡、玉溪镇、梅田镇等地，其他大部分地区为极高风险区。

育性转换起点温度指标为24.0℃：极低风险区主要分布在中部，包括白石渡镇、麻田镇、浆水乡、长村乡、栗源镇、岩泉镇、一六镇、天塘乡等地，较低风险区主要分布在迎春镇、黄沙镇、白沙圩乡等地，其他大部分地区为极高风险区。

育性转换起点温度指标为24.5℃：极低风险区没有，较低风险区主要分布在中部，包括白石渡镇、麻田镇、浆水乡、长村乡、栗源镇、岩泉镇、一六镇等地，中度风险区主要分布在天塘乡、白沙圩乡等地，其他大部分地区为极高风险区。

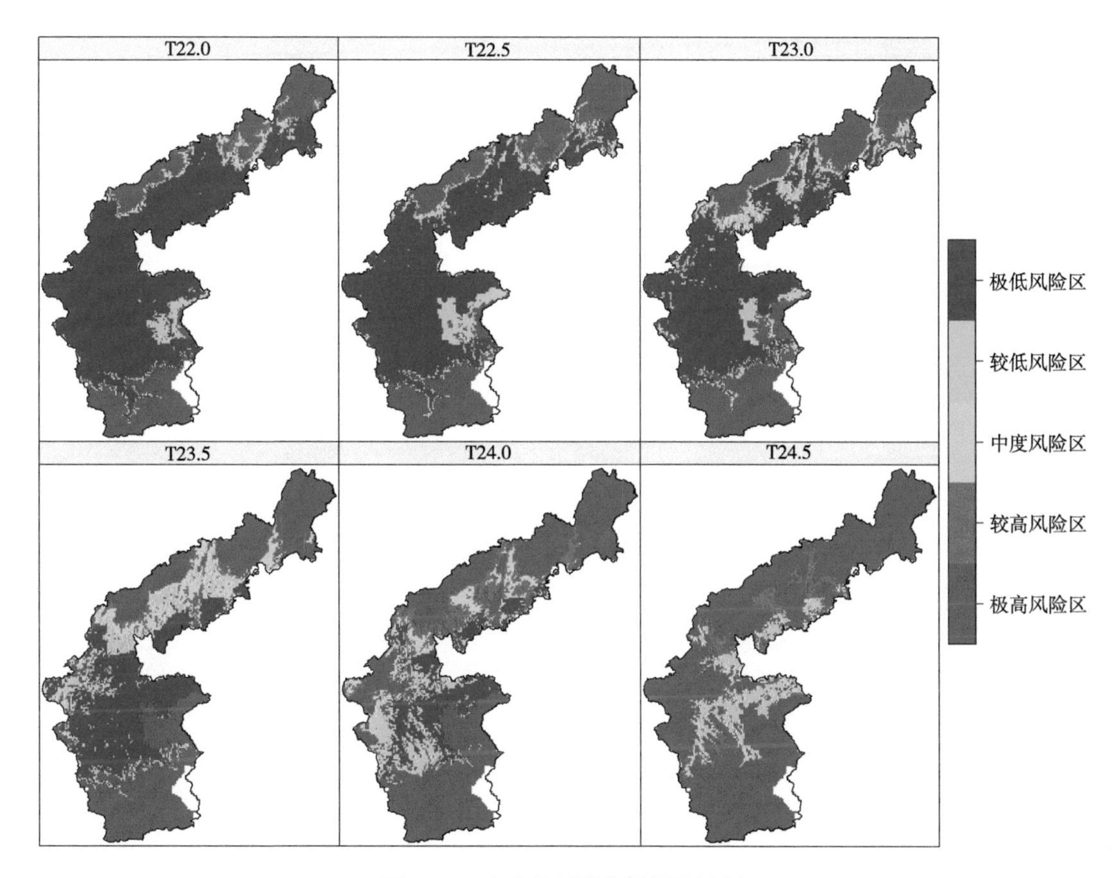

图4-24　宜章县制种气候风险区划

目前育种专家培育的两用不育系育性转换起点温度大多为22.0～25.0℃，而生产上应用的两用不育系育性转换起点温度大多为23.0～24.0℃。根据大多数两用不育系制种气候风险分析结果，建议制种基地具体地段选择在白石渡镇、麻田镇、浆水乡、长村乡、粟源镇、岩泉镇、一六镇、天塘乡等地，母本在5月22日左右播种（播始历期80d）。

第九节　汝城县制种基地生产安排

一、时空择优气候诊断分析

利用汝城县气象站历史资料统计，分析了不同不育系育性转换临界温度风险较低时段（图4-25），由图4-25可见：

育性转换起点温度指标为22.0℃时，不育系育性转换风险最低时段为6月29日至7月26日、7月31日至8月20日，为历史未遇。

育性转换起点温度指标为22.5℃时，不育系育性转换风险最低时段为6月30日至7月

18日、7月3—26日、7月31日至8月19日，为30年一遇。

育性转换起点温度指标为23.0℃时，不育系育性转换风险最低时段为7月21日至8月10日，为10年一遇，风险较高。

育性转换起点温度指标为23.5℃时，不育系育性转换风险最低时段为7月21日至8月10日，为3年一遇。

育性转换起点温度指标为24.0℃时，不育系育性转换风险最低时段为7月1—31日，为2年一遇。

育性转换起点温度指标为24.5℃时，不育系育性转换风险最低时段为7月11日至8月10日，为3年两遇。

育性转换起点温度指标为25.0℃时，不育系育性转换风险最低时段为7月11—31日，为5年四遇。

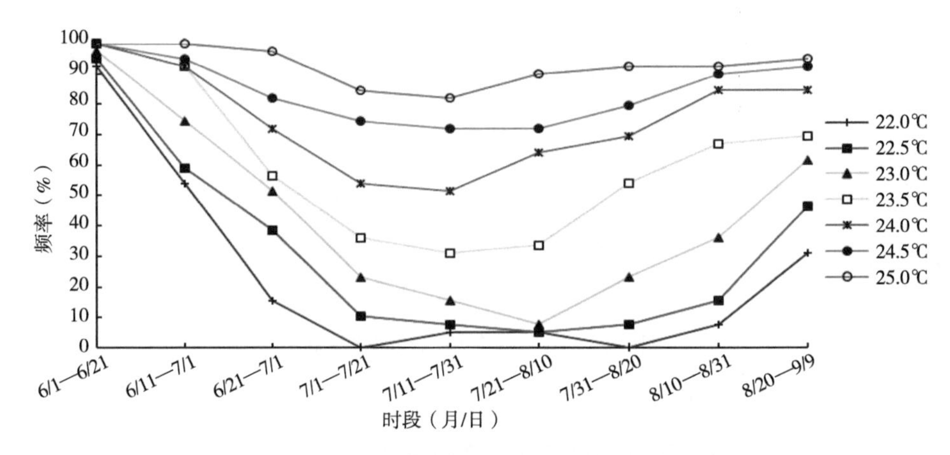

图4-25　汝城县育性敏感期临界温度几率变化曲线

利用扬花授粉期危害指数公式，计算了汝城县杂交稻制种扬花授粉期各时段的危害指数（图4-26）。由图4-26可见，6月26日至8月30日变化较小，在2.0以下，8月30日后呈上升趋势，9月24日达到7.53。开展两系法超级杂交稻制种时，建议将扬花授粉时段安排在7月6日至8月20日，将危害指数控制在1.5以下。

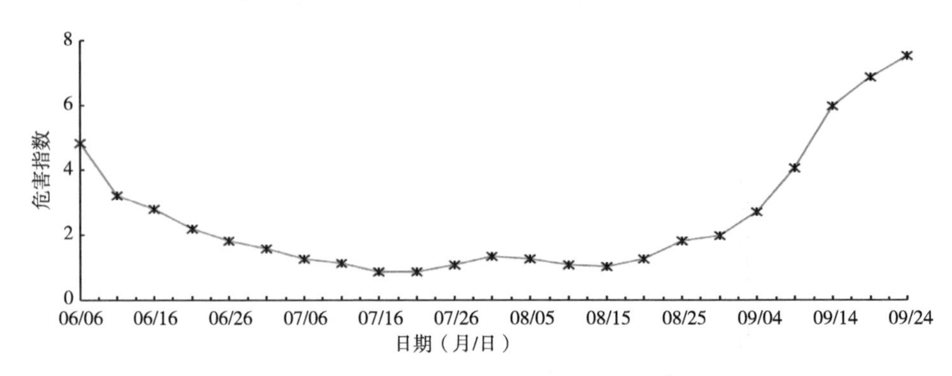

图4-26　汝城县杂交稻制种扬花危害指数变化规律

二、气候时段安排

根据两系杂交稻制种不育系育性转换敏感期气候风险和扬花授粉期危害指数两个重要指标，在确保不育系雄性不育保证率高于96.7%（气候风险小于30年一遇），保障制种安全，并将扬花授粉期安排在危害指数最低时段，从而确定两系制种的最适播种期（表4–9）（由于汝城站海拔较高，用纬度相近的相邻站宜章进行分析）。由表可见，当不育系育性转换临界温度指标为23.0℃时，选择播始历期（播种至始穗期）为80d的不育系时，其最适播种期为5月15日，扬花授粉结束期为8月13日，不育系雄性不育保证率达100%，扬花时段危害指数为1.00，可安全高产；当不育系育性转换临界温度指标为23.5℃时，其最适播种期为5月22日，扬花授粉结束期为8月20日，不育系雄性不育保证率达100%，扬花时段危害指数为1.12，可安全高产。

表4–9　汝城县两个临界温度适宜播种期安排（播始历期80d）

不育系临界温度指标（℃）	播种日期（月/日）	敏感期日期（月/日）	始穗日期（月/日）	扬花终止日期（月/日）	播种至始穗期天数（d）	敏感期至始穗期天数（d）	不育系雄性不育保证率（%）	扬花时段危害指数
23.0	5/15	7/24	8/02	8/13	80	10	100	1.00
23.5	5/22	8/20	8/09	8/20	80	10	100	1.12

三、具体地段安排

根据育性转换不同的临界温度指标，分析了汝城县杂交稻制种的气候风险区域（图4–27），由图4–27可见：

育性转换起点温度指标为22.0℃：制种极低风险区域主要分布在秀水江、浙江河、淇江、沤江、集龙江流域及南部的三江口，其他大部分地区为极高风险制种区。

育性转换起点温度指标为22.5℃：制种极低风险区域主要分布在秀水江、淇江、沤江、集龙江流域及南部的三江口，其他大部分地区为极高风险制种区。

育性转换起点温度指标为23.0℃：制种极低风险区域主要分布在秀水江、淇江、沤江、集龙江流域及南部的三江口，极低风险区域进一步缩小，其他大部分地区为极高风险制种区。

育性转换起点温度指标为23.5℃：制种极低风险区主要分布在北部的暖水镇、东部的热水镇和南部的三江口镇，较低风险区主要分布在秀水江、淇江、集龙江流域，其他大部分地区为极高风险制种区。

育性转换起点温度指标为24.0℃：制种极低风险区主要分布在北部的暖水镇和南部的三江口镇，较低风险区主要分布在北部的暖水镇、东部的热水镇和南部的三江口镇，其他大部分地区为极高风险制种区。

育性转换起点温度指标为24.5℃：制种极低风险区主要分布在南部的三江口镇，较低风险区主要分布在北部的暖水镇和南部的三江口镇，其他大部分地区为极高风险制种区。

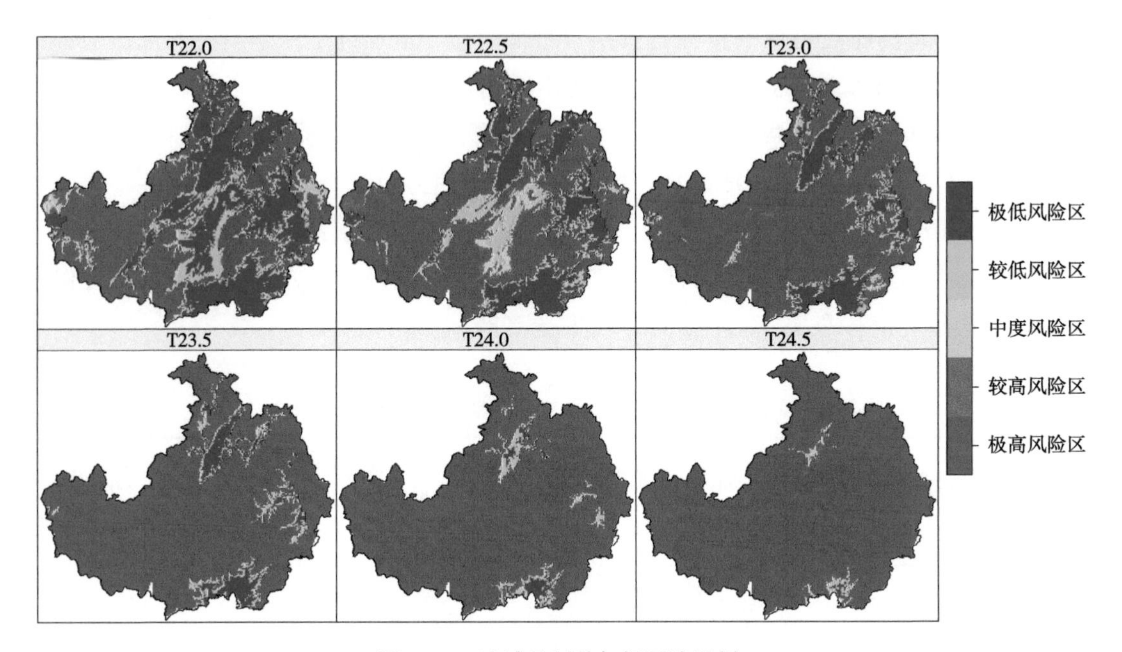

图4-27　汝城县制种气候风险区划

目前育种专家培育的两用不育系育性转换起点温度大多为22.0～25.0℃，而生产上应用的两用不育系育性转换起点温度大多为23.0～24.0℃。根据大多数两用不育系制种气候风险分析结果，建议制种基地具体地段选择在北部的暖水镇和南部的三江口镇，母本在5月22日左右播种（播始历期80d）。

第五章　永州市主要制种基地县的气候适宜性生产安排

永州市位于湖南省南部。地貌类型复杂，以丘岗山地为主。地貌类型发育在历次构造运动、岩浆侵入以及地表水的长期风化剥蚀下，形成了以山丘地为主体，丘、岗、平俱全的复杂多样的地貌类型。全域有中山、中低山、低山总面积11 044.53km^2，占永州市总面积的49.5%。丘陵3 242km^2，岗地3 979km^2，平原3 191km^2，水面880km^2，分别占总面积的14.5%、17.81%、14.29%和3.94%。

根据两系杂交稻制种不育系育性转换敏感期气候风险和扬花授粉期危害指数两个指标，分析了永州市所辖主要制种基地的东安县、祁阳县、零陵区、新田县、宁远县、蓝山县、道县、江永县、江华县等9个制种基地县地不育系育性转换敏感期气候风险和扬花授粉期危害指数的时空分布规律；根据实用不育系（23.0～24.0℃）雄性不育有保障的原则（100%或97.5%），保障制种安全，将扬花授粉期安排在危害指数最低时段，确定两系制种的最适播种期，从而保障杂交稻制种安全。

第一节　东安县制种基地生产安排

一、时空择优气候诊断分析

利用东安县气象站历史资料统计，分析了不同不育系育性转换临界温度风险较低时段（图5-1），由图5-1可见：

育性转换起点温度指标为22.0℃时，不育系育性转换风险最低时段为6月26日至8月24日，为历史未遇。

育性转换起点温度指标为22.5℃时，不育系育性转换风险最低时段为7月2日至8月15日，为历史未遇。

育性转换起点温度指标为23.0℃时，不育系育性转换风险最低时段为7月2—28日、7月29日至8月14日，为历史未遇。

育性转换起点温度指标为23.5℃时，不育系育性转换风险最低时段为7月5—28日，为历史未遇，其次是7月29日至8月14日，为30年一遇。

育性转换起点温度指标为24.0℃时，不育系育性转换风险最低时段为7月10—28日、7月29日至8月14日，为30年一遇。

育性转换起点温度指标为24.5℃时，不育系育性转换风险最低时段为7月17日至8月6日，为30年一遇。

育性转换起点温度指标为25.0℃时，不育系育性转换风险最低时段为7月21日至8月10日，为14年一遇。

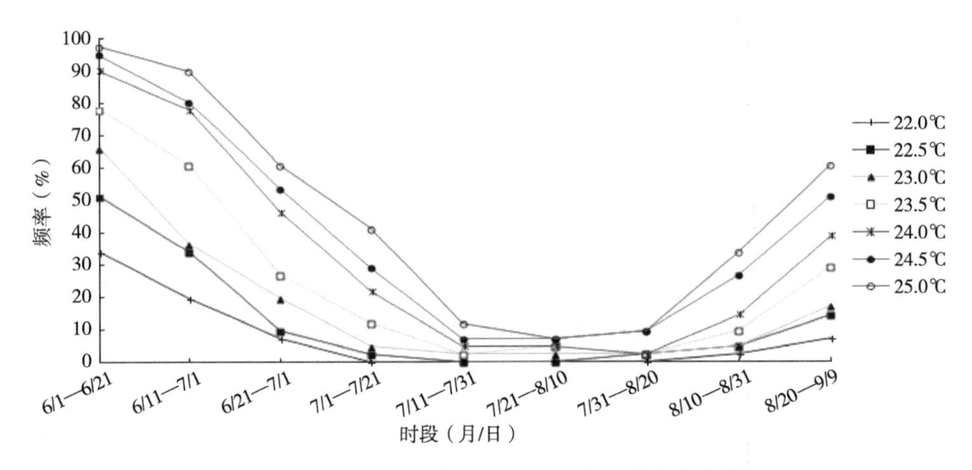

图5-1　东安县育性敏感期临界温度几率变化曲线

利用扬花授粉期危害指数公式，计算了东安县杂交稻制种扬花授粉期各时段的危害指数（图5-2）。由图5-2可见，6月6日后呈上升趋势，7月16日达峰值，为9.34；7月16日后呈下降趋势，9月9日降到3.47，之后呈上升趋势，9月24日达到6.84。开展两系法超级杂交稻制种时，建议将扬花授粉时段安排在8月5日至9月14日，将危害指数控制在5.0以下。

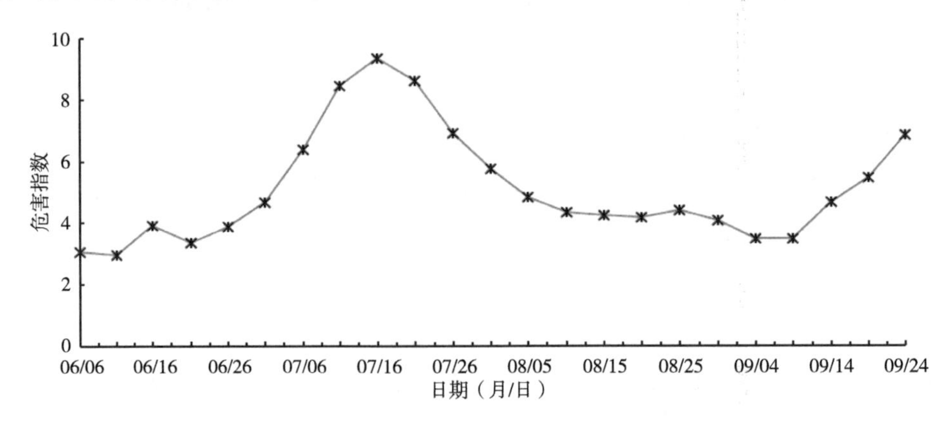

图5-2　东安县杂交稻制种扬花危害指数变化规律

二、气候时段安排

在确保不育系雄性不育保证率高于96.7%（气候风险小于三十年一遇），保障制种安全，并将扬花授粉期安排在危害指数最低时段，从而确定两系制种的最适播种期（表5-1）。由表5-1可见，当不育系育性转换临界温度指标为23.0℃时，选择播始历期（播种至始穗期）为80d的不育系时，其最适播种期为5月25日，扬花授粉结束期为8月23日，不育系雄性不育保证率达100%，扬花时段危害指数为4.13，可安全高产；当不育系育性转换临界温度指标为23.5℃时，其最适播种期为5月20日，扬花授粉结束期为8月18日，不育系雄性不育保证率达97.4%，扬花时段危害指数为4.05，可安全高产。

表5-1　东安县两个临界温度适宜播种期安排（播始历期80d）

不育系临界温度指标（℃）	播种日期（月/日）	敏感期日期（月/日）	始穗日期（月/日）	扬花终止日期（月/日）	播种至始穗期天数（d）	敏感期至始穗期天数（d）	不育系雄性不育保证率（%）	扬花时段危害指数
23.0	5/25	8/03	8/12	8/23	80	10	100	4.13
23.5	5/20	7/29	8/07	8/18	80	10	97.4	4.05

三、具体地段安排

根据育性转换不同的临界温度指标，分析了东安县杂交稻制种的气候风险区域（图5-3），由图5-3可见：

育性转换起点温度指标为22.0℃：大部分地区为极低风险区，主要分布在中部和东部，极高风险区主要分布在西部的越城岭及紫云山区。

育性转换起点温度指标为22.5℃：大部分地区为极低风险区，主要分布在中部和东部，较低风险区主要分布在大盛镇、花桥镇、川岩乡、水岭乡等地，极高风险区主要分布在西部的越城岭及紫云山区。

育性转换起点温度指标为23.0℃：极低风险区主要分布在新芋江镇、芦洪市镇、鹿马桥镇、端桥铺镇、井头芋镇、白牙市镇、紫溪市镇、大江口乡、石期市镇等地，较低风险区主要分布在大盛镇、花桥镇、川岩乡、水岭乡等地，其他大部分地区为极高风险区。

育性转换起点温度指标为23.5℃：极低风险区主要分布在芦洪市镇、鹿马桥镇、端桥铺镇、井头芋镇、紫溪市镇、大江口乡、石期市镇等地，较低风险区主要分布在大盛镇、新芋江镇、川岩乡、白牙市镇、水岭乡等地，中度风险区主要分布在花桥镇等地，其他大部分地区为极高风险区。

育性转换起点温度指标为24.0℃：极低风险区主要分布在芦洪市镇、大江口乡等地，较低风险区主要分布在鹿马桥镇、端桥铺镇、井头芋镇、白牙市镇、紫溪市镇、石期市镇等地，中度风险区主要分布在大盛镇、新芋江镇、川岩乡、水岭乡等地，其他大部分地区为极高风险区。

育性转换起点温度指标为24.5℃：极低风险区没有，较低风险区主要分布在芦洪市镇、端桥铺镇、井头芋镇、白牙市镇、大江口乡、石期市镇等地，中度风险区主要分布在鹿马桥镇、紫溪市镇等地，其他大部分地区为极高风险区。

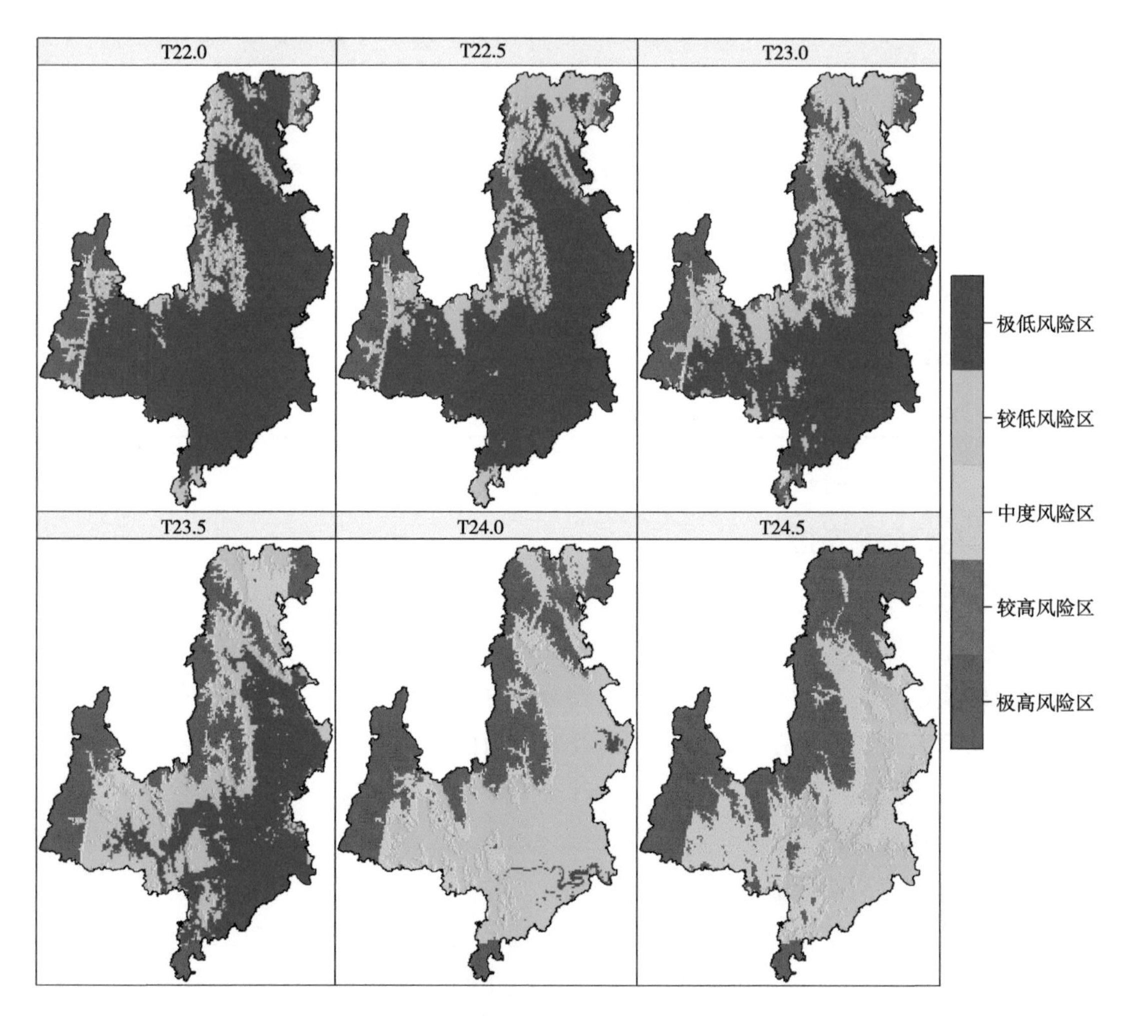

图5-3　东安县制种气候风险区划

目前育种专家培育的两用不育系育性转换起点温度大多为22.0～25.0℃，而生产上应用的两用不育系育性转换起点温度大多为23.0～24.0℃。根据大多数两用不育系制种气候风险分析结果，建议制种基地具体地段选择在芦洪市镇、端桥铺镇、井头芋镇、白牙市镇、大江口乡、石期市镇等地，母本在5月22日左右播种（播始历期80d）。

第二节　祁阳县制种基地生产安排

一、时空择优气候诊断分析

利用祁阳县气象站历史资料统计，分析了不同不育系育性转换临界温度风险较低时段（图5-4），由图5-4可见：

育性转换起点温度指标为22.0℃时，不育系育性转换风险最低时段为6月27日至9月4日，为历史未遇。

育性转换起点温度指标为22.5℃时，不育系育性转换风险最低时段为7月2—28日、7月29日至8月15日、8月16日至9月4日，为历史未遇。

育性转换起点温度指标为23.0℃时，不育系育性转换风险最低时段为7月2—28日、7月29日至8月14日，为历史未遇。

育性转换起点温度指标为23.5℃时，不育系育性转换风险最低时段为7月8—28日，为历史未遇，其次是7月29日至8月14日，为40年一遇。

育性转换起点温度指标为24.0℃时，不育系育性转换风险最低时段为7月9—28日，为历史未遇，其次为7月29日至8月14日，为40年一遇。

育性转换起点温度指标为24.5℃时，不育系育性转换风险最低时段为7月10—27日，为历史未遇。

育性转换起点温度指标为25.0℃时，不育系育性转换风险最低时段为7月14日至8月6日，为40年一遇。

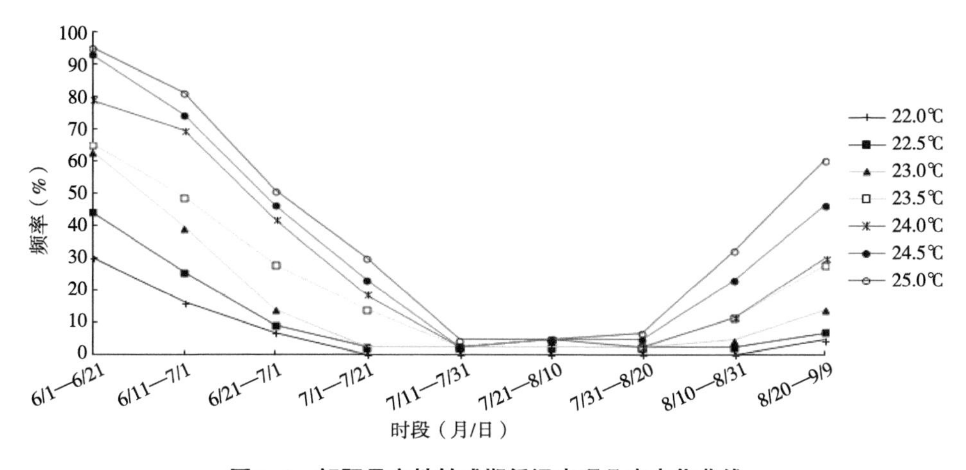

图5-4　祁阳县育性敏感期低温出现几率变化曲线

利用扬花授粉期危害指数公式，计算了祁阳县杂交稻制种扬花授粉期各时段的危害指数（图5-5）。由图5-5可见，6月6日后呈上升趋势，7月16日达到峰值，为13.35；

7月16日后呈下降趋势，8月15日降到6.22，之后缓慢变化，9月9日降到4.70；之后呈上升趋势，9月24日达到6.38。开展两系法超级杂交稻制种时，建议将扬花授粉时段安排在8月10日至9月19日，将危害指数控制在6.0以下。

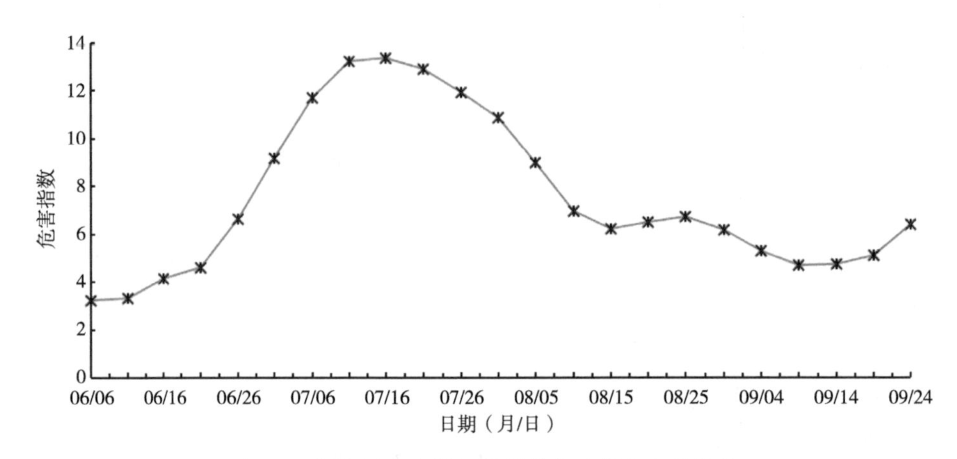

图5-5　祁阳县杂交稻制种扬花危害指数变化规律

二、气候时段安排

根据两系杂交稻制种不育系育性转换敏感期气候风险和扬花授粉期危害指数两个重要指标，在确保不育系雄性不育保证率高于96.7%（气候风险小于30年一遇），保障制种安全，并将扬花授粉期安排在危害指数最低时段，从而确定两系制种的最适播种期（表5-2）。由表5-2可见，当不育系育性转换临界温度指标为23.0℃时，选择播始历期（播种至始穗期）为80d的不育系时，其最适播种期为5月22日，扬花授粉结束期为8月20日，不育系雄性不育保证率达100%，扬花时段危害指数为6.22，可安全高产；当不育系育性转换临界温度指标为23.5℃时，其最适播种期为5月21日，扬花授粉结束期为8月19日，不育系雄性不育保证率达97.5%，扬花时段危害指数为6.2，可安全高产。

表5-2　祁阳县两个临界温度适宜播种期安排（播始历期80d）

不育系临界温度指标（℃）	播种日期（月/日）	敏感期日期（月/日）	始穗日期（月/日）	扬花终止日期（月/日）	播种至始穗期天数（d）	敏感期至始穗期天数（d）	不育系雄性不育保证率（%）	扬花时段危害指数
23.0	5/22	8/19	8/09	8/20	80	10	100	6.22
23.5	5/21	7/30	8/08	8/19	80	10	97.5	6.2

三、具体地段安排

根据育性转换不同的临界温度指标，分析了祁阳县杂交稻制种的气候风险区域（图5-6），由图5-6可见：

育性转换起点温度指标为22.0℃：大部分地区为极低风险区，主要分布在中部和北部，极高风险区主要分布在串风坳及阳明山脉。

育性转换起点温度指标为22.5℃：大部分地区为极低风险制种区，主要分布在中部和北部，极高风险区主要分布在串风坳及阳明山脉。

育性转换起点温度指标为23.0℃：极低风险区主要分布在文明铺镇、文富市镇、黎家坪镇、大村甸镇、下马渡镇、七里桥镇、浯溪镇、茅竹镇、观音滩镇、三口塘镇、白水镇、梅溪镇、羊角塘镇、黄泥塘镇、进宝塘镇、八宝镇、萧家村镇等地，较低风险区主要分布在龚家坪镇、潘市镇、石鼓源乡、上司源乡、小金洞乡、金洞镇、凤凰乡、大忠桥镇等地，其他大部分地区为极高风险区。

育性转换起点温度指标为23.5℃：极低风险区主要分布在文富市镇、黎家坪镇、大村甸镇、下马渡镇、浯溪镇、茅竹镇、观音滩镇、三口塘镇、白水镇、羊角塘镇、黄泥塘镇、进宝塘镇、八宝镇、萧家村镇等地，较低风险区主要分布在龚家坪镇、文明铺镇、七里桥镇、潘市镇、梅溪镇、石鼓源乡、上司源乡、小金洞乡、金洞镇、凤凰乡、大忠桥镇等地，其他大部分地区为极高风险区。

育性转换起点温度指标为24.0℃：极低风险区没有，较低风险区主要分布在龚家坪镇、文明铺镇、文富市镇、黎家坪镇、大村甸镇、下马渡镇、七里桥镇、浯溪镇、茅竹镇、观音滩镇、三口塘镇、白水镇、羊角塘镇、梅溪镇、潘市镇、黄泥塘镇、进宝塘镇、八宝镇、萧家村镇、石鼓源乡、上司源乡、小金洞乡、金洞镇、凤凰乡、大忠桥镇等地，其他大部分地区为极高风险区。

育性转换起点温度指标为24.5℃：极低风险区没有，较低风险区主要分布在龚家坪镇、文明铺镇、文富市镇、黎家坪镇、大村甸镇、下马渡镇、七里桥镇、浯溪镇、茅竹镇、观音滩镇、三口塘镇、白水镇、羊角塘镇、梅溪镇、黄泥塘镇、进宝塘镇、八宝镇、萧家村镇、石鼓源乡、上司源乡、金洞镇、大忠桥镇等地，其他大部分地区为极高风险区。

目前育种专家培育的两用不育系育性转换起点温度大多为22.0～25.0℃，而生产上应用的两用不育系育性转换起点温度大多为23.0～24.0℃。根据大多数两用不育系制种气候风险分析结果，建议制种基地具体地段选择在文富市镇、黎家坪镇、大村甸镇、下马渡镇、浯溪镇、茅竹镇、观音滩镇、三口塘镇、白水镇、羊角塘镇、黄泥塘镇、进宝塘镇、八宝镇、萧家村镇等地，母本在5月21日左右播种（播始历期80d）。

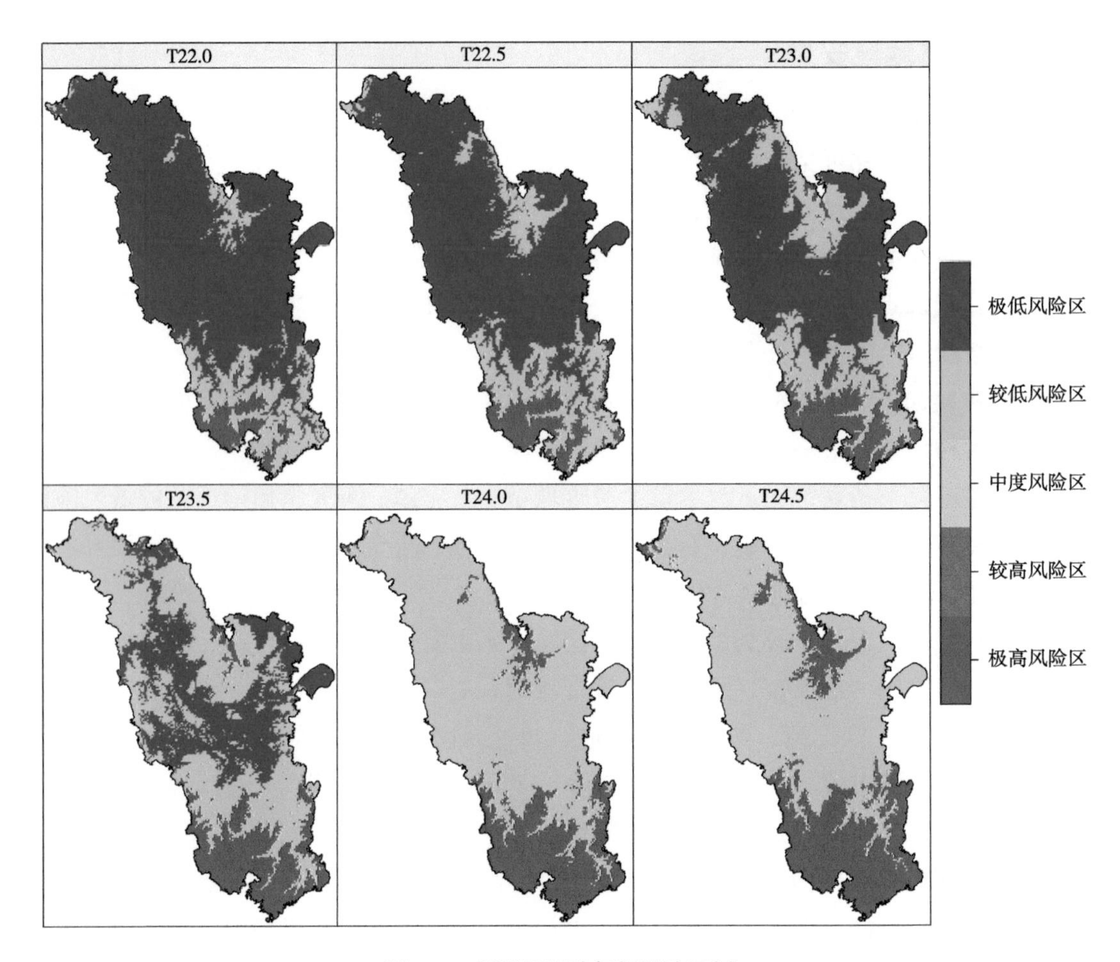

图5-6　祁阳县制种气候风险区划

第三节　零陵区制种基地生产安排

一、时空择优气候诊断分析

由于零陵区没有气象站，利用临近的永州站气象站历史资料统计，分析了不同不育系育性转换临界温度风险较低时段（图5-7），由图5-7可见：

育性转换起点温度指标为22.0℃时，不育系育性转换风险最低时段为7月1—28日、7月29日至8月15日，为历史未遇。

育性转换起点温度指标为22.5℃时，不育系育性转换风险最低时段为7月2—28日、7月29日至8月14日，为历史未遇。

育性转换起点温度指标为23.0℃时，不育系育性转换风险最低时段为7月4—28日，为历史未遇，其次为7月29日至8月14日，为30年一遇。

育性转换起点温度指标为23.5℃时，不育系育性转换风险最低时段为7月9—28日，为历史未遇，其次为7月29日至8月13日，为30年一遇。

育性转换起点温度指标为24.0℃时，不育系育性转换风险最低时段为7月14日至8月6日，为30年一遇。

育性转换起点温度指标为24.5℃时，不育系育性转换风险最低时段为7月11—31日，为25年一遇。

育性转换起点温度指标为25.0℃时，不育系育性转换风险最低时段为7月11—31日，为12年一遇。

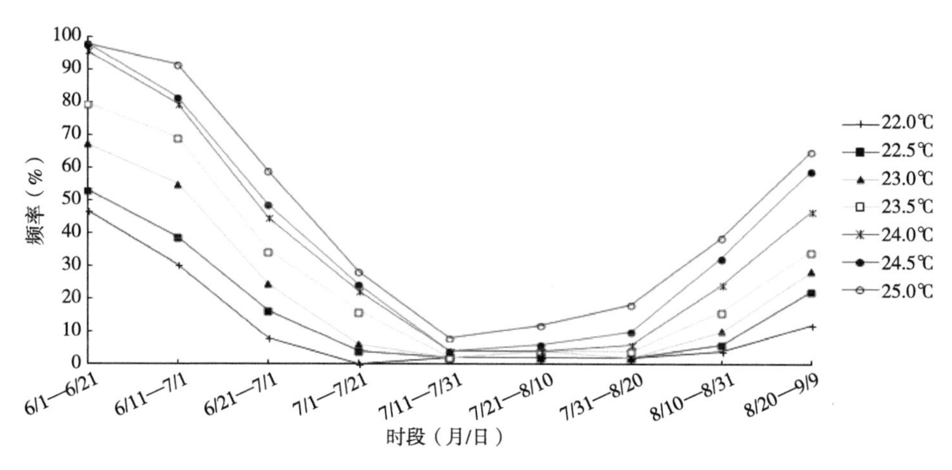

图5-7　零陵区育性敏感期临界温度几率变化曲线

利用扬花授粉期危害指数公式，计算了零陵区杂交稻制种扬花授粉期各时段的危害指数（图5-8）。由图5-8可见，6月6日后呈上升趋势，7月11日达峰值，为12.23；7月16日后呈下降趋势，8月20日降到5.28，之后缓慢变化，9月9日后呈上升趋势，9月24日达到7.52。开展两系法超级杂交稻制种时，建议将扬花授粉时段安排在8月10日至9月14日，将危害指数控制在6.0以下。

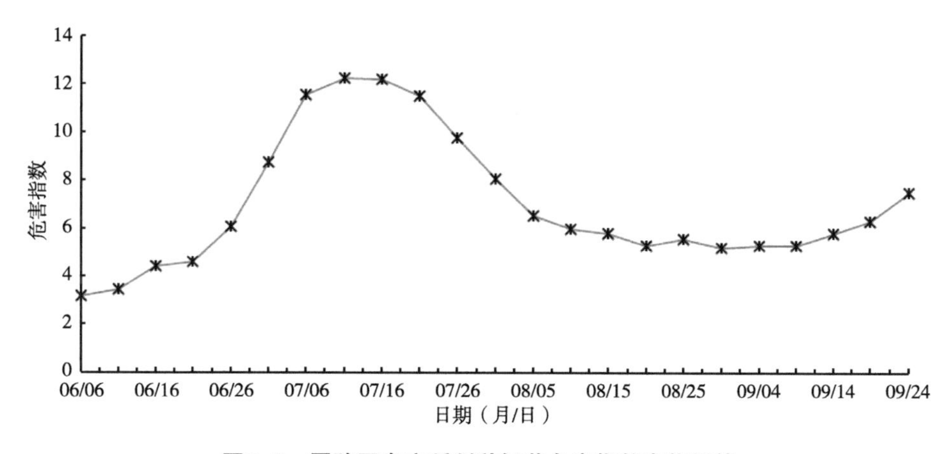

图5-8　零陵区杂交稻制种扬花危害指数变化规律

二、气候时段安排

根据两系杂交稻制种不育系育性转换敏感期气候风险和扬花授粉期危害指数两个重要指标，在确保不育系雄性不育保证率高于96.7%（气候风险小于30年一遇），保障制种安全，并将扬花授粉期安排在危害指数最低时段，从而确定两系制种的最适播种期（表5-3）。由表5-3可见，当不育系育性转换临界温度指标为23.0℃或23.5℃时，选择播始历期（播种至始穗期）为80d的不育系时，其最适播种期为5月28日，扬花授粉结束期为8月26日，不育系雄性不育保证率达97.8%，扬花时段危害指数为5.28，可安全高产。

表5-3　零陵区两个临界温度适宜播种期安排（播始历期80d）

不育系临界温度指标（℃）	播种日期（月/日）	敏感期日期（月/日）	始穗日期（月/日）	扬花终止日期（月/日）	播种至始穗期天数（d）	敏感期至始穗期天数（d）	不育系雄性不育保证率（%）	扬花时段危害指数
23.0	5/28	8/06	8/15	8/26	80	10	97.8	5.28
23.5	5/28	8/06	8/15	8/26	80	10	97.8	5.28

三、具体地段安排

根据育性转换不同的临界温度指标，分析了零陵区杂交稻制种的气候风险区域（图5-9），由图5-9可见：

育性转换起点温度指标为22.0℃：大部分地区为极低风险区，极高风险区主要分布在串风坳山脉海拔较高地区。

育性转换起点温度指标为22.5℃：大部分地区为极低风险区，极高风险区主要分布在南部轿子山、紫荆山、阳明山、串风坳山脉海拔较高地区。

育性转换起点温度指标为23.0℃：大部分地区为极低风险区，极高风险区主要分布在阳明山、串风坳及轿子山、紫荆山山脉海拔较高地区。

育性转换起点温度指标为23.5℃：极低风险区主要分布在邮亭圩镇、黄田铺镇、石山脚乡、珠山镇、菱角塘镇、富家桥镇等地，较低风险区主要分布在接履桥镇、梳子铺乡、石岩头镇、水口乡镇等地，其他大部分地区为极高风险区。

育性转换起点温度指标为24.0℃：

极低风险区域基本没有。较高风险区主要分布在阳明山，串风坳及桥子山、紫荆山山脉海拔较高地区。其他地区为较低风险区。

育性转换起点温度指标为24.5℃：极低风险区域没有，较低风险区主要分布在邮亭圩镇、接履桥镇、黄田铺镇、石山脚乡菱角塘镇、富家桥镇、珠山镇、梳子铺乡、石岩头镇、水口乡镇等地，其他大部分地区为极高风险区。

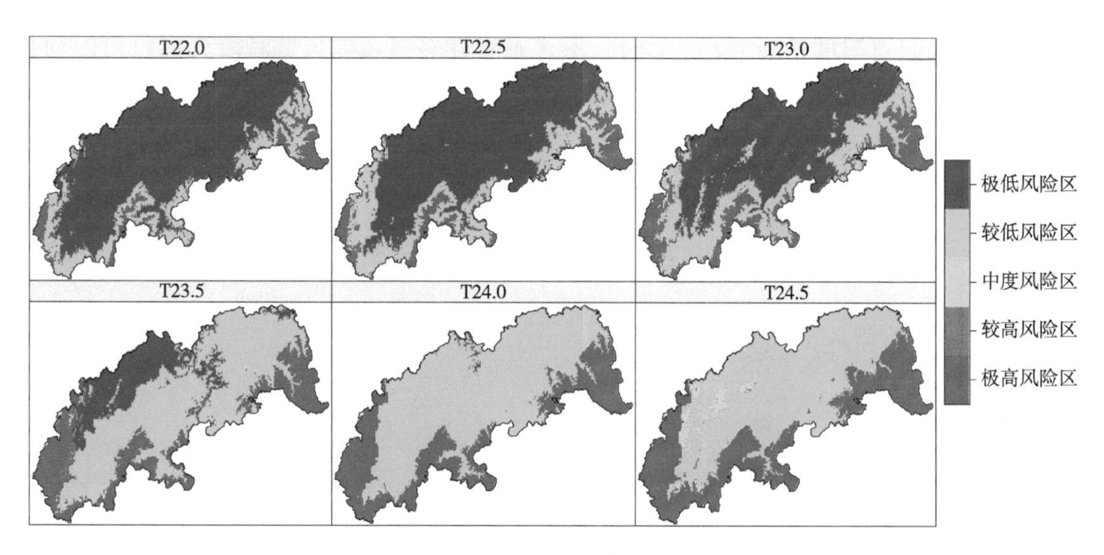

图5-9　零陵区制种气候风险区划

目前育种专家培育的两用不育系育性转换起点温度大多为22.0～25.0℃，而生产上应用的两用不育系育性转换起点温度大多为23.0～24.0℃。根据大多数两用不育系制种气候风险分析结果，建议制种基地具体地段选择在邮亭圩镇、黄田铺镇、石山脚乡、珠山镇、菱角塘镇、富家桥镇等地，母本在5月28日左右播种（播始历期80d）。

第四节　双牌县制种基地生产安排

一、时空择优气候诊断分析

利用双牌县气象站历史资料统计，分析了不同不育系育性转换临界温度风险较低时段（图5-10），由图5-10可见：

育性转换起点温度指标为22.0℃时，不育系育性转换风险最低时段为6月27日至9月4日，为历史未遇。

育性转换起点温度指标为22.5℃时，不育系育性转换风险最低时段为7月1—28日、7月29日至8月24日，为历史未遇。

育性转换起点温度指标为23.0℃时，不育系育性转换风险最低时段为7月4—28日、7月30日至8月15日，为历史未遇。

育性转换起点温度指标为23.5℃时，不育系育性转换风险最低时段为7月6—28日，为历史未遇。

育性转换起点温度指标为24.0℃时，不育系育性转换风险最低时段为7月13日至8月6日，为30年一遇。

育性转换起点温度指标为24.5℃时，不育系育性转换风险最低时段为7月11日至8月10日，为10年一遇。

育性转换起点温度指标为25.0℃时，不育系育性转换风险最低时段为7月11—31日，为7年一遇。

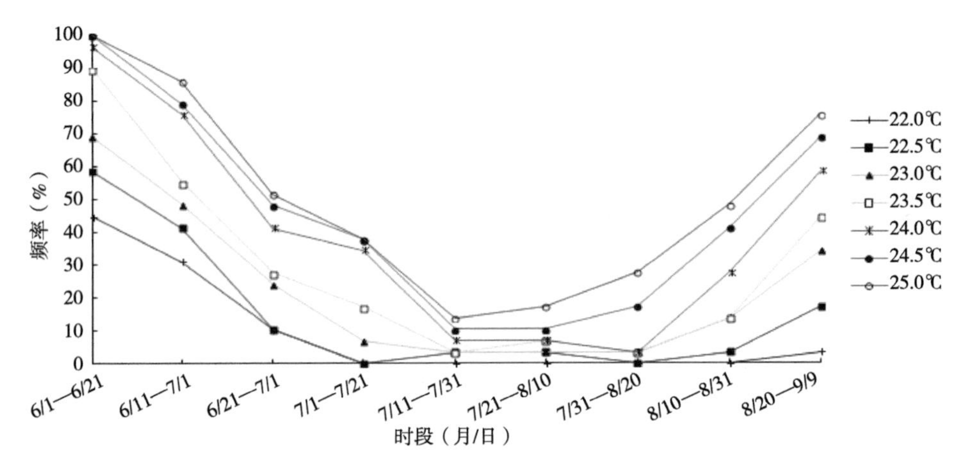

图5-10　双牌县育性敏感期临界温度几率变化曲线

利用扬花授粉期危害指数公式，计算了双牌县杂交稻制种扬花授粉期各时段的危害指数（图5-11）。由图5-11可见，6月6日后呈上升趋势，7月11日达峰值，为8.42；7月16日后呈下降趋势，8月20日降到2.23，之后呈上升趋势，9月24日达到5.69。开展两系法超级杂交稻制种时，建议将扬花授粉时段安排在7月31日至9月14日，将危害指数控制在4.5以下。

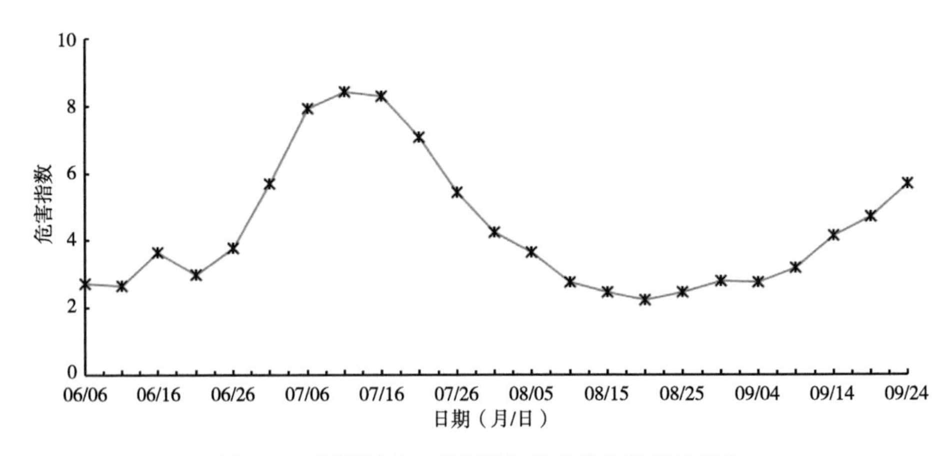

图5-11　双牌县杂交稻制种扬花危害指数变化规律

二、气候时段安排

根据两系杂交稻制种不育系育性转换敏感期气候风险和扬花授粉期危害指数两个

重要指标，在确保不育系雄性不育保证率高于96.7%（气候风险小于30年一遇），保障制种安全，并将扬花授粉期安排在危害指数最低时段，从而确定两系制种的最适播种期（表5-4）。由表5-4可见，当不育系育性转换临界温度指标为23.0℃或23.5℃时，选择播始历期（播种至始穗期）为80d的不育系时，其最适播种期为5月12日，扬花授粉结束期为8月10日，不育系雄性不育保证率达100%，扬花时段危害指数为3.54，可安全高产。

表5-4　双牌县两个临界温度适宜播种期安排（播始历期80d）

不育系临界温度指标（℃）	播种日期（月/日）	敏感期日期（月/日）	始穗日期（月/日）	扬花终止日期（月/日）	播种至始穗期天数（d）	敏感期至始穗期天数（d）	不育系雄性不育保证率（%）	扬花时段危害指数
23.0	5/12	7/21	7/30	8/10	80	10	100	3.54
23.5	5/12	7/21	7/30	8/10	80	10	100	3.54

三、具体地段安排

根据育性转换不同的临界温度指标，分析了双牌县杂交稻制种的气候风险区域（图5-12），由图5-12可见：

育性转换起点温度指标为22.0℃：极低风险区主要分布在潇水、双牌水库及其支流流域，包括茶林乡、平福头乡、五里牌镇、泷泊镇、塘底乡、永江乡、尚仁里乡、上梧江乡、江村镇等地，较低风险区主要分布在何家洞乡中部等地，其他大部分地区为极高风险区。

育性转换起点温度指标为22.5℃：极低风险区主要分布在潇水、双牌水库及其支流流域，包括茶林乡中部、平福头乡西部、五里牌镇、泷泊镇、塘底乡中部、永江乡北部、尚仁里乡、上梧江乡、江村镇等地，较低风险区主要分布在平福头乡东部、何家洞乡中部、永江乡南部等地，其他大部分地区为极高风险区。

育性转换起点温度指标为23.0℃：极低风险区主要分布在平福头乡西部、五里牌镇东部、泷泊镇中部、塘底乡中部、尚仁里乡、上梧江乡、江村镇等地，较低风险区主要分布在茶林乡、平福头乡东部、五里牌镇西部、何家洞乡中部、永江乡等地，其他大部分地区为极高风险区。

育性转换起点温度指标为23.5℃：极低风险区主要分布在泷泊镇中部、塘底乡中部、尚仁里乡中部、上梧江乡中部、江村镇中部等地，较低风险区主要分布在茶林乡、平福头乡、五里牌镇、何家洞乡中部、永江乡中部等地，其他大部分地区为极高风险区。

育性转换起点温度指标为24.0℃：极低风险区没有，较低风险区主要分布在茶林乡、平福头乡、五里牌镇、泷泊镇中部、尚仁里乡中部等地，中度风险区主要分布在塘底乡中部、上梧江乡中部、江村镇中部等地，其他大部分地区为极高风险区。

育性转换起点温度指标为24.5℃：极低风险区没有，较低风险区主要分布在茶林乡中部、平福头乡、五里牌镇、泷泊镇等地，其他大部分地区为极高风险区。

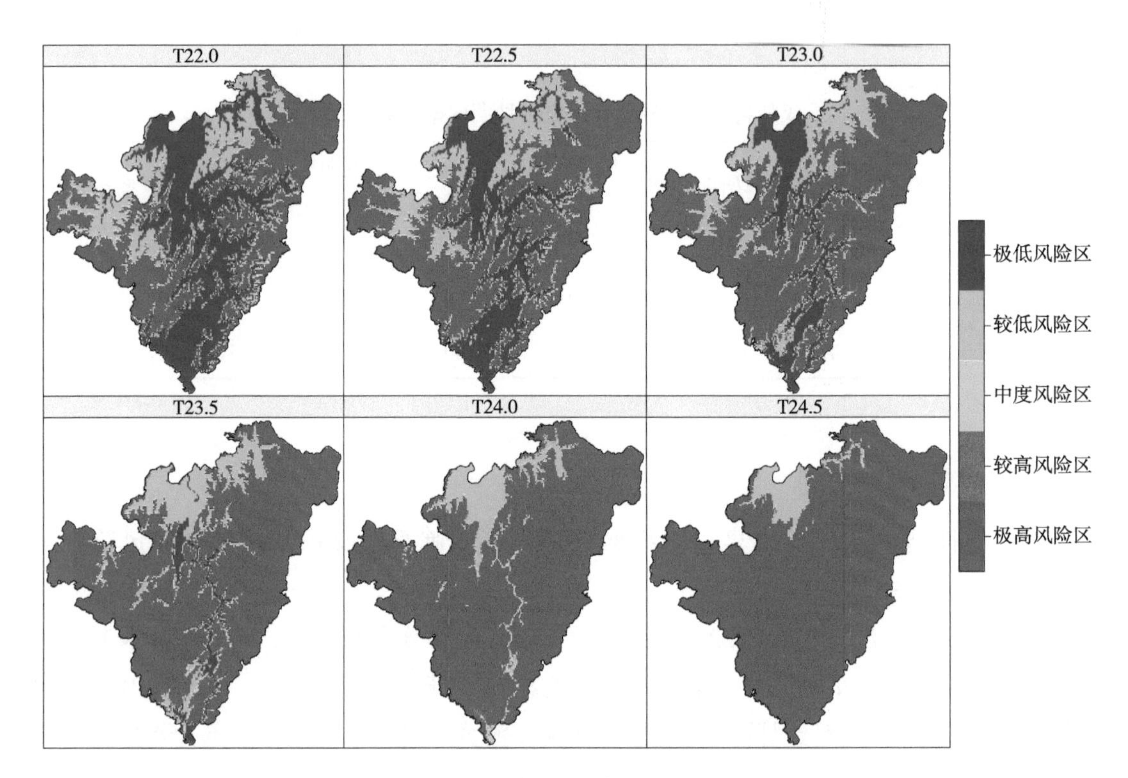

图5-12　双牌县制种气候风险区划

目前育种专家培育的两用不育系育性转换起点温度大多为22.0～25.0℃，而生产上应用的两用不育系育性转换起点温度大多为23.0～24.0℃。根据大多数两用不育系制种气候风险分析结果，建议制种基地具体地段选择在茶林乡、平福头乡、五里牌镇、泷泊镇中部、尚仁里乡中部等地，母本在5月12日左右播种（播始历期80d）。

第五节　新田县制种基地生产安排

一、时空择优气候诊断分析

利用新田县气象站历史资料统计，分析了不同不育系育性转换临界温度风险较低时段（图5-13），由图5-13可见：

育性转换起点温度指标为22.0℃时，不育系育性转换风险最低时段为6月23日至9月7日，为历史未遇。

育性转换起点温度指标为22.5℃时，不育系育性转换风险最低时段为6月26日至8月24日，为历史未遇。

育性转换起点温度指标为23.0℃时，不育系育性转换风险最低时段为6月27日至7月28日、7月29日至8月24日，为历史未遇。

育性转换起点温度指标为23.5℃时，不育系育性转换风险最低时段为7月6—24日、7月29日至8月24日，为历史未遇。

育性转换起点温度指标为24.0℃时，不育系育性转换风险最低时段为7月7—24日，为历史未遇，其次为7月30日至8月20日，为40年一遇。

育性转换起点温度指标为24.5℃时，不育系育性转换风险最低时段为7月9—28日，为40年一遇。

育性转换起点温度指标为25.0℃时，不育系育性转换风险最低时段为7月21日至8月10日，为14年一遇。

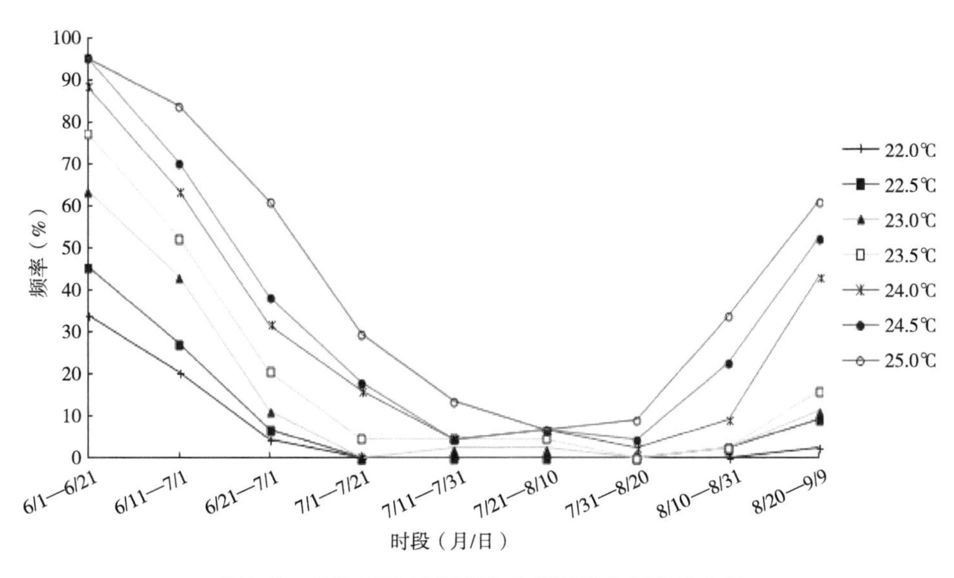

图5-13　新田县育性敏感期临界温度几率变化曲线

利用扬花授粉期危害指数公式，计算了新田县杂交稻制种扬花授粉期各时段的危害指数（图5-14）。由图5-14可见，6月6日呈上升趋势，7月16日达峰值，为8.90；7月21日后呈下降趋势，8月15日降到3.44，之后缓慢变化，9月19日后呈上升趋势，9月24日达到5.88。开展两系法超级杂交稻制种时，建议将扬花授粉时段安排在7月31日至9月19日，将危害指数控制在5.7以下。

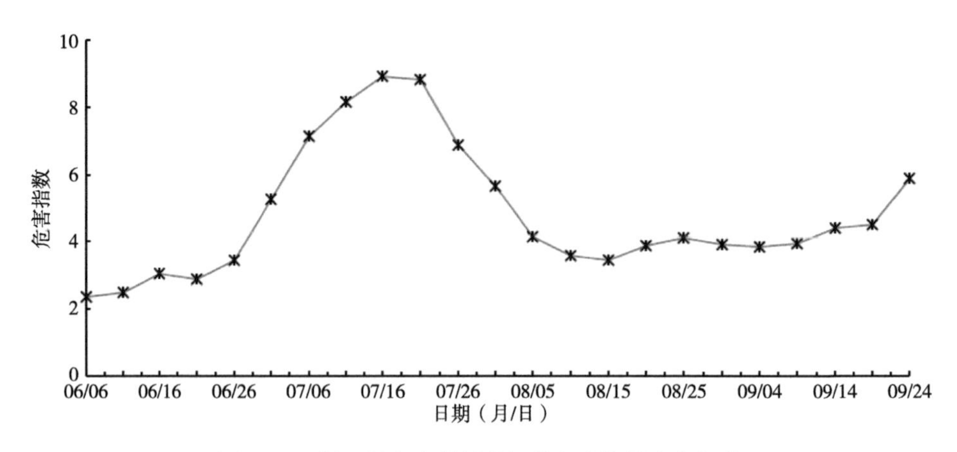

图5-14 新田县杂交稻制种扬花危害指数变化规律

二、气候时段安排

根据两系杂交稻制种不育系育性转换敏感期气候风险和扬花授粉期危害指数两个重要指标，在确保不育系雄性不育保证率高于96.7%（气候风险小于30年一遇），保障制种安全，并将扬花授粉期安排在危害指数最低时段，从而确定两系制种的最适播种期（表5-5）。由表5-5可见，当不育系育性转换临界温度指标为23.0℃时，选择播始历期（播种至始穗期）为80d的不育系时，其最适播种期为5月14日，扬花授粉结束期为8月12日，不育系雄性不育保证率达100%，扬花时段危害指数为4.0，可安全高产；当不育系育性转换临界温度指标为23.5℃时，其最适播种期为5月21日，扬花授粉结束期为8月19日，不育系雄性不育保证率达97.6%，扬花时段危害指数为3.12，可安全高产。

表5-5 新田县两个临界温度适宜播种期安排（播始历期80d）

不育系临界温度指标（℃）	播种日期（月/日）	敏感期日期（月/日）	始穗日期（月/日）	扬花终止日期（月/日）	播种至始穗期天数（d）	敏感期至始穗期天数（d）	不育系雄性不育保证率（%）	扬花时段危害指数
23.0	5/14	7/23	8/01	8/12	80	10	100	4.0
23.5	5/21	7/30	8/08	8/19	80	10	97.6	3.12

三、具体地段安排

根据育性转换不同的临界温度指标，分析了新田县杂交稻制种的气候风险区域（图5-15），由图5-15可见：

育性转换起点温度指标为22.0℃：大部分地区为极低风险区，主要分布在中部和南部，西北部为较低风险区，其他大部分地区为极高风险区。

育性转换起点温度指标为22.5℃：大部分地区为极低风险区，主要分布在中部和南部，西北部为较低风险区，其他大部分地区为极高风险区。

育性转换起点温度指标为23.0℃：大部分地区为极低风险区，主要分布在中部和南部，西部为较低风险区，其他大部分地区为极高风险区。

育性转换起点温度指标为23.5℃：极低风险区主要分布在骥村镇、莲花乡、龙泉镇、大坪塘乡、知市坪乡、茂家乡、新圩镇、高山乡等地，较低风险区主要分布在金陵镇、冷水井乡、毛里乡、枧头镇、三井乡、金盆圩乡等地，其他大部地区为极高风险区。

育性转换起点温度指标为24.0℃：极低风险区主要分布在龙泉镇、高山乡等地，较低风险区主要分布在骥村镇、莲花乡、大坪塘乡、知市坪乡、茂家乡等地，中度风险区主要分布在新隆镇、三井乡、石羊镇、金盆圩乡等地，其他大部地区为极高风险区。

育性转换起点温度指标为24.5℃：极低风险区没有，较低风险区主要分布在龙泉镇、高山乡等地，中度风险区主要分布在骥村镇、莲花乡、大坪塘乡、知市坪乡、茂家乡等地，其他大部地区为极高风险区。

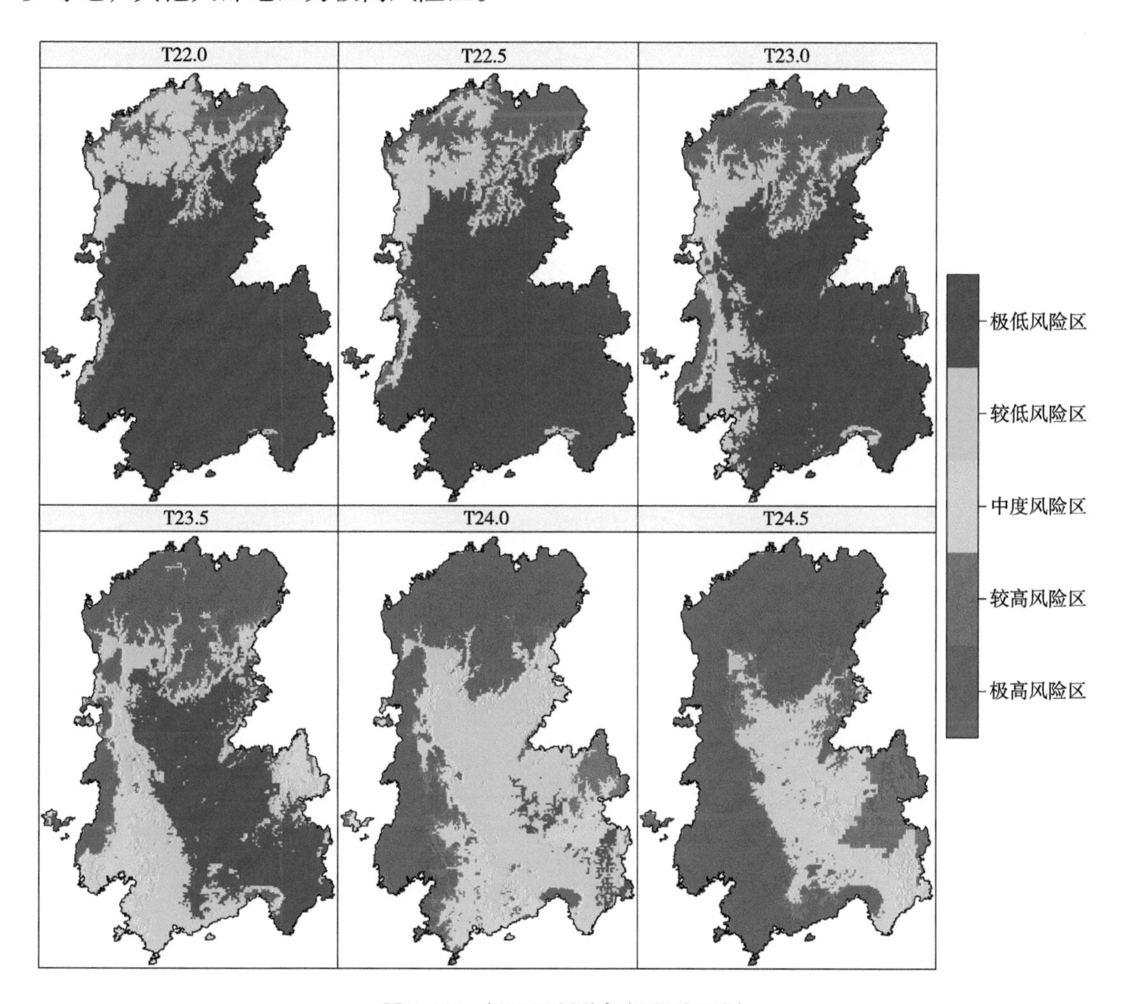

图5-15　新田县制种气候风险区划

目前育种专家培育的两用不育系育性转换起点温度大多为22.0～25.0℃，而生产上应用的两用不育系育性转换起点温度大多为23.0～24.0℃。根据大多数两用不育系制种气候风险分析结果，建议制种基地具体地段选择在骥村镇、莲花乡、龙泉镇、大坪塘乡、知市坪乡、茂家乡、新圩镇、高山乡等地，母本在5月21日左右播种（播始历期80d）。

第六节　宁远县制种基地生产安排

一、时空择优气候诊断分析

利用宁远县气象站历史资料统计，分析了不同不育系育性转换临界温度风险较低时段（图5-16），由图5-16可见：

育性转换起点温度指标为22.0℃时，不育系育性转换风险最低时段为6月23日至9月7日，为历史未遇。

育性转换起点温度指标为22.5℃时，不育系育性转换风险最低时段为6月23日至9月4日，为历史未遇。

育性转换起点温度指标为23.0℃时，不育系育性转换风险最低时段为6月27日至7月28日、7月29日至8月24日，为历史未遇。

育性转换起点温度指标为23.5℃时，不育系育性转换风险最低时段为7月3—24日、7月29日至8月23日，为历史未遇，其次是7月29日至8月15日，为30年一遇。

育性转换起点温度指标为24.0℃时，不育系育性转换风险最低时段为7月7—24日、7月30日至8月20日，为历史未遇。

育性转换起点温度指标为24.5℃时，不育系育性转换风险最低时段为7月10—24日，为30年一遇。

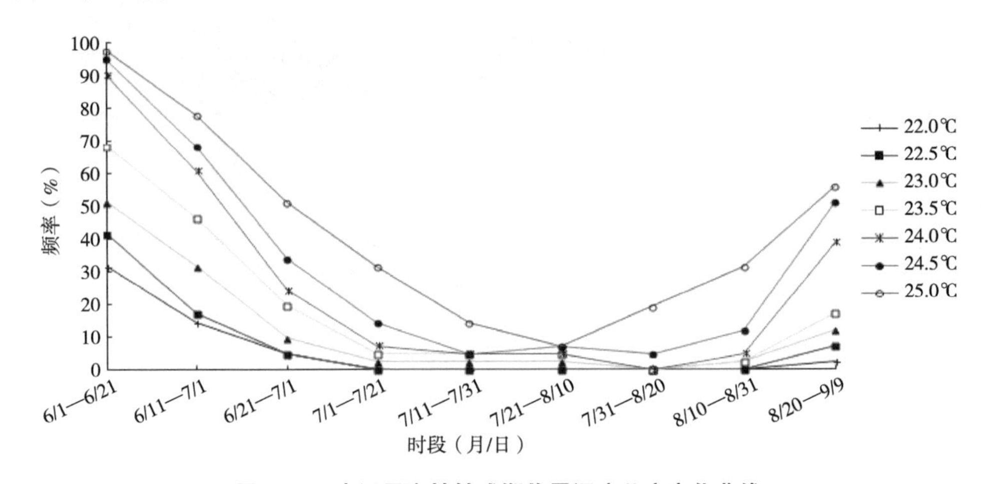

图5-16　宁远县育性敏感期临界温度几率变化曲线

育性转换起点温度指标为25.0℃时，不育系育性转换风险最低时段为7月21日至8月10日，为14年一遇。

利用扬花授粉期危害指数公式，计算了宁远县杂交稻制种扬花授粉期各时段的危害指数（图5-17）。由图5-17可见，6月6日后呈上升趋势，7月16日达峰值，为7.82；7月21日后呈下降趋势，8月15日降到2.87，之后缓慢变化，9月9日后呈上升趋势，9月24日达到5.13。开展两系法超级杂交稻制种时，建议将扬花授粉时段安排在8月5日至9月19日，将危害指数控制在4.0以下。

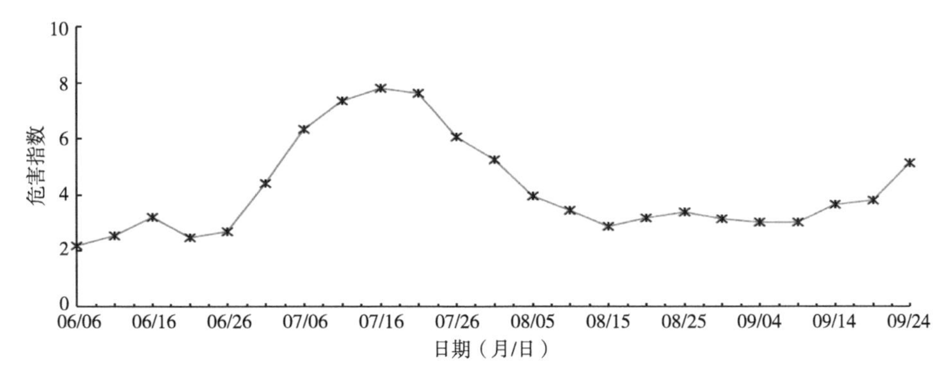

图5-17　宁远县杂交稻制种扬花危害指数变化规律

二、气候时段安排

根据两系杂交稻制种不育系育性转换敏感期气候风险和扬花授粉期危害指数两个重要指标，在确保不育系雄性不育保证率高于96.7%（气候风险小于30年一遇），保障制种安全，并将扬花授粉期安排在危害指数最低时段，从而确定两系制种的最适播种期（表5-6）。由表5-6可见，当不育系育性转换临界温度指标为23.0℃或23.5℃时，选择播始历期（播种至始穗期）为80d的不育系时，其最适播种期为5月23日，扬花授粉结束期为8月21日，不育系雄性不育保证率达100%，扬花时段危害指数为2.87，可安全高产。

表5-6　宁远县两个临界温度适宜播种期安排（播始历期80d）

不育系临界温度指标（℃）	播种日期（月/日）	敏感期日期（月/日）	始穗日期（月/日）	扬花终止日期（月/日）	播种至始穗期天数（d）	敏感期至始穗期天数（d）	不育系雄性不育保证率（%）	扬花时段危害指数
23.0	5/23	8/01	8/10	8/21	80	10	100	2.87
23.5	5/23	8/01	8/10	8/21	80	10	100	2.87

三、具体地段安排

根据育性转换不同的临界温度指标，分析了宁远县杂交稻制种的气候风险区域

（图5-18），由图5-18可见：

育性转换起点温度指标为22.0℃：大部分地区为极低风险区，主要分布在中部，较低风险区主要分布在荒塘乡等地，其他大部分地区为极高风险区。

育性转换起点温度指标为22.5℃：大部分地区为极低风险区，主要分布在中部，较低风险区主要分布在荒塘乡、禾亭镇等地，其他大部分地区为极高风险区。

育性转换起点温度指标为23.0℃：大部分地区为极低风险区，主要分布在中部，较低风险区主要分布在鲤溪镇西部、太平镇、禾亭镇等地，其他大部分地区为极高风险区。

育性转换起点温度指标为23.5℃：极低风险区主要分布在清水桥镇、柏家镇、仁和镇、舜陵镇、天堂镇、冷水镇、水市镇等地，较低风险区主要分布在鲤溪镇、中和镇、太平镇、禾亭镇等地，其他大部分地区为极高风险区。

育性转换起点温度指标为24.0℃：极低风险区主要分布在舜陵镇、天堂镇、冷水镇等地，较低风险区主要分布在清水桥镇、柏家镇、仁和镇、禾亭镇、水市镇等地，其他大部分地区为极高风险区。

育性转换起点温度指标为24.5℃：极低和较低风险区没有，中度风险区主要分舜陵镇、天堂镇、冷水镇等地，其他大部分地区为极高风险区。

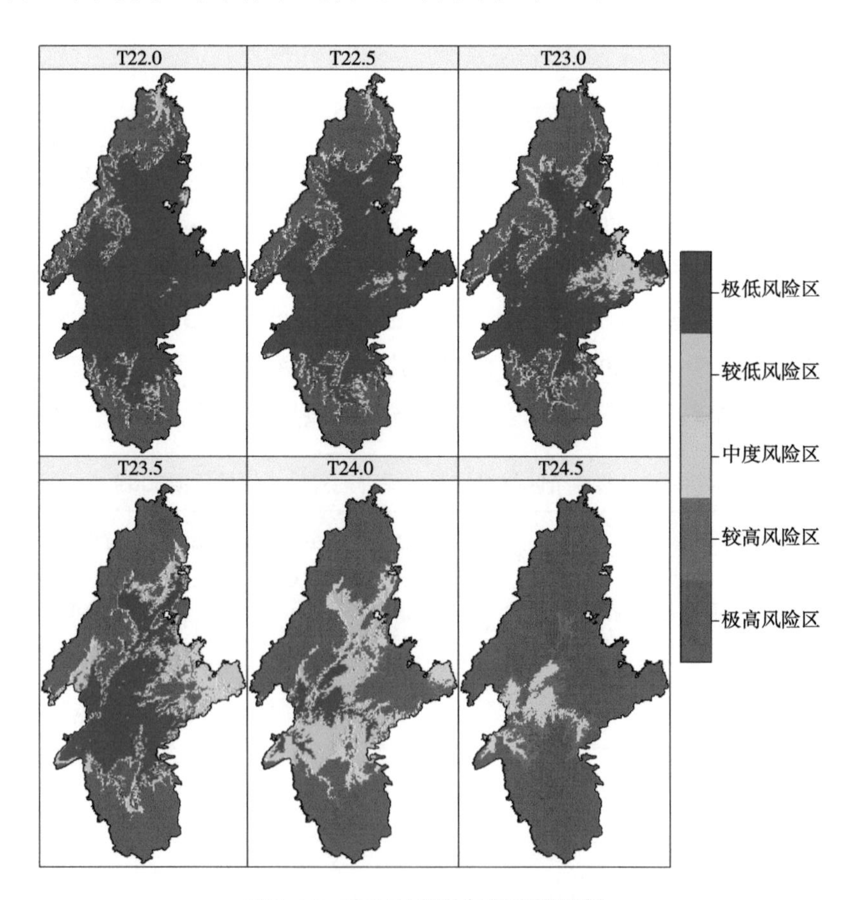

图5-18　宁远县制种气候风险区划

目前育种专家培育的两用不育系育性转换起点温度大多为22.0～25.0℃，而生产上应用的两用不育系育性转换起点温度大多为23.0～24.0℃。根据大多数两用不育系制种气候风险分析结果，建议制种基地具体地段选择在清水桥镇、柏家镇、仁和镇、舜陵镇、天堂镇、冷水镇、水市镇等地，母本在5月23日左右播种（播始历期80d）。

第七节　蓝山县制种基地生产安排

一、时空择优气候诊断分析

利用蓝山县气象站历史资料统计，分析了不同不育系育性转换临界温度风险较低时段（图5-19），由图5-19可见：

育性转换起点温度指标为22.0℃时，不育系育性转换风险最低时段为7月2日至9月7日，为历史未遇。

育性转换起点温度指标为22.5℃时，不育系育性转换风险最低时段为7月3—28日、7月29日至8月31日，为历史未遇。

育性转换起点温度指标为23.0℃时，不育系育性转换风险最低时段为7月3—24日、7月29日至8月20日，为历史未遇。

育性转换起点温度指标为23.5℃时，不育系育性转换风险最低时段为7月7—24日、7月30日至8月20日，为历史未遇。

育性转换起点温度指标为24.0℃时，不育系育性转换风险最低时段为7月7—24日，为历史未遇。

育性转换起点温度指标为24.5℃时，不育系育性转换风险最低时段为7月11日至8月10日，为10年一遇。

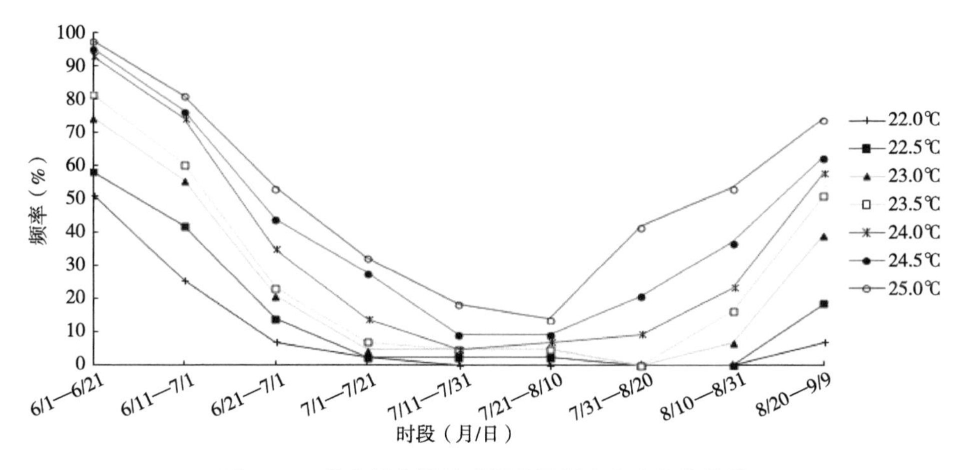

图5-19　蓝山县育性敏感期临界温度几率变化曲线

育性转换起点温度指标为25.0℃时，不育系育性转换风险最低时段为7月21日至8月10日，为7年一遇。

利用扬花授粉期危害指数公式，计算了蓝山县杂交稻制种扬花授粉期各时段的危害指数（图5-20）。由图5-20可见，6月6日后呈上升趋势，7月11日达峰值，为8.38；7月16日后呈下降趋势，8月20日降到2.65，之后缓慢上升，9月9日后呈上升趋势，9月24日达到6.92。开展两系法超级杂交稻制种时，建议将扬花授粉时段安排在8月10日至9月19日，将危害指数控制在4.0以下。

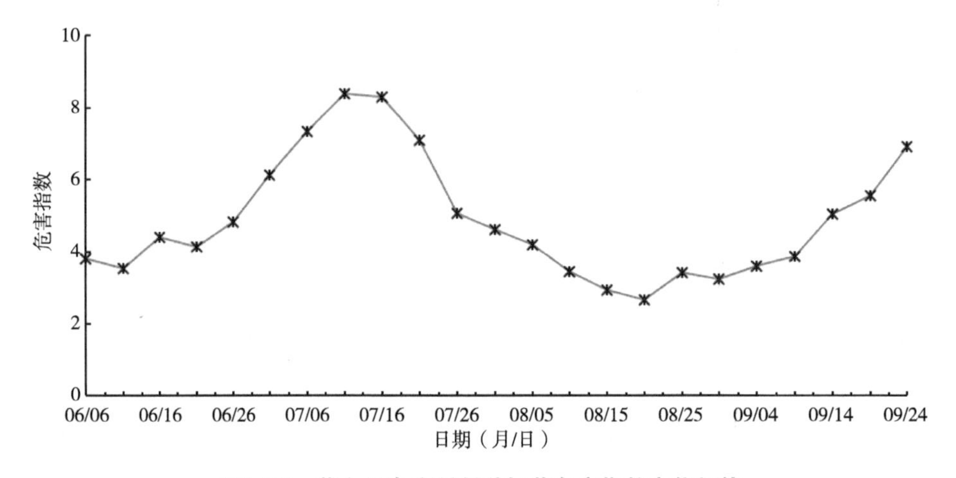

图5-20　蓝山县杂交稻制种扬花危害指数变化规律

二、气候时段安排

根据两系杂交稻制种不育系育性转换敏感期气候风险和扬花授粉期危害指数两个重要指标，在确保不育系雄性不育保证率高于96.7%（气候风险小于30年一遇），保障制种安全，并将扬花授粉期安排在危害指数最低时段，从而确定两系制种的最适播种期（表5-7）。由表5-7可见，当不育系育性转换临界温度指标为23.0℃或23.5℃时，选择播始历期（播种至始穗期）为80d的不育系时，其最适播种期为5月28日，扬花授粉结束期为8月26日，不育系雄性不育保证率达100%，扬花时段危害指数为2.65，可安全高产。

表5-7　蓝山县两个临界温度适宜播种期安排（播始历期80d）

不育系临界温度指标（℃）	播种日期（月/日）	敏感期日期（月/日）	始穗日期（月/日）	扬花终止日期（月/日）	播种至始穗期天数（d）	敏感期至始穗期天数（d）	不育系雄性不育保证率（%）	扬花时段危害指数
23.0	5/28	8/06	8/15	8/26	80	10	100	2.65
23.5	5/28	8/06	8/15	8/26	80	10	100	2.65

二、具体地段安排

根据育性转换不同的临界温度指标，分析了蓝山县杂交稻制种的气候风险区域（图5-21），由图5-21可见：

育性转换起点温度指标为22.0℃：极低风险区主要分布在县城（塔峰镇）以北地区（除西部南岭山区外）及舜水、俊水流域，其他大部分地区为极高风险区。

育性转换起点温度指标为22.5℃：极低风险区主要分布在县城（塔峰镇）以北地区（除西部南岭山区外）及舜水、俊水流域，其他大部分地区为极高风险区。

育性转换起点温度指标为23.0℃：极低风险区主要分布在祠堂圩乡、楠市镇、土市乡、太平圩乡、竹管寺镇、塔峰镇、毛俊镇、新圩镇等地，较低风险区主要分布在所城镇等地，其他大部分地区为极高风险区。

育性转换起点温度指标为23.5℃：极低风险区主要分布在楠市镇、土市乡、太平圩乡、竹管寺镇、塔峰镇、毛俊镇等地，较低风险区主要分布在祠堂圩乡、新圩镇、所城镇等地，其他大部分地区为极高风险区。

育性转换起点温度指标为24.0℃：极低风险区主要分布在楠市镇东部、土市乡中部等地，较低风险区主要分布在太平圩乡、塔峰镇、毛俊镇等地，中度风险区主要分布在祠堂圩乡、竹管寺镇、新圩镇等地，其他大部分地区为极高风险区。

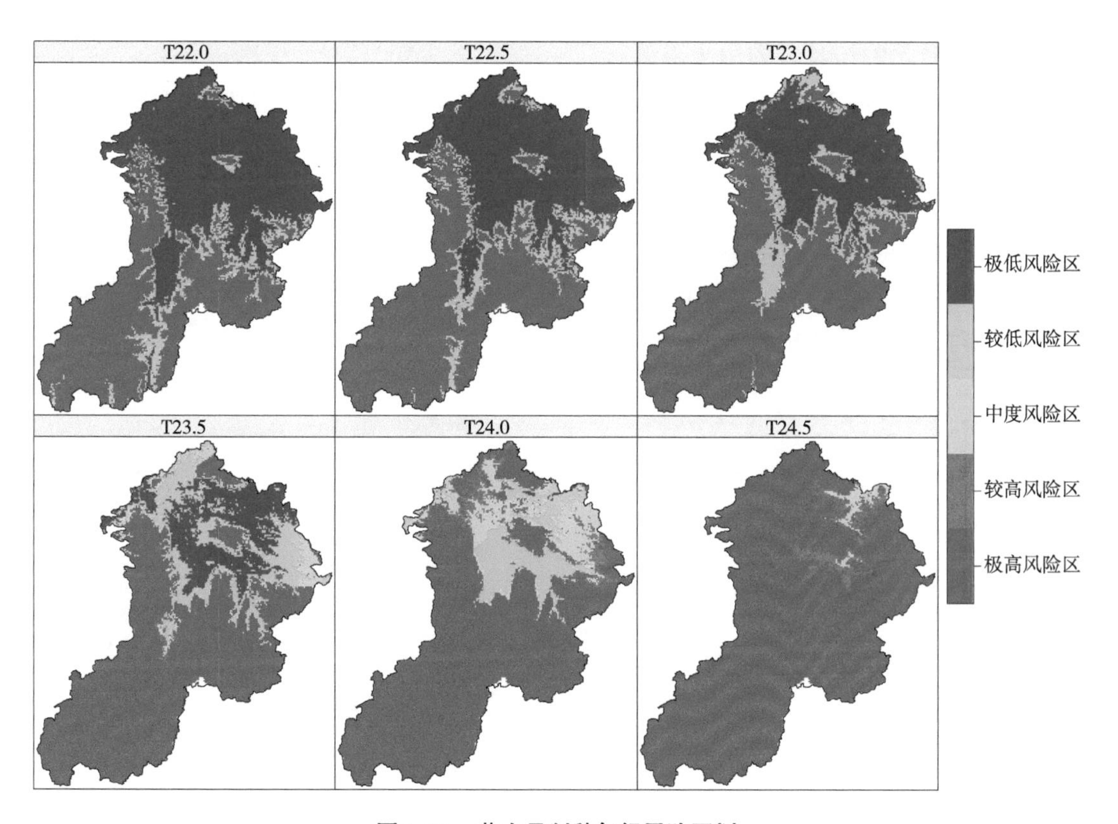

图5-21　蓝山县制种气候风险区划

育性转换起点温度指标为24.5℃：极低和较低风险区没有，中度风险区主要分布在土市乡中部、毛俊镇中部等地，其他大部分地区为极高风险区。

目前育种专家培育的两用不育系育性转换起点温度大多为22.0～25.0℃，而生产上应用的两用不育系育性转换起点温度大多为23.0～24.0℃。根据大多数两用不育系制种气候风险分析结果，建议制种基地具体地段选择在楠市镇、土市乡、太平圩乡、竹管寺镇、塔峰镇、毛俊镇等地，母本在5月28日左右播种（播始历期80d）。

第八节　道县制种基地生产安排

一、时空择优气候诊断分析

利用道县气象站历史资料统计，分析了不同不育系育性转换临界温度风险较低时段（图5-22），由图5-22可见：

育性转换起点温度指标为22.0℃时，不育系育性转换风险最低时段为6月23日至7月26日、7月27日至9月7日，为历史未遇。

育性转换起点温度指标为22.5℃时，不育系育性转换风险最低时段为6月26日至7月25日、7月28日至9月7日，为历史未遇。

育性转换起点温度指标为23.0℃时，不育系育性转换风险最低时段为6月26日至7月28日、7月29日至8月24日，为历史未遇。

育性转换起点温度指标为23.5℃时，不育系育性转换风险最低时段为7月2—24日、7月29日至8月20日，为历史未遇。

育性转换起点温度指标为24.0℃时，不育系育性转换风险最低时段为7月4—24日、8月6日至8月20日，为历史未遇。

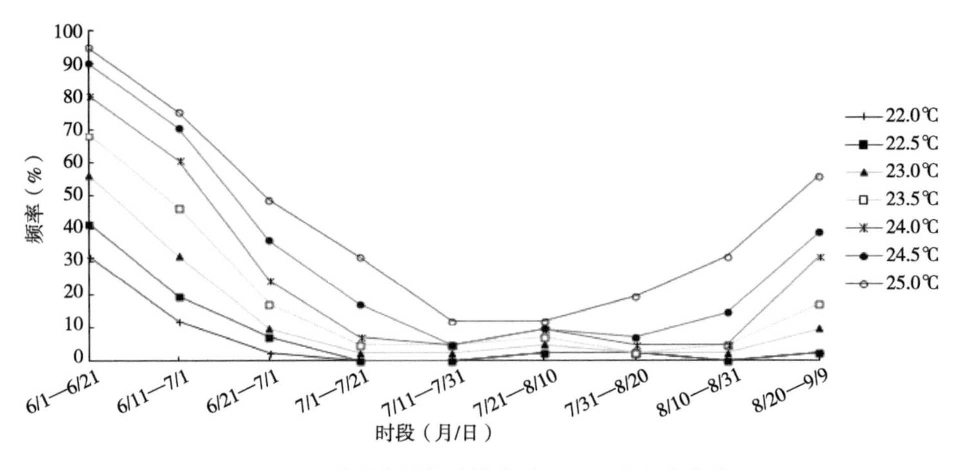

图5-22　道县育性敏感期临界温度几率变化曲线

育性转换起点温度指标为24.5℃时，不育系育性转换风险最低时段为7月11—31日，为20年一遇。

育性转换起点温度指标为25.0℃时，不育系育性转换风险最低时段为7月11日至8月10日，为8年一遇。

利用扬花授粉期危害指数公式，计算了道县杂交稻制种扬花授粉期各时段的危害指数（图5-23）。由图5-23可见，6月6日后呈上升趋势，7月11日达峰值，为9.63；7月16日后呈下降趋势，8月10日降到5.08，之后缓慢下降，9月9日降到3.50，之后呈上升趋势，9月24日达到5.45。开展两系法超级杂交稻制种时，建议将扬花授粉时段安排在8月15日至9月19日，将危害指数控制在5.0以下。

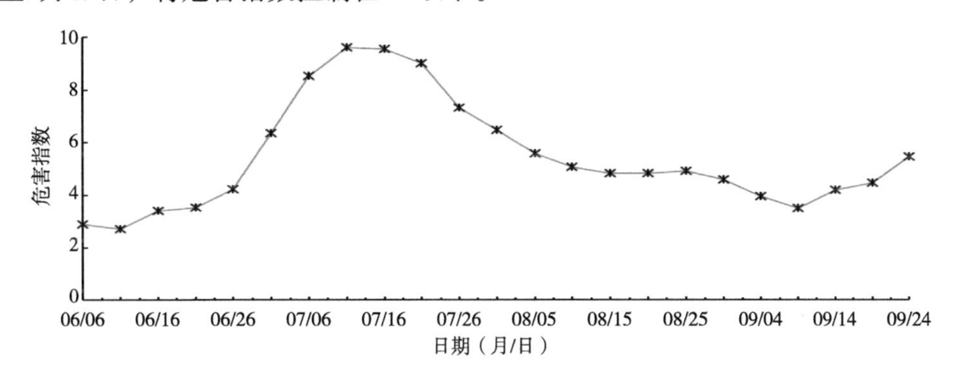

图5-23　道县杂交稻制种扬花危害指数变化规律

二、气候时段安排

根据两系杂交稻制种不育系育性转换敏感期气候风险和扬花授粉期危害指数两个重要指标，在确保不育系雄性不育保证率高于96.7%（气候风险小于30年一遇），保障制种安全，并将扬花授粉期安排在危害指数最低时段，从而确定两系制种的最适播种期（表5-8）。由表5-8可见，当不育系育性转换临界温度指标为23.0℃时，选择播始历期（播种至始穗期）为80d的不育系时，其最适播种期为6月19日，扬花授粉结束期为9月17日，不育系雄性不育保证率达100%，扬花时段危害指数为3.63，可安全高产；当不育系育性转换临界温度指标为23.5℃时，其最适播种期为6月10日，扬花授粉结束期为9月8日，不育系雄性不育保证率达97.4%，扬花时段危害指数为4.18，可安全高产。

表5-8　道县两个临界温度适宜播种期安排（播始历期80d）

不育系临界温度指标（℃）	播种日期（月/日）	敏感期日期（月/日）	始穗日期（月/日）	扬花终止日期（月/日）	播种至始穗期天数（d）	敏感期至始穗期天数（d）	不育系雄性不育保证率（%）	扬花时段危害指数
23.0	6/19	9/16	9/06	9/17	80	10	100	3.63
23.5	6/10	8/19	8/28	9/08	80	10	97.4	4.18

三、具体地段安排

根据育性转换不同的临界温度指标，分析了道县杂交稻制种的气候风险区域（图5-24），由图5-24可见：

育性转换起点温度指标为22.0℃：大部分地区为极低风险区，主要分布在中部，较低风险区主要分布在仙子脚镇、桥头乡南部等地，其他大部分地区为极高风险区。

育性转换起点温度指标为22.5℃：大部分地区为极低风险区，主要分布在中部，较低风险区主要分布在仙子脚镇、桥头乡南部等地，其他大部分地区为极高风险区。

育性转换起点温度指标为23.0℃：极低风险区主要分布在中部，较低风险区主要分布在乐福塘乡、清塘镇等地，其他大部分地区为极高风险区。寿雁镇、梅花镇、清塘镇。

育性转换起点温度指标为23.5℃：极低风险区主要分布在寿雁镇、梅花镇、富塘乡、道江镇、营江乡、东门乡、白马渡镇、柑子园乡、万家庄乡、上关乡、新车乡、祥霖铺镇、审章塘乡、蚣坝镇等地，较低风险区主要分布在乐福塘乡、清塘镇、白芒铺乡、四马桥镇等地，其他大部分地区为极高风险区。

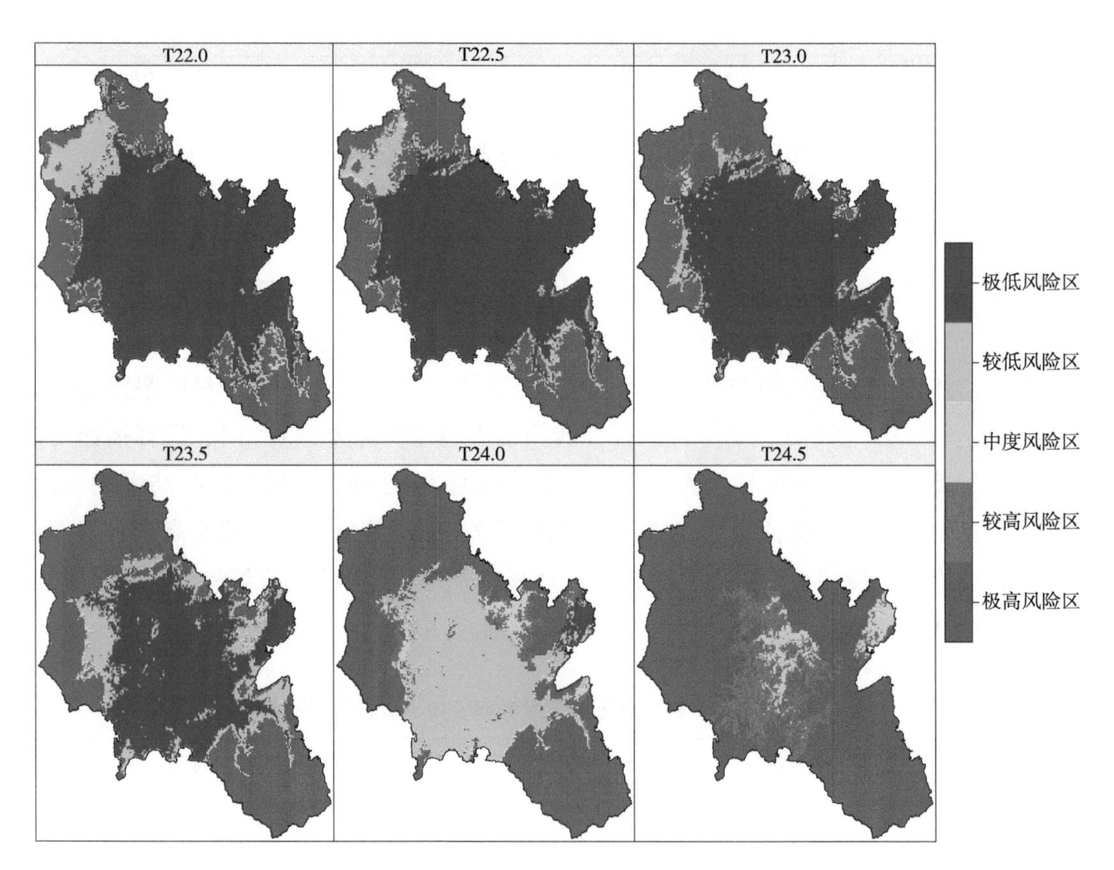

图5-24　道县制种气候风险区划

育性转换起点温度指标为24.0℃：极低风险区主要分布在柑子园乡等地，较低风险区主要分布在乐福塘乡、寿雁镇、梅花镇、富塘乡、道江镇、营江乡、东门乡、四马桥镇、万家庄乡、上关乡、新车乡、祥霖铺镇、审章塘乡、蚣坝镇等地，其他大部分地区为极高风险区。

育性转换起点温度指标为24.5℃：极低风险区没有，较低度风险区主要分布在柑子园乡北部，中度风险区主要分布在柑子园乡中部和南部、富塘乡、道江镇、营江乡、东门乡等地，其他大部分地区为极高风险区。

目前育种专家培育的两用不育系育性转换起点温度大多为22.0～25.0℃，而生产上应用的两用不育系育性转换起点温度大多为23.0～24.0℃。根据大多数两用不育系制种气候风险分析结果，建议制种基地具体地段选择在寿雁镇、梅花镇、富塘乡、道江镇、营江乡、东门乡、白马渡镇、柑子园乡、万家庄乡、上关乡、新车乡、祥霖铺镇、审章塘乡、蚣坝镇等地，母本在6月10日左右播种（播始历期80d）。

第九节　江永县制种基地生产安排

一、时空择优气候诊断分析

利用江永县气象站历史资料统计，分析了不同不育系育性转换临界温度风险较低时段（图5-25），由图5-25可见：

育性转换起点温度指标为22.0℃时，不育系育性转换风险最低时段为6月23日至9月10日，为历史未遇。

育性转换起点温度指标为22.5℃时，不育系育性转换风险最低时段为6月24日至9月7日，为历史未遇。

育性转换起点温度指标为23.0℃时，不育系育性转换风险最低时段为6月26日至7月24日、7月25日至8月24日，为历史未遇。

育性转换起点温度指标为23.5℃时，不育系育性转换风险最低时段为7月2—24日、7月29日至8月20日，为历史未遇。

育性转换起点温度指标为24.0℃时，不育系育性转换风险最低时段为7月4—24日、7月30日至8月20日，为40年一遇。

育性转换起点温度指标为24.5℃时，不育系育性转换风险最低时段为7月21日至8月20日，为14年一遇。

育性转换起点温度指标为25.0℃时，不育系育性转换风险最低时段为7月11—31日，为6年一遇。

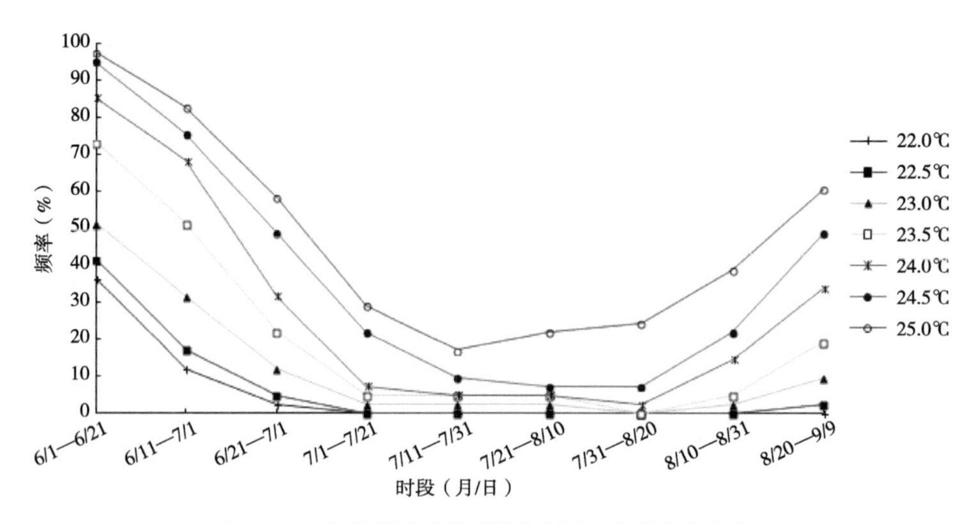

图5-25　江永县育性敏感期临界温度几率变化曲线

利用扬花授粉期危害指数公式，计算了江永杂交稻制种扬花授粉期各时段的危害指数（图5-26）。由图5-26可见，6月6日后呈下降趋势，7月6日降到1.16；之后缓慢变化，8月10日降到0.95；8月10日后呈上升趋势，9月24日达到4.89。开展两系法超级杂交稻制种时，建议将扬花授粉时段安排在7月1日至9月9日，将危害指数控制在3.0以下。

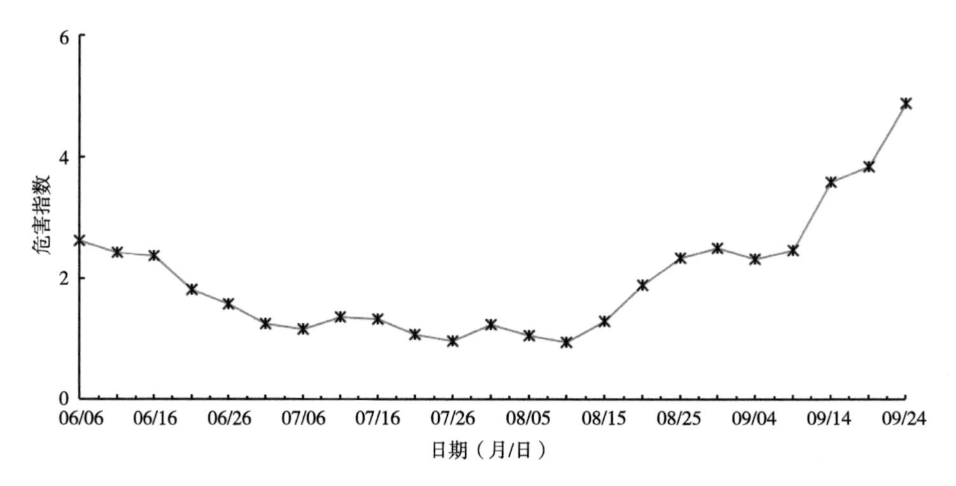

图5-26　江永县杂交稻制种扬花危害指数变化规律

二、气候时段安排

根据两系杂交稻制种不育系育性转换敏感期气候风险和扬花授粉期危害指数两个重要指标，在确保不育系雄性不育保证率高于96.7%（气候风险小于30年一遇），保障制种安全，并将扬花授粉期安排在危害指数最低时段，从而确定两系制种的最适播种期（表5-9）。由表5-9可见，当不育系育性转换临界温度指标为23.0℃时，选择播始历期（播种至始穗期）为80d的不育系时，其最适播种期为5月20日，扬花授粉结束期为8月

18日，不育系雄性不育保证率达100%，扬花时段危害指数为0.87，可安全高产；当不育系育性转换临界温度指标为23.5℃时，其最适播种期为5月1日，扬花授粉结束期为7月19日，不育系雄性不育保证率达100%，扬花时段危害指数为0.95，可安全高产。

表5-9　江永县两个临界温度适宜播种期安排（播始历期80d）

不育系临界温度指标（℃）	播种日期（月/日）	敏感期日期（月/日）	始穗日期（月/日）	扬花终止日期（月/日）	播种至始穗期天数（d）	敏感期至始穗期天数（d）	不育系雄性不育保证率（%）	扬花时段危害指数
23.0	5/20	7/29	8/07	8/18	80	10	100	0.87
23.5	5/01	7/10	7/19	7/30	80	10	100	0.95

三、具体地段安排

根据育性转换不同的临界温度指标，分析了江永杂交稻制种的气候风险区域（图5-27），由图5-27可见：

育性转换起点温度指标为22.0℃：极低风险区主要分布在东部，较低风险区主要分布在千家峒乡东部、允山镇东部、夏层铺中部、桃川镇中部、源口乡北部等地，其他大部分地区为极高风险区。

育性转换起点温度指标为22.5℃：极低风险区主要分布在东部，较低风险区主要分布在千家峒乡东部、允山镇东部、夏层铺中部、桃川镇、源口乡北部、松柏乡中部等地，其他大部分地区为极高风险区。

育性转换起点温度指标为23.0℃：极低风险区主要分布在上江圩镇、潇浦镇、黄甲岭乡、夏层铺东部、兰溪乡、源口乡东部等地，较低风险区主要分布在粗石江镇中部、回龙圩镇、松柏乡南部等地，其他大部分地区为极高风险区。

育性转换起点温度指标为23.5℃：极低风险区主要分布在上江圩镇、潇浦镇中部、兰溪乡中部等地，较低风险区主要分布在潇浦镇东部、夏层铺东部、黄甲岭乡等地，其他大部分地区为极高风险区。

育性转换起点温度指标为24.0℃：极低风险区没有，较低风险区主要分布在上江圩镇、潇浦镇中部、兰溪乡中部等地，中度风险区主要分布在潇浦镇东部、夏层铺东部等地，其他大部分地区为极高风险区。

育性转换起点温度指标为24.5℃：全县为极高风险区。

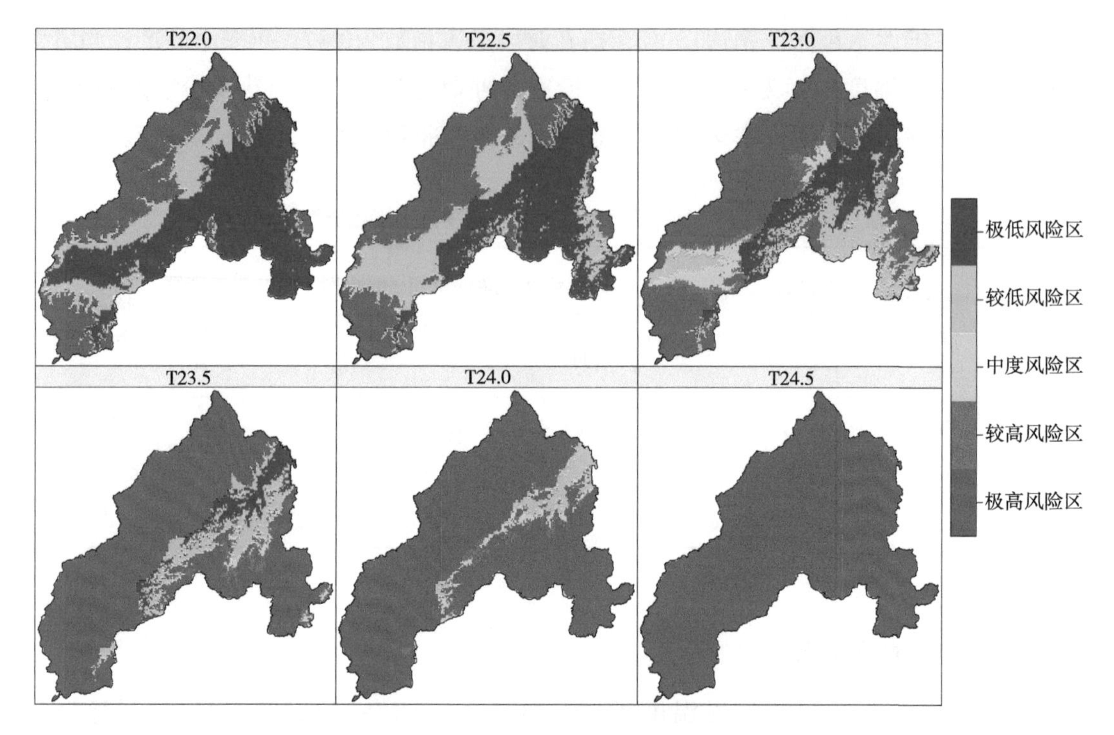

图5-27　江永县制种气候风险区划

目前育种专家培育的两用不育系育性转换起点温度大多为22.0～25.0℃，而生产上应用的两用不育系育性转换起点温度大多为23.0～24.0℃。根据大多数两用不育系制种气候风险分析结果，建议制种基地具体地段选择在上江圩镇、潇浦镇中部、兰溪乡中部等地，母本在5月1日左右播种（播始历期80d）。

第十节　江华县制种基地生产安排

一、时空择优气候诊断分析

利用江华气象站历史资料统计，分析了不同不育系育性转换临界温度风险较低时段（图5-28），由图5-28可见：

育性转换起点温度指标为22.0℃时，不育系育性转换风险最低时段为6月23日至8月29日，为历史未遇。

育性转换起点温度指标为22.5℃时，不育系育性转换风险最低时段为6月26日至7月29日、7月30日至8月29日，为历史未遇。

育性转换起点温度指标为23.0℃时，不育系育性转换风险最低时段为7月11—24日、7月31日至8月20日，为历史未遇。

育性转换起点温度指标为23.5℃时，不育系育性转换风险最低时段为7月3—24日，为40年一遇。

育性转换起点温度指标为24.0℃时，不育系育性转换风险最低时段为7月11—31日，为8年一遇。

育性转换起点温度指标为24.5℃时，不育系育性转换风险最低时段为7月11—31日，为4年一遇。

育性转换起点温度指标为25.0℃时，不育系育性转换风险最低时段为7月1—21日，为2年一遇。

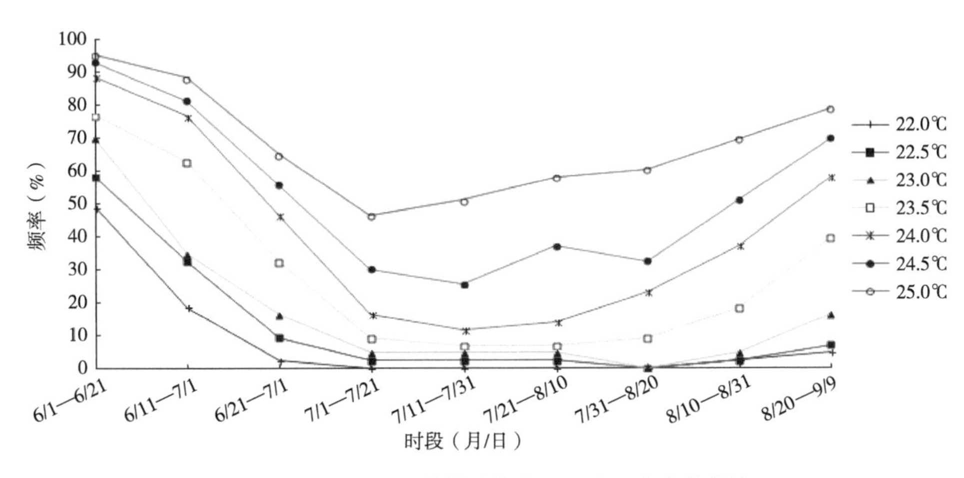

图5-28　江华县育性敏感期临界温度几率变化曲线

利用扬花授粉期危害指数公式，计算了江华县杂交稻制种扬花授粉期各时段的危害指数（图5-29）。由图5-29可见，6月6日后呈下降趋势，7月1降到1.52；7月16日后呈上升趋势，8月5日达峰值，为2.60；8月5日后呈下降趋势，8月20日降到1.65，之后呈上升趋势，9月24日达到5.15。开展两系法超级杂交稻制种时，建议将扬花授粉时段安排在7月1日至9月4日，将危害指数控制在3.0以下。

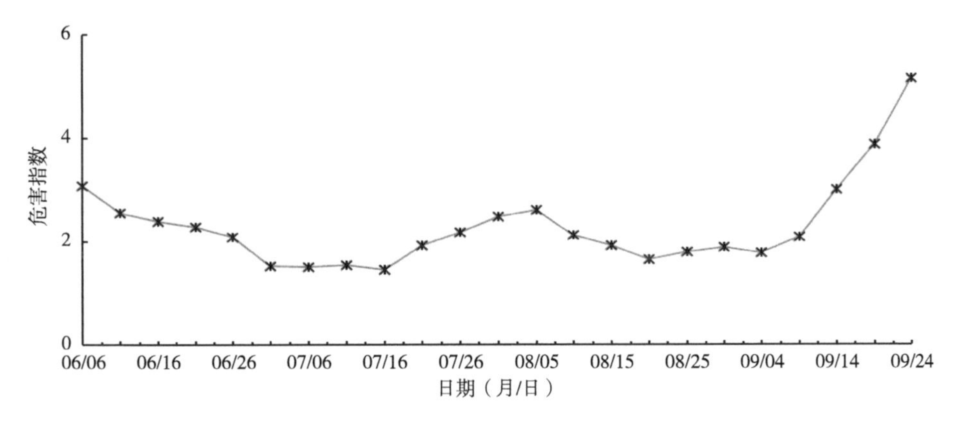

图5-29　江华县杂交稻制种扬花危害指数变化规律

二、气候时段安排

根据两系杂交稻制种不育系育性转换敏感期气候风险和扬花授粉期危害指数两个重要指标，在确保不育系雄性不育保证率高于96.7%（气候风险小于30年一遇），保障制种安全，并将扬花授粉期安排在危害指数最低时段，从而确定两系制种的最适播种期（表5-10）。由表5-10可见，当不育系育性转换临界温度指标为23.0℃时，选择播始历期（播种至始穗期）为80d的不育系时，其最适播种期为5月28日，扬花授粉结束期为8月26日，不育系雄性不育保证率达100%，扬花时段危害指数为1.65，可安全高产；当不育系育性转换临界温度指标为23.5℃时，其最适播种期为4月26日，扬花授粉结束期为7月25日，不育系雄性不育保证率达97.5%，扬花时段危害指数为1.68，可安全高产。

表5-10　江华县两个临界温度适宜播种期安排（播始历期80d）

不育系临界温度指标（℃）	播种日期（月/日）	敏感期日期（月/日）	始穗日期（月/日）	扬花终止日期（月/日）	播种至始穗期天数（d）	敏感期至始穗期天数（d）	不育系雄性不育保证率（%）	扬花时段危害指数
23.0	5/28	8/06	8/15	8/26	80	10	100	1.65
23.5	4/26	7/07	7/14	7/25	80	10	97.5	1.68

三、具体地段安排

根据育性转换不同的临界温度指标，分析了江华杂交稻制种的气候风险区域（图5-30），由图5-30可见：

育性转换起点温度指标为22.0℃：极低风险区主要分布在沱江、东河、西河、涔天河水库、崇河、大桥河及安宁河流域，包括桥头铺镇、界牌乡、沱江镇、东田镇、大路铺镇、桥市乡、白芒营镇、大石桥乡、涛圩镇、务江乡、花江乡、水口镇、小圩镇、大圩镇、贝江乡、码市镇等地，较低风险区主要分布在河路口镇、两岔河乡等地，其他大部分地区为极高风险区。

育性转换起点温度指标为22.5℃：极低风险区主要分布在沱江、东河、西河、涔天河水库、崇河、大桥河及安宁河流域，包括桥头铺镇、界牌乡、沱江镇、东田镇、大路铺镇、桥市乡、白芒营镇中部和西部、大石桥乡、务江乡、花江乡、水口镇、小圩镇中部、贝江乡、码市镇等地，较低风险区主要分布在白芒营镇东部、涛圩镇、小圩镇南部、大圩镇等地，其他大部分地区为极高风险区。

育性转换起点温度指标为23.0℃：极低风险区主要分布在桥头铺镇、界牌乡、沱江镇、东田镇、大路铺镇、白芒营镇中部和西部、大石桥乡中部和西部、码市镇中部等地，较低风险区主要分布在桥市乡、白芒营镇东部、大石桥乡东部、涛圩镇中部、务江乡中部、花江乡中部、水口镇中部、小圩镇中部、码市镇南部等地，其他大部分地区为极高风险区。

育性转换起点温度指标为23.5℃：极低风险区主要分布在桥头铺镇、界牌乡、沱江镇、东田镇、大路铺镇中部、白芒营镇中部、大石桥乡中部等地，较低风险区主要分布在桥市乡、白芒营镇西部和东部、大石桥乡西部和东部、涛圩镇北部、码市镇中部等地，其他大部分地区为极高风险区。

育性转换起点温度指标为24.5℃：极低风险区没有，较低风险区主要分布在桥头铺镇、界牌乡、沱江镇、东田镇、大路铺镇中部等地，中度风险区主要分布在白芒营镇中部、大石桥乡中部等地，其他大部分地区为极高风险区。

育性转换起点温度指标为24.0℃：极低、较低和中度风险区没有，较高风险区主要分布在桥头铺镇、界牌乡等地，其他大部分地区为极高风险区。

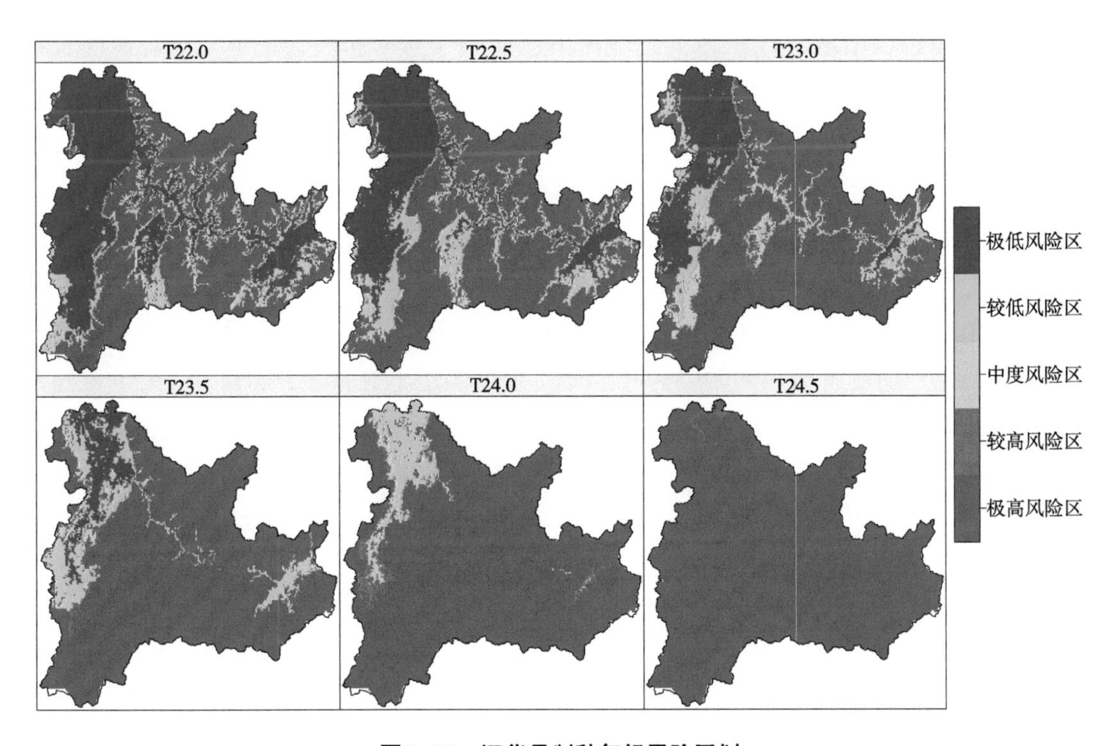

图5-30　江华县制种气候风险区划

目前育种专家培育的两用不育系育性转换起点温度大多为22.0～25.0℃，而生产上应用的两用不育系育性转换起点温度大多为23.0～24.0℃。根据大多数两用不育系制种气候风险分析结果，建议制种基地具体地段选择在桥头铺镇、界牌乡、沱江镇、东田镇、大路铺镇中部等地，母本在4月26日左右播种（播始历期80d）。

第六章　怀化市主要制种基地县的气候适宜性生产安排

怀化市位于湖南西南部，是湘、黔、桂3省（区）的结合部，地处武陵山脉和雪峰山脉之间，地貌以山地、丘陵为主。境内山丘重叠，峰峦起伏、地形复杂。南北长约353km，东西宽229km。地势最高点为雪峰山脉之主峰苏宝顶，海拔标高1 934m；最低为沅陵县的界首，海拔仅45m，相对高差1 889m。东西部以低山、中山为主；南部为中低山；北部则以低山、中低山为主；中部主要为低山、丘陵、平原。

根据两系杂交稻制种不育系育性转换敏感期气候风险和扬花授粉期危害指数两个指标，分析了邵阳市所辖主要制种基地的沅陵县、辰溪县、麻阳县、溆浦县、新晃县、芷江市、洪江市、会同县、靖县、通道县等10个制种基地县地不育系育性转换敏感期气候风险和扬花授粉期危害指数的时空分布规律；根据实用不育系（23.0～24.0℃）雄性不育有保障的原则（100%或97.5%），保障制种安全，将扬花授粉期安排在危害指数最低时段，确定两系制种的最适播种期，从而保障杂交稻制种安全。

第一节　沅陵县制种基地生产安排

一、时空择优气候诊断分析

根据当地气象站历史资料统计分析，分析了沅陵县不同不育系育性转换起点温度风险较低时段（图6-1）。由图6-1可见：

育性转换起点温度指标为22.0℃时，不育系育性转换风险最低时段为7月7—28日、7月29日至8月23日，为历史未遇。

育性转换起点温度指标为22.5℃时，不育系育性转换风险最低时段为7月11—28日、7月29日至8月17日，为历史未遇。

育性转换起点温度指标为23.0℃时，不育系育性转换风险最低时段为7月28日至8月16日，为30年一遇。

育性转换起点温度指标为23.5℃时，不育系育性转换风险最低时段为7月20日至8月5日，为30年一遇。

育性转换起点温度指标为24.0℃时，不育系育性转换风险最低时段为7月20日至8月5日，为30年一遇。

育性转换起点温度指标为24.5℃时，不育系育性转换风险最低时段为7月21日至8月10日，为15年一遇。

育性转换起点温度指标为25.0℃时，不育系育性转换风险最低时段为7月21日至8月10日，为5年一遇。

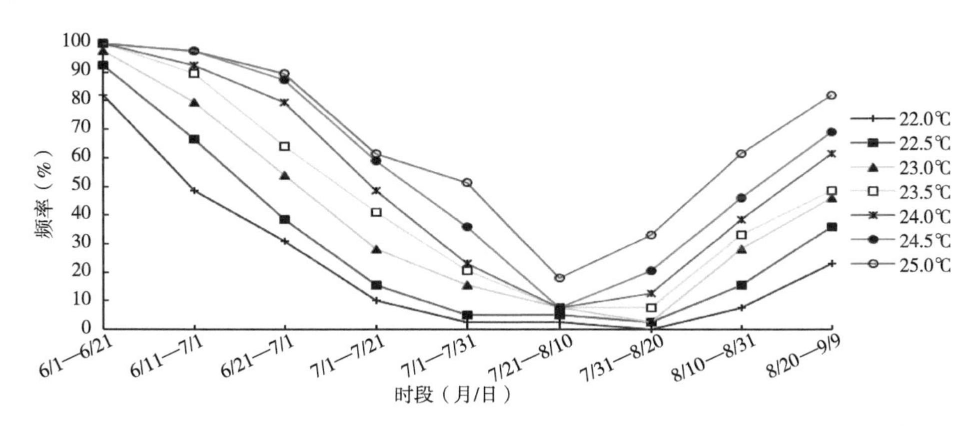

图6-1　沅陵县育性敏感期临界温度几率变化曲线

利用扬花授粉期危害指数公式，计算了沅陵县杂交稻制种扬花授粉期各时段的危害指数（图6-2）。由图6-2可见，6月6日后呈上升趋势，6月16日达到4.70；之后呈下降趋势，7月1日降到2.77；之后呈上升趋势，7月16日达到5.37；之后呈下降趋势，7月31日降到1.93；之后呈上升趋势，9月24日达到8.27。开展两系法超级杂交稻制种时，建议将扬花授粉时段安排在7月26日至8月30日，将危害指数控制在4.0以下。

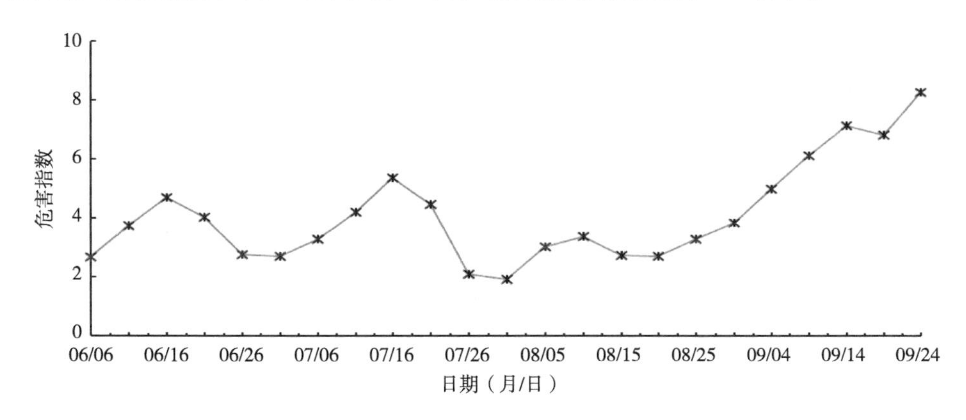

图6-2　沅陵县杂交稻制种扬花危害指数变化规律

二、气候时段安排

根据两系杂交稻制种不育系育性转换敏感期气候风险和扬花授粉期危害指数两个重要指标，在确保不育系雄性不育保证率高于96.7%（气候风险小于30年一遇），保障制种安全，并将扬花授粉期安排在危害指数最低时段，从而确定两系制种的最适播种期（表6-1）。由表6-1可见，当不育系育性转换临界温度指标为23.0℃时，选择播始历期（播种至始穗期）为80d的不育系时，其最适播种期为5月29日，扬花授粉结束期为8月27日，不育系雄性不育保证率达100%，扬花时段危害指数为2.73，可安全高产；当不育系育性转换临界温度指标为23.5℃时，其最适播种期为5月22日，扬花授粉结束期为8月20日，不育系雄性不育保证率达96.7%，扬花时段危害指数为2.83，可安全高产。

表6-1　沅陵县两个临界温度适宜播种期安排（播始历期80d）

不育系临界温度指标（℃）	播种日期（月/日）	敏感期日期（月/日）	始穗日期（月/日）	扬花终止日期（月/日）	播种至始穗期天数（d）	敏感期至始穗期天数（d）	不育系雄性不育保证率（%）	扬花时段危害指数
23.0	5/29	8/05	8/16	8/27	80	10	100	2.73
23.5	5/22	7/31	8/09	8/20	80	10	96.7	2.83

三、具体地段安排

根据育性转换不同的临界温度指标，分析了沅陵县杂交稻制种的气候风险区域（图6-3）。由图6-3可见：

育性转换起点温度指标为22.0℃：沅水及支流、水库沿岸平原地带为极低风险制种区；其他较低海拔丘陵地带也分布部分中度风险区，主要包括柳林汊、桐木溪、清浪、肖家桥、郑家村、凉水井、苦藤铺、沙金滩、清水坪等乡镇。其他大为有风险、较高风险或高风险制种区。

育性转换起点温度指标为22.5℃：极低风险区主要分布在二酉乡南部、麻溪铺镇南部、盘古乡西部、五强溪镇中部等地，较低风险区主要分布在大合坪乡、五强溪镇北部和南部、清浪乡、陈家滩乡、肖家桥乡、楠木铺乡、北溶乡、深溪口乡、明溪口镇、二酉乡北部、太常乡、凉水井镇、盘古乡东部、麻溪铺镇北部等地，中度风险区主要分布在七甲坪镇、官庄镇、楠木铺乡、马底驿乡等地，其他大部地区为较高或极高风险区。

育性转换起点温度指标为23.0℃：极低风险区主要分布在二酉乡南部、麻溪铺镇南部等地，较低风险区主要分布在五强溪镇中部、清浪乡中部、陈家滩乡中部、肖家桥乡中部、北溶乡中部、深溪口乡中部、二酉乡北部、太常乡中部、麻溪铺镇北部、筲箕湾镇中部等地，中度风险区主要分布在大合坪乡中部、五强溪镇北部和南部、清浪乡北部和南部、陈家滩乡北部和南部、肖家桥乡、太常乡北部和南部、筲箕湾镇北部等地，其他大部地区为较高或极高风险区。

育性转换起点温度指标为23.5℃：极低风险区主要分布在麻溪铺镇南部，较低风险区主要分布在二酉乡南部、筲箕湾镇西部等地，中度风险区主要分布在五强溪镇中部、筲箕湾镇中部等地，其他大部地区为较高或极高风险区。

育性转换起点温度指标为24.0℃：极低和较低风险区没有，中度风险区主要分布在麻溪铺镇南部，其他大部地区为较高或极高风险区。

育性转换起点温度指标为24.5℃：极低、较低和中度风险区没有，较高风险区主要分布在五强溪镇中部、清浪乡中部、陈家滩乡中部、肖家桥乡中部、北溶乡中部、深溪口乡中部、二酉乡南部、太常乡中部、麻溪铺镇中部等地，其他大部地区为极高风险区。

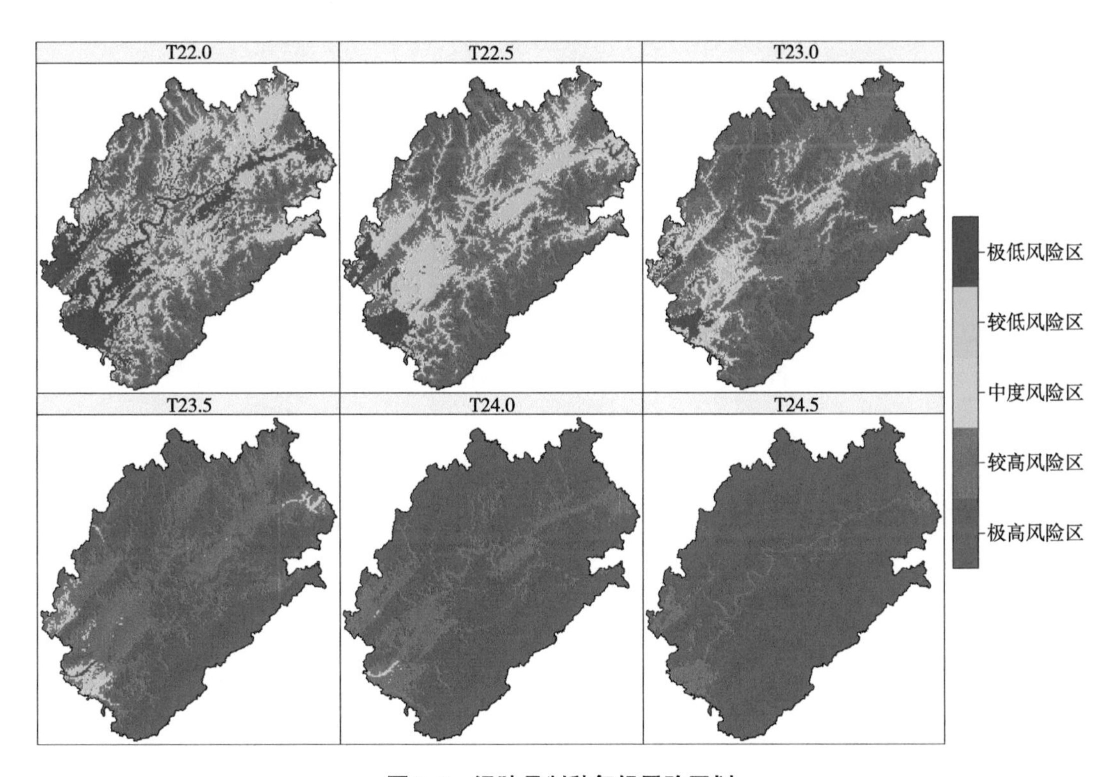

图6-3　沅陵县制种气候风险区划

目前育种专家培育的两用不育系育性转换起点温度大多为22.0～25.0℃，而生产上应用的两用不育系育性转换起点温度大多为23.0～24.0℃。根据大多数两用不育系制种气候风险分析结果，建议制种基地具体地段选择在二酉乡南部、麻溪铺镇南部等地，母本在5月22日左右播种（播始历期80d）。

第二节　辰溪县制种基地生产安排

一、时空择优气候诊断分析

根据当地气象站历史资料统计分析，分析了不同不育系育性转换起点温度风险较低时段（图6-4）。由图6-4可见：

育性转换起点温度指标为22.0℃时，不育系育性转换风险最低时段为7月6—28日、7月29日至8月26日，为历史未遇。

育性转换起点温度指标为22.5℃时，不育系育性转换风险最低时段为7月7—28日、7月29日至8月17日，为历史未遇。

育性转换起点温度指标为23.0℃时，不育系育性转换风险最低时段为7月7—28日，为历史未遇，其次是7月28日至8月15日，为30年一遇。

育性转换起点温度指标为23.5℃时，不育系育性转换风险最低时段为7月16日至8月5日，为30年一遇。

育性转换起点温度指标为24.0℃时，不育系育性转换风险最低时段为7月19日至8月5日，为30年一遇。

育性转换起点温度指标为24.5℃时，不育系育性转换风险最低时段为7月21日至8月10日，为10年一遇。

育性转换起点温度指标为25.0℃时，不育系育性转换风险最低时段为7月21日至8月10日，为7年一遇。

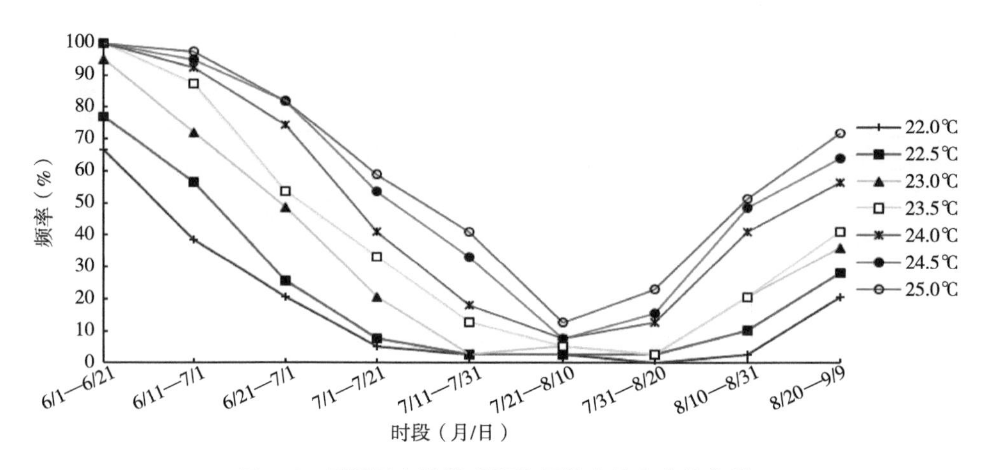

图6-4　辰溪县育性敏感期临界温度几率变化曲线

利用扬花授粉期危害指数公式，计算了辰溪县杂交稻制种扬花授粉期各时段的危害指数（图6-5）。由图6-5可见，6月6日后呈上升趋势，7月16日达到峰值，为8.63；之后呈下降趋势，8月20日降到3.93；之后呈上升趋势，9月24日达到8.10。开展两系法超级杂交稻制种时，建议将扬花授粉时段安排在7月26日至8月30日，将危害指数控制在5.5以下。

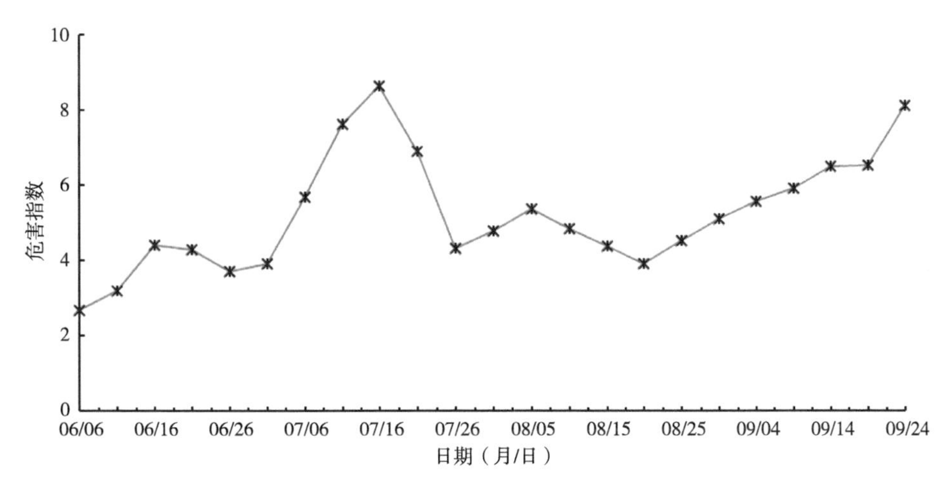

图6-5　辰溪县杂交稻制种扬花危害指数变化规律

二、气候时段安排

根据两系杂交稻制种不育系育性转换敏感期气候风险和扬花授粉期危害指数两个重要指标，在确保不育系雄性不育保证率高于96.7%（气候风险小于30年一遇），保障制种安全，并将扬花授粉期安排在危害指数最低时段，从而确定两系制种的最适播种期（表6-2）。由表6-2可见，当不育系育性转换临界温度指标为23.0℃或23.5℃时，选择播始历期（播种至始穗期）为80d的不育系时，其最适播种期为5月28日，扬花授粉结束期为8月26日，不育系雄性不育保证率达96.7%，扬花时段危害指数为3.93，可安全高产。

表6-2　辰溪县两个临界温度适宜播种期安排（播始历期80d）

不育系临界温度指标（℃）	播种日期（月/日）	敏感期日期（月/日）	始穗日期（月/日）	扬花终止日期（月/日）	播种至始穗期天数（d）	敏感期至始穗期天数（d）	不育系雄性不育保证率（%）	扬花时段危害指数
23.0	5/28	8/06	8/15	8/26	80	10	96.7	3.93
23.5	5/28	8/06	8/15	8/26	80	10	96.7	3.93

三、具体地段安排

根据育性转换不同的临界温度指标，分析了辰溪县杂交稻制种的气候风险区域（图6-6）。由图6-6可见：

育性转换起点温度指标为22.0℃：高危险制种区主要分布在北部和东南部较高海拔的山区；其他西南中低丘陵盆地为极低风险制种区。

育性转换起点温度指标为22.5℃：高危险制种区仍主要在北部和西南较高海拔的雪峰山山区，西南部等中海拔山区地带为中度风险区，其他低海拔丘陵平原地区大部分地区为极低风险区。

育性转换起点温度指标为23.0℃：极低风险区主要分布在船溪乡西部、板桥乡西部、孝坪镇、辰阳镇、潭湾镇、桥头乡、石马湾乡、安坪镇北部、锦滨乡中部、修溪乡中部、柿溪乡中部、仙人湾乡中部、黄溪口镇中部等地，较低风险区主要分布在船溪乡东部、板桥乡东部、锦滨乡北部和南部、修溪乡北部和南部、柿溪乡北部和南部、安坪镇南部、龙泉岩乡、大水田乡、桥头溪乡、寺前镇、仙人湾乡西部和东部、黄溪口镇西部和东部等地，中度风险区主要分布在田湾镇、伍家湾乡、小龙门乡、后塘乡等地，其他大部分地区为极高风险区。

育性转换起点温度指标为23.5℃：极低风险区主要分布在辰阳镇中部，较低风险区主要分布在船溪乡西部、板桥乡西部、孝坪镇、辰阳镇北部和南部、潭湾镇、桥头乡、石马湾乡、安坪镇北部、桥头溪乡南部、黄溪口镇南部等地，中度风险区主要分布在板桥乡中部、锦滨乡、修溪乡、柿溪乡、安坪镇南部、龙泉岩乡、大水田乡、桥头溪乡北部、寺前镇、仙人湾乡等地，其他大部分地区为较高或极高风险区。

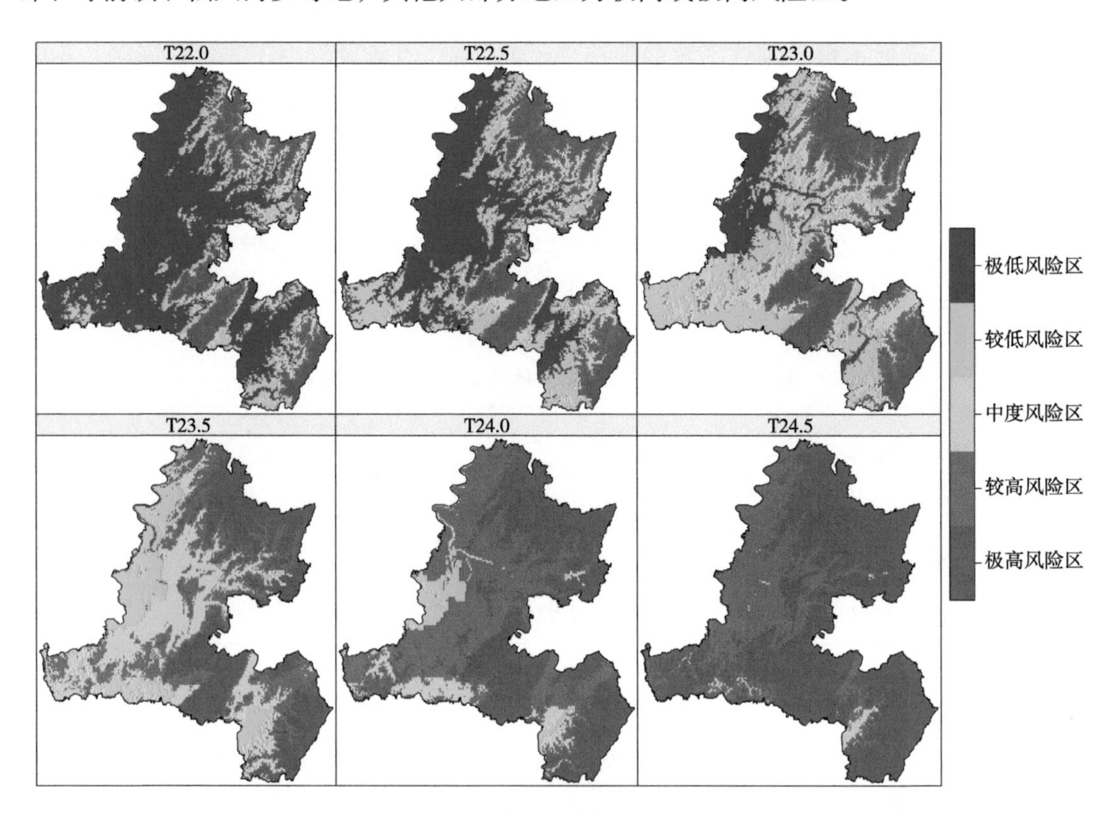

图6-6　辰溪县制种气候风险区划

育性转换起点温度指标为24.0℃：极低风险区没有，较低风险区主要分布在辰阳镇南部、潭湾镇、龙头庵乡中部等地，中度风险区主要分布在辰阳镇北部、锦滨乡中部、大水田乡中部、桥头溪乡南部、龙头庵乡西部和东部等地，其他大部分地区为较高或极高风险区。

育性转换起点温度指标为24.5℃：极低和较低风险区没有，中度风险区主要分布在龙头庵乡中部等地，其他大部分地区为较高或极高风险区。

目前育种专家培育的两用不育系育性转换起点温度大多为22.0～25.0℃，而生产上应用的两用不育系育性转换起点温度大多为23.0～24.0℃。根据大多数两用不育系制种气候风险分析结果，建议制种基地具体地段选择在辰阳镇南部、潭湾镇、龙头庵乡中部等地，母本在5月28日左右播种（播始历期80d）。

第三节　麻阳县制种基地生产安排

一、时空择优气候诊断分析

根据当地气象站历史资料统计分析，分析了麻阳不同不育系育性转换起点温度风险较低时段（图6-7）。由图6-7可见：

育性转换起点温度指标为22.0℃时，不育系育性转换风险最低时段为7月6—28日、7月29日至8月26日，为历史未遇。

育性转换起点温度指标为22.5℃时，不育系育性转换风险最低时段为7月7—28日、7月29日至8月17日，为历史未遇。

育性转换起点温度指标为23.0℃时，不育系育性转换风险最低时段为7月7—28日、7月29日至8月16日，为历史未遇。

育性转换起点温度指标为23.5℃时，不育系育性转换风险最低时段为7月7—27日、7月29日至8月14日，为30年一遇。

育性转换起点温度指标为24.0℃时，不育系育性转换风险最低时段为7月13日至8月5日，为30年一遇。

育性转换起点温度指标为24.5℃时，不育系育性转换风险最低时段为7月21日至8月10日，为15年一遇。

育性转换起点温度指标为25.0℃时，不育系育性转换风险最低时段为7月21日至8月10日，为10年一遇。

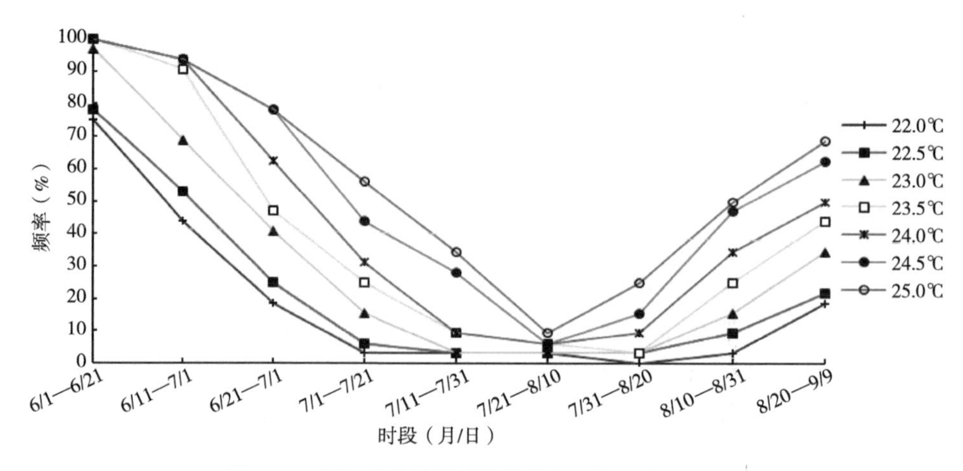

图6-7　麻阳县育性敏感期临界温度几率变化曲线

利用扬花授粉期危害指数公式，计算了麻阳县杂交稻制种扬花授粉期各时段的危害指数（图6-8）。由图6-8可见，6月6日后呈上升趋势，7月16日达到峰值，为9.20；7月16日后呈下降趋势，8月20日降到4.53，之后呈上升趋势，9月24日达到8.37。开展两系法超级杂交稻制种时，建议将扬花授粉时段安排在8月10—30日，将危害指数控制在5.5以下。

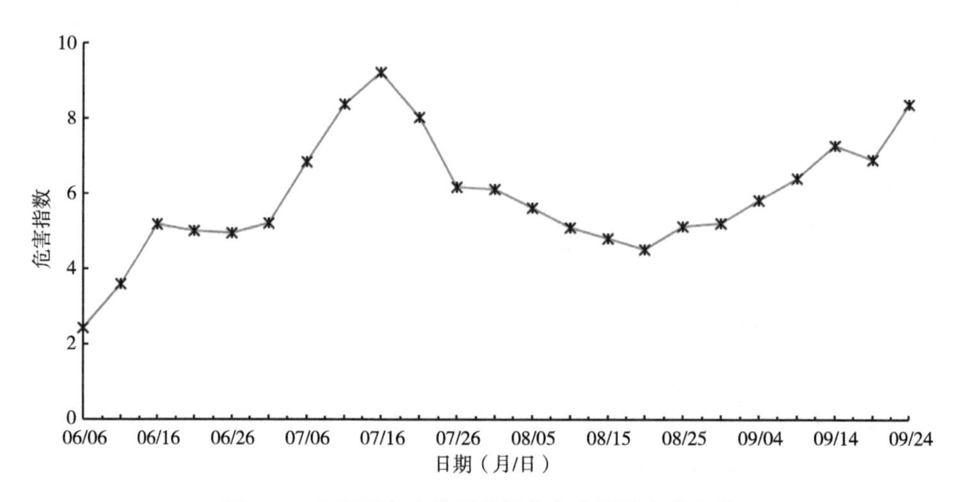

图6-8　麻阳县杂交稻制种扬花危害指数变化规律

二、气候时段安排

根据两系杂交稻制种不育系育性转换敏感期气候风险和扬花授粉期危害指数两个重要指标，在确保不育系雄性不育保证率高于96.7%（气候风险小于30年一遇），保障制种安全，并将扬花授粉期安排在危害指数最低时段，从而确定两系制种的最适播种期（表6-3）。由表6-3可见，当不育系育性转换临界温度指标为23.0℃或23.5℃时，选择播始历期（播种至始穗期）为80d的不育系时，其最适播种期为5月27日，扬花授粉结束期为8月25日，不育系雄性不育保证率在96.7%以上，扬花时段危害指数为4.5，可安全高产。

表6–3 麻阳县两个临界温度适宜播种期安排（播始历期80d）

不育系临界温度指标（℃）	播种日期（月/日）	敏感期日期（月/日）	始穗日期（月/日）	扬花终止日期（月/日）	播种至始穗期天数（d）	敏感期至始穗期天数（d）	不育系雄性不育保证率（%）	扬花时段危害指数
23.0	5/27	8/05	8/14	8/25	80	10	100	4.5
23.5	5/27	8/05	8/14	8/25	80	10	96.7	4.5

三、具体地段安排

根据育性转换不同的临界温度指标，分析了麻阳县杂交稻制种的气候风险区域（图6–9）。由图6–9可见：

育性转换起点温度指标为22.0℃：在麻阳盆地大部分丘陵及河谷平原地区为极低风险制种区；北部及西南部中海拔（300～400m）丘陵地区为较低风险区。在较高风险和高风险制种区主要分布在南部较高海拔的山区。

育性转换起点温度指标为22.5℃：极低风险制种区主要在中部及东北部河谷平原及低海拔丘陵地区；麻阳盆地周边中海拔丘陵山区为较低风险区。较高风险和高风险制种区主要分布在南部较高海拔的山区。

育性转换起点温度指标为23.0℃：在麻阳盆地大部分低丘陵（海拔300m以下）及河谷平原地区为较低风险区；麻阳盆地周边中海拔（300～400m）丘陵山区为较高风险区。较高风险区和高风险制种区主要分布在北、西、南部周边较高海拔的山区。

育性转换起点温度指标为23.5℃：较低风险区主要分布在中部及东北部河谷平原及低海拔丘陵地区；麻阳盆地周边中海拔丘陵山区为较高风险区。高风险制种区主要分布在南部等较高海拔的山区。

育性转换起点温度指标为24.0℃：极低风险区没有，较低风险区主要分布在岩门镇、高村镇、绿溪口乡、兰里镇、黄桑乡、兰村乡中部、隆家堡乡中部、江口圩镇中部等地，中度风险区主要分布在锦和镇中部、长潭乡中部、舒家村乡中部、谭家寨乡北部等地，其他大部分地区为较高或极高风险区。

育性转换起点温度指标为24.5℃：极低、较低和中度风险区没有，全县为较高或极高风险区。

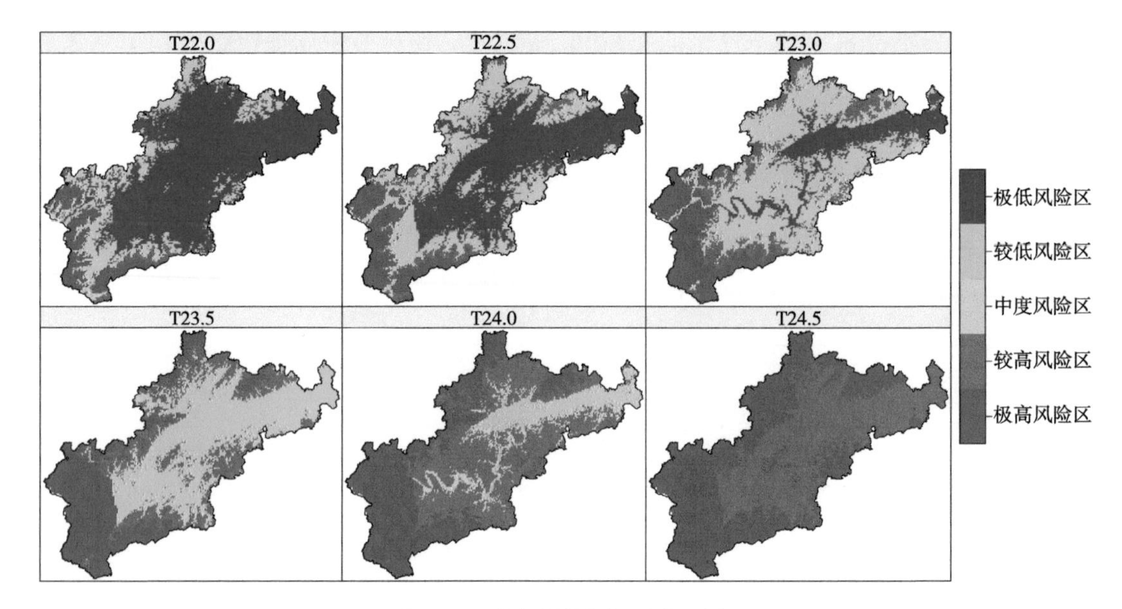

图6-9　麻阳制种气候风险区划

目前育种专家培育的两用不育系育性转换起点温度大多为22.0～25.0℃，而生产上应用的两用不育系育性转换起点温度大多为23.0～24.0℃。根据大多数两用不育系制种气候风险分析结果，建议制种基地具体地段选择在岩门镇、高村镇、绿溪口乡、兰里镇、黄桑乡、兰村乡中部、隆家堡乡中部、江口圩镇中部等地，母本在5月27日左右播种（播始历期80d）。

第四节　溆浦县制种基地生产安排

一、时空择优气候诊断分析

根据当地气象站历史资料统计分析，分析了溆浦县不同不育系育性转换起点温度风险较低时段（图6-10）。由图6-10可见：

育性转换起点温度指标为22.0℃时，不育系育性转换风险最低时段为7月7—28日、7月29日至8月25日，为历史未遇。

育性转换起点温度指标为22.5℃时，不育系育性转换风险最低时段为7月13—27日、7月28日至8月22日，为历史未遇。

育性转换起点温度指标为23.0℃时，不育系育性转换风险最低时段为7月13—27日，为历史未遇，其次是7月29日至8月13日，为30年一遇。

育性转换起点温度指标为23.5℃时，不育系育性转换风险最低时段为7月13日至8月

5日，为30年一遇。

育性转换起点温度指标为24.0℃时，不育系育性转换风险最低时段为7月16日至8月5日，为30年一遇。

育性转换起点温度指标为24.5℃时，不育系育性转换风险最低时段为7月21日至8月10日，为10年一遇。

育性转换起点温度指标为25.0℃时，不育系育性转换风险最低时段为7月21日至8月10日，为10年一遇。

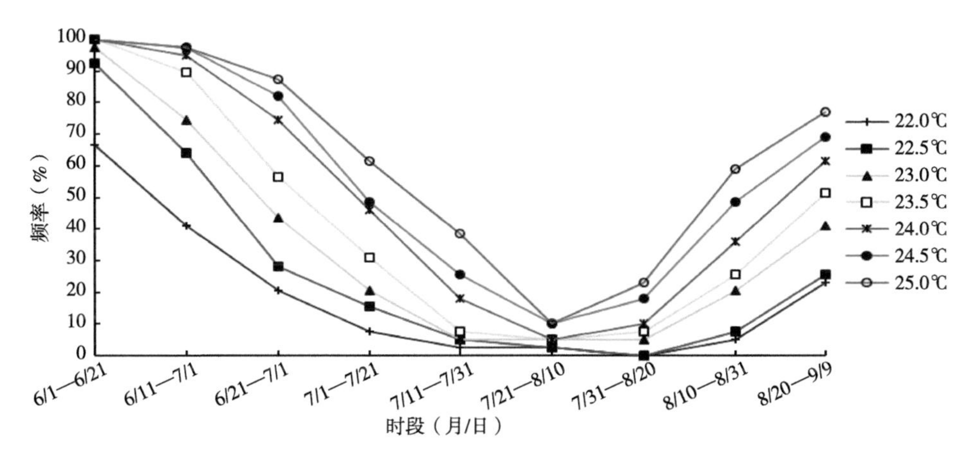

图6-10　溆浦县育性敏感期临界温度几率变化曲线

利用扬花授粉期危害指数公式，计算了溆浦县杂交稻制种扬花授粉期各时段的危害指数（图6-11）。由图6-11可见，6月6日至7月1日，溆浦县杂交稻制种扬花危害指数较小，在4.5以下；7月1日后呈上升趋势，7月16日达峰值，为7.30；7月16日后呈下降趋势，8月15日降到3.33，之后呈上升趋势，9月24日达到8.27。开展两系法超级杂交稻制种时，建议将扬花授粉时段安排在7月26日至8月30日，将危害指数控制在5.0以下。

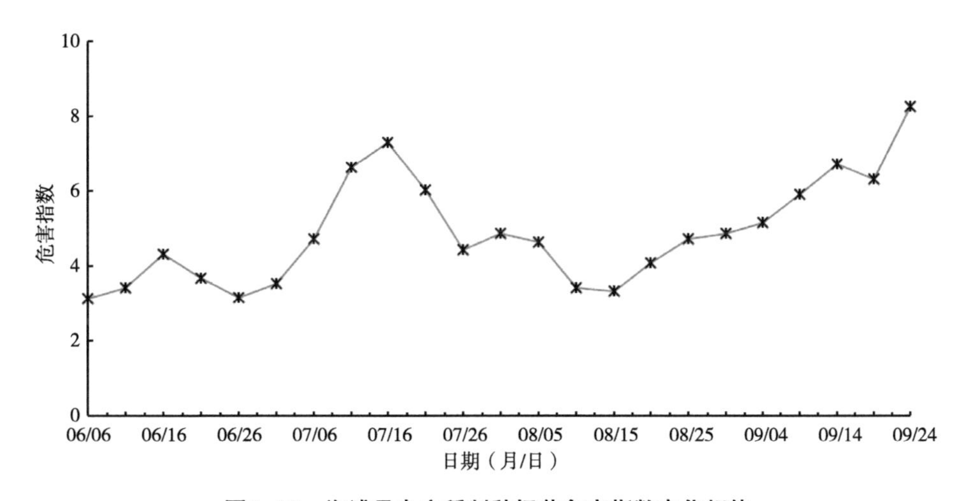

图6-11　溆浦县杂交稻制种扬花危害指数变化规律

二、气候时段安排

根据两系杂交稻制种不育系育性转换敏感期气候风险和扬花授粉期危害指数两个重要指标，在确保不育系雄性不育保证率高于96.7%（气候风险小于30年一遇），保障制种安全，并将扬花授粉期安排在危害指数最低时段，从而确定两系制种的最适播种期（表6-4）。由表6-4可见，当不育系育性转换临界温度指标为23.0℃或23.5℃时，选择播始历期（播种至始穗期）为80d的不育系时，其最适播种期为5月21日，扬花授粉结束期为8月19日，不育系雄性不育保证率达96.7%，扬花时段危害指数为3.1，可安全高产。

表6-4　溆浦县两个临界温度适宜播种期安排（播始历期80d）

不育系临界温度指标（℃）	播种日期（月/日）	敏感期日期|（月/日）	始穗日期（月/日）	扬花终止日期（月/日）	播种至始穗期天数（d）	敏感期至始穗期天数（d）	不育系雄性不育保证率（%）	扬花时段危害指数
23.0	5/21	7/30	8/08	8/19	80	10	96.7	3.1
23.5	5/21	7/30	8/08	8/19	80	10	96.7	3.1

三、具体地段安排

根据育性转换不同的临界温度指标，分析了溆浦县杂交稻制种的气候风险区域（图6-12）。由图6-12可见：

育性转换起点温度指标为22.0℃：低丘陵及河谷平原地区为极低风险制种区，主要包括水隘、潭家湾、低庄、花桥、观音阁、武家仁、桥江、车头、场坪、水东、江口等乡镇。河谷平原和盆地周边的中海拔（300～500m）丘陵地区为中度风险区。西北部和南部等较高海拔（>500m）的山区主要为较高风险或极高风险制种区。

育性转换起点温度指标为22.5℃：极低风险制种区主要集中在花桥、观音阁、武家仁、桥江、车头、场坪、水东等河谷平原地带；其他丘陵地带为较低风险区。较高风险和高风险制种区主要分布的海拔高度进一步降低，在400m或以上较高海拔的山区。

育性转换起点温度指标为23.0℃：河谷平原和中低地势的丘陵地区为较低风险区。较高海拔的山区为中度风险区或高风险区。

育性转换起点温度指标为23.5℃：极低风险区没有，较低风险区主要分布在谭家湾镇、低庄镇、双井镇、观音阁镇、桥江镇、卢峰镇、仲夏乡、江口镇中部等地，中度风险区主要分布在让家溪乡、水隘乡、水田庄乡、油洋乡、新田乡、伏水湾乡等地，其他大部分地区为较高或极高风险区。

育性转换起点温度指标为24.0℃：极低风险区没有，较低风险区主要分布在观音阁镇南部、桥江镇中部、卢峰镇、仲夏乡北部、江口镇中部等地，中度风险区主要分布在谭家湾镇、低庄镇、双井镇、桐木溪乡中部等地，其他大部分地区为较高或极高风险区。

育性转换起点温度指标为24.5℃：极低和较低风险区没有，中度风险区主要分布在观音阁镇南部、桥江镇中部、卢峰镇、仲夏乡北部、江口镇中部等地，其他大部分地区为较高或极高风险区。

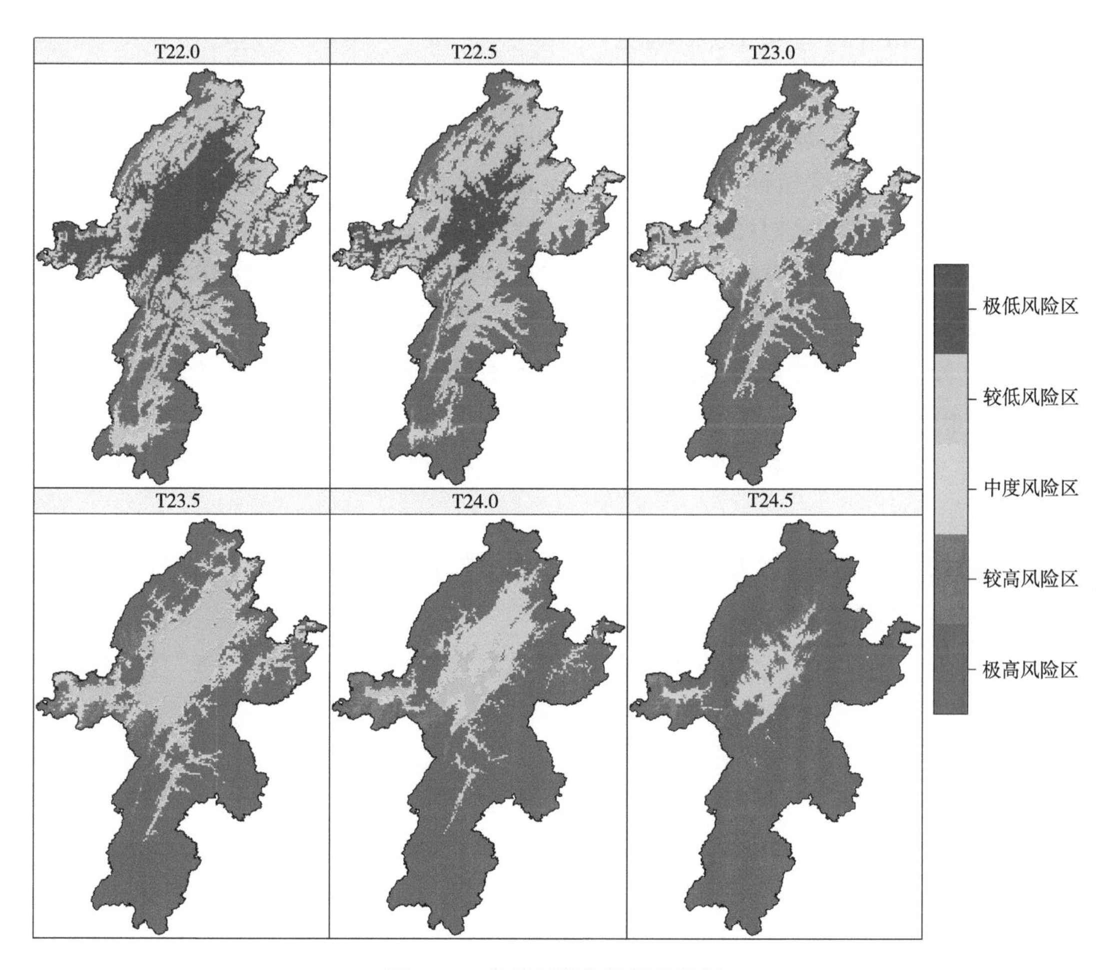

图6–12　溆浦制种气候风险区划

目前育种专家培育的两用不育系育性转换起点温度大多为22.0～25.0℃，而生产上应用的两用不育系育性转换起点温度大多23.0～24.0℃。根据大多数两用不育系制种气候风险分析结果，建议制种基地具体地段选择在谭家湾镇、低庄镇、双井镇、观音阁镇、桥江镇、卢峰镇、仲夏乡、江口镇中部等地，母本在5月21日左右播种（播始历期80d）。

第五节　新晃县制种基地生产安排

一、时空择优气候诊断分析

根据当地气象站历史资料统计分析，分析了新晃县不同不育系育性转换起点温度风险较低时段（图6-13）。由图6-13可见：

育性转换起点温度指标为22.0℃时，不育系育性转换风险最低时段为7月7—28日，为历史未遇，其次是7月28日至8月14日，为30年一遇。

育性转换起点温度指标为22.5℃时，不育系育性转换风险最低时段为7月13—28日，为历史未遇，其次是7月29日至8月14日，为30年一遇。

育性转换起点温度指标为23.0℃时，不育系育性转换风险最低时段为7月13—27日，为历史未遇，其次是7月29日至8月13日，为30年一遇。

育性转换起点温度指标为23.5℃时，不育系育性转换风险最低时段为7月14日至8月5日，为30年一遇。

育性转换起点温度指标为24.0℃时，不育系育性转换风险最低时段为7月20日至8月5日，为30年一遇。

育性转换起点温度指标为24.5℃时，不育系育性转换风险最低时段为7月21日至8月10日，为5年一遇。

育性转换起点温度指标为25.0℃时，不育系育性转换风险最低时段为7月21日至8月10日，为5年二遇。

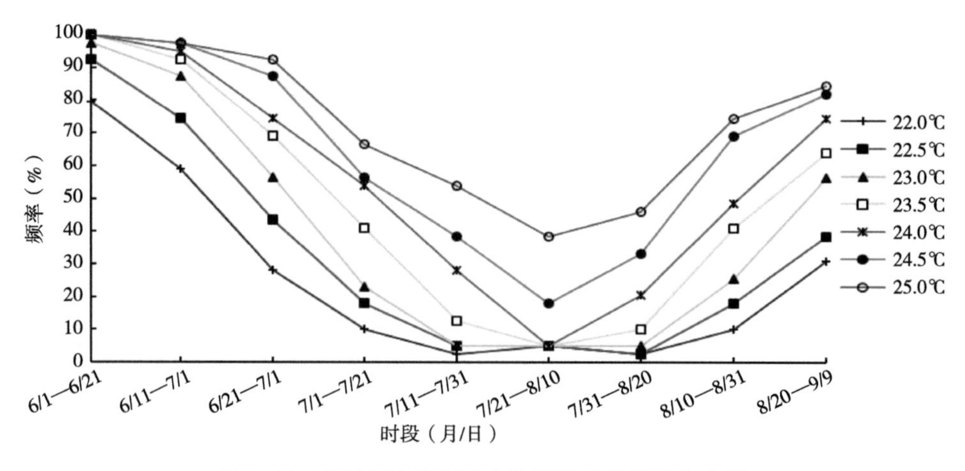

图6-13　新晃县育性敏感期临界温度几率变化曲线

利用扬花授粉期危害指数公式，计算了新晃县杂交稻制种扬花授粉期各时段的危害指数（图6-14）。由图6-14可见，6月6日后呈上升趋势，6月16日达峰值，为4.83；6月

16日后呈下降趋势，7月1日降到2.97，之后又缓慢上升，7月16日达到4.23；之后呈下降趋势，7月31日降到1.57，之后呈上升趋势，9月24日达到8.83。开展两系法超级杂交稻制种时，建议将扬花授粉时段安排在7月26日至8月25日，将危害指数控制在2.5以下。

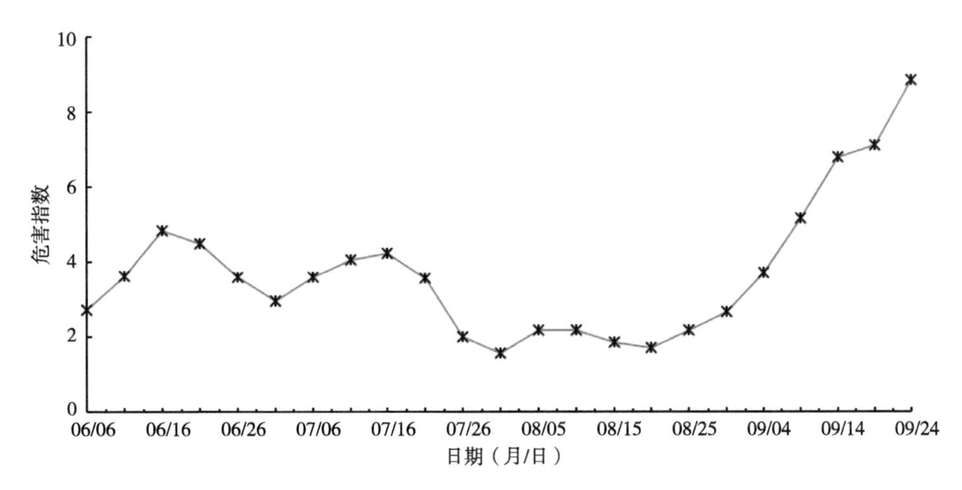

图6-14　新晃县杂交稻制种扬花危害指数变化规律

二、气候时段安排

根据两系杂交稻制种不育系育性转换敏感期气候风险和扬花授粉期危害指数两个重要指标，在确保不育系雄性不育保证率高于96.7%（气候风险小于30年一遇），保障制种安全，并将扬花授粉期安排在危害指数最低时段，从而确定两系制种的最适播种期（表6-5）。由表6-5可见，当不育系育性转换临界温度指标为23.0℃或23.5℃时，选择播始历期（播种至始穗期）为80d的不育系时，其最适播种期为5月10日，扬花授粉结束期为8月8日，不育系雄性不育保证率达100%，扬花时段危害指数为1.47，可安全高产。

表6-5　新晃县两个临界温度适宜播种期安排（播始历期80d）

不育系临界温度指标（℃）	播种日期（月/日）	敏感期日期（月/日）	始穗日期（月/日）	扬花终止日期（月/日）	播种至始穗期天数（d）	敏感期至始穗期天数（d）	不育系雄性不育保证率（%）	扬花时段危害指数
23.0	5/10	7/19	7/28	8/08	80	10	100	1.47
23.5	5/10	7/19	7/28	8/08	80	10	100	1.47

三、具体地段安排

根据育性转换不同的临界温度指标，分析了新晃县杂交稻制种的气候风险区域（图6-15）。由图6-15可见：

育性转换起点温度指标为22.0℃：仅在波洲镇河谷沿岸小块地方为极低风险制种区，其他中低海拔丘陵山区地带为较低风险区；较高海拔（>700m）山区为较高风险或高风险制种区。

育性转换起点温度指标为22.5℃：几乎没有极低风险制种区；较低风险区主要集海拔500m以下的山区。较高风险区和高风险制种区主要分布在500m以上较高海拔的山区。

育性转换起点温度指标为23.0℃：较低风险区仅分布在海拔400m以下河谷盆地，主要包括波洲、枣子园、小黄坪、牌坊边、鱼市、洞坪、禾滩等乡镇。较高海拔的山区为较高风险或极高风险制种区。

育性转换起点温度指标为23.5℃：极低风险区没有，较低风险区主要分布在波洲镇中部、兴隆镇中部、洞坪乡中部、禾滩乡中部、李树乡中部、米坝乡中部等地，中度风险区主要分布在扶罗镇中部、中寨镇中部等地，其他大部分地区为极高风险区。

育性转换起点温度指标为24.0℃：极低风险区没有，较低风险区主要分布在波洲镇中部、兴隆镇中部、洞坪乡中部等地，中度风险区主要分布在禾滩乡中部、李树乡中部、米坝乡中部等地，其他大部分地区为极高风险区。

育性转换起点温度指标为24.5℃：极低、较低和中度风险区没有，较高风险区主要分布在波洲镇中部、兴隆镇中部、洞坪乡中部等地，其他大部分地区为极高风险区。

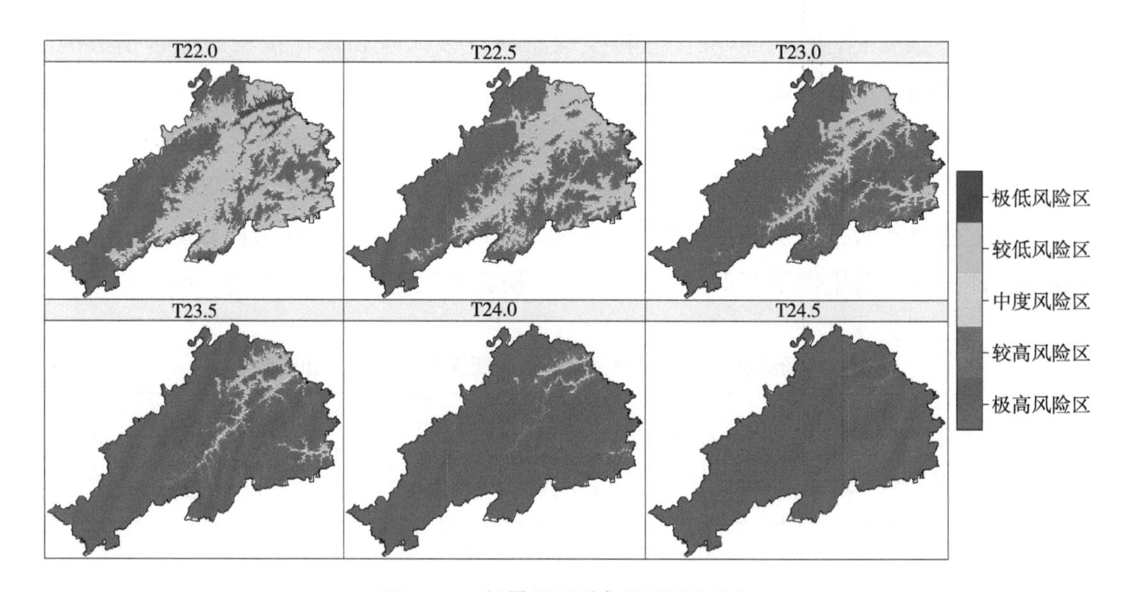

图6-15　新晃县制种气候风险区划

目前育种专家培育的两用不育系育性转换起点温度大多为22.0～25.0℃，而生产上应用的两用不育系育性转换起点温度大多为23.0～24.0℃。根据大多数两用不育系制种气候风险分析结果，建议制种基地具体地段选择在波洲镇中部、兴隆镇中部、洞坪乡中部、禾滩乡中部、李树乡中部、米坝乡中部等地，母本在5月10日左右播种（播始历期80d）。

第六节　芷江县制种基地生产安排

一、时空择优气候诊断分析

根据当地气象站历史资料统计分析，分析了芷江县不同不育系育性转换起点温度风险较低时段（图6-16）。由图6-16可见：

育性转换起点温度指标为22.0℃时，不育系育性转换风险最低时段为7月7—28日、7月29日至8月15日，为历史未遇。

育性转换起点温度指标为22.5℃时，不育系育性转换风险最低时段为7月7—28日、7月29日至8月14日，为历史未遇。

育性转换起点温度指标为23.0℃时，不育系育性转换风险最低时段为7月7—27日、7月29日至8月13日，为30年一遇。

育性转换起点温度指标为23.5℃时，不育系育性转换风险最低时段为7月16日至8月5日，为30年一遇。

育性转换起点温度指标为24.0℃时，不育系育性转换风险最低时段为7月16日至8月5日，为30年一遇。

育性转换起点温度指标为24.5℃时，不育系育性转换风险最低时段为7月21日至8月10日，为10年一遇。

育性转换起点温度指标为25.0℃时，不育系育性转换风险最低时段为7月21日至8月10日，为4年一遇。

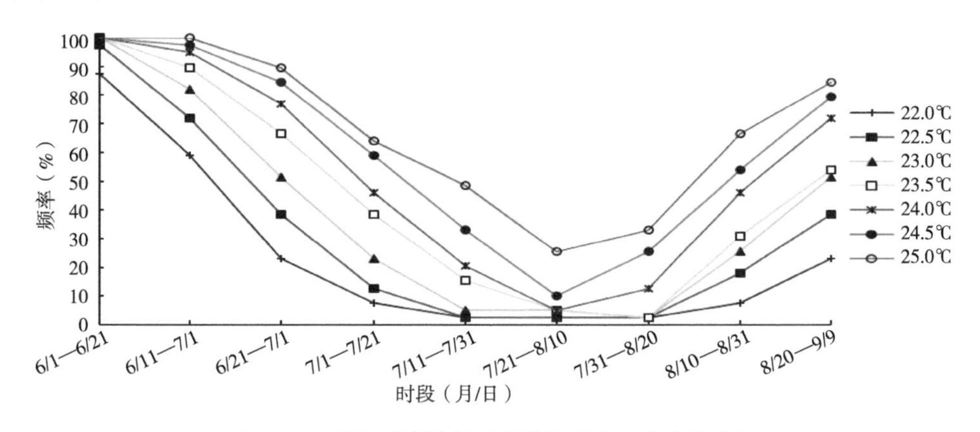

图6-16　芷江县育性敏感期临界温度几率变化曲线

利用扬花授粉期危害指数公式，计算了芷江县杂交稻制种扬花授粉期各时段的危害指数（图6-17）。由图6-17可见，6月6日至8月30日，芷江县杂交稻制种扬花危害指数较小，在4.0以下，其中7月26日最小，为0.97，8月30日后呈上升趋势，9月24日达到

8.93。开展两系法超级杂交稻制种时，建议将扬花授粉时段安排在7月16日至8月25日，将危害指数控制在3.0以下。

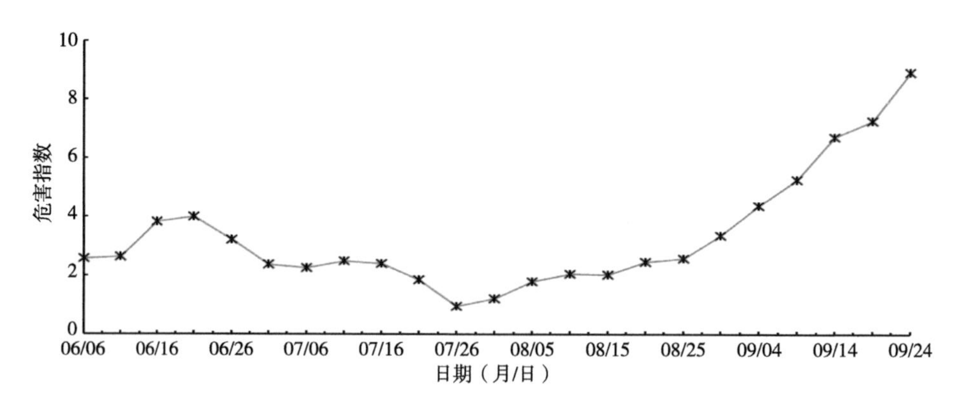

图6-17　芷江县杂交稻制种扬花危害指数变化规律

二、气候时段安排

根据两系杂交稻制种不育系育性转换敏感期气候风险和扬花授粉期危害指数两个重要指标，在确保不育系雄性不育保证率高于96.7%（气候风险小于30年一遇），保障制种安全，并将扬花授粉期安排在危害指数最低时段，从而确定两系制种的最适播种期（表6-6）。由表6-6可见，当不育系育性转换临界温度指标为23.0℃时，选择播始历期（播种至始穗期）为80d的不育系时，其最适播种期为5月6日，扬花授粉结束期为8月4日，不育系雄性不育保证率达100%，扬花时段危害指数为1.13，可安全高产；当不育系育性转换临界温度指标为23.5℃时，其最适播种期为5月9日，扬花授粉结束期为8月7日，不育系雄性不育保证率达100%，扬花时段危害指数为1.27，可安全高产。

表6-6　芷江县两个临界温度适宜播种期安排（播始历期80d）

不育系临界温度指标（℃）	播种日期（月/日）	敏感期日期（月/日）	始穗日期（月/日）	扬花终止日期（月/日）	播种至始穗期天数（d）	敏感期至始穗期天数（d）	不育系雄性不育保证率（%）	扬花时段危害指数
23.0	5/06	7/18	7/24	8/04	80	10	100	1.13
23.5	5/09	7/21	7/27	8/07	80	10	100	1.27

三、具体地段安排

根据育性转换不同的临界温度指标，分析了芷江县杂交稻制种的气候风险区域（图6-18）。由图6-18可见：

育性转换起点温度指标为22.0℃：中东部低丘陵平原地带为极低风险制种区，主要包括公坪、罗旧镇、塘家桥、岩桥、阳田坳、晓平、楠木坪、新店坪等乡镇。其他中低海拔丘陵山区地带为较低风险区；西北、西南部较高海拔（500～600m或以上）山区为较高风险或高风险制种区。

育性转换起点温度指标为22.5℃：中度风险区主要集中分布在中东部在海拔500m以下的山区。中度风险区和高风险制种区主要分布在500m以上较高海拔的山区。

育性转换起点温度指标为23.0℃：较低风险区仅分布在东部海拔400m以下河谷盆地的乡镇。西部较高海拔的山区为有风险、较高风险、或高风险制种区。

育性转换起点温度指标为23.5℃：极低风险区没有，较低风险区主要分布在公坪镇中部、罗旧镇中部、岩桥乡中部、麻缨塘乡中部、竹坪铺乡中部、上坪乡中部、新店坪镇中部、梨溪口乡中部、碧涌镇中部、禾梨坳乡东部、冷水溪乡东部等地，中度风险区主要分布在公坪镇北部和南部、罗旧镇北部和南部、岩桥乡北部和南部、麻缨塘乡北部和南部、竹坪铺乡北部和南部、土桥乡中部、晓坪乡、楠木坪乡北部、梨溪口乡东部、禾梨坳乡中部、冷水溪乡中部等地，其他大部分地区为较高或极高风险区。

育性转换起点温度指标为24.0℃：极低风险区没有，较低风险区主要分布在上坪乡中部、新店坪镇中部碧涌镇中部等地，中度风险区主要分布在公坪镇中部、罗旧镇中部、岩桥乡中部、麻缨塘乡中部、竹坪铺乡中部、禾梨坳乡东部、冷水溪乡东部等地，其他大部分地区为较高或极高风险区。

育性转换起点温度指标为24.5℃：极低、较低和中度风险区没有，全县为较高或极高风险区。

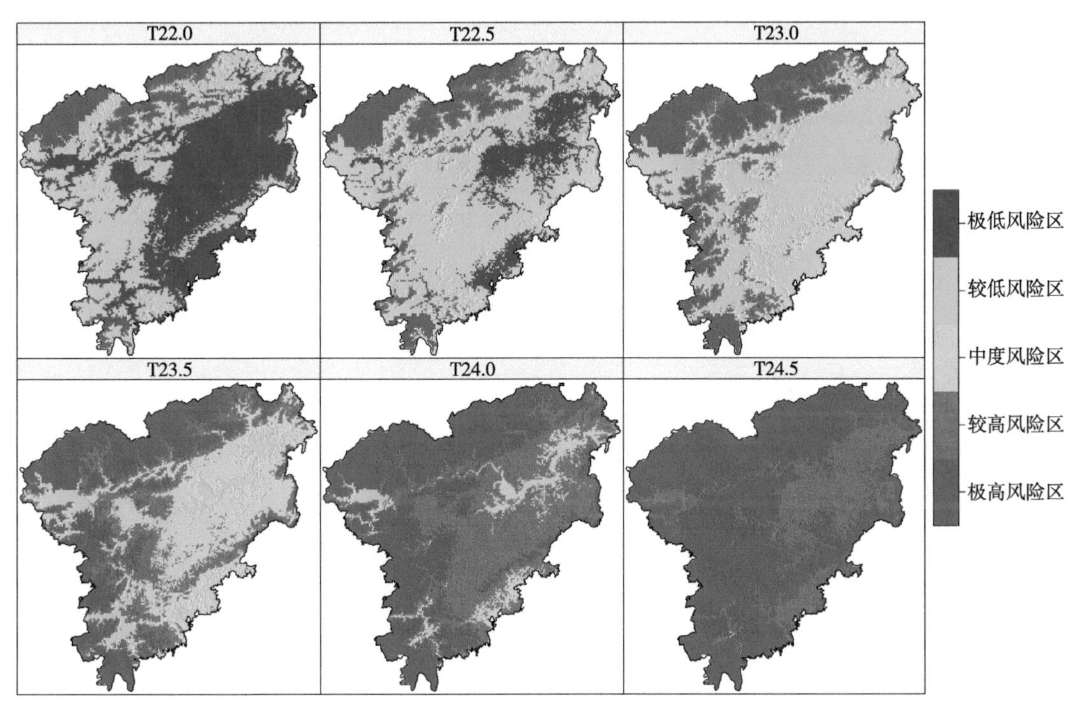

图6-18　芷江县制种气候风险区划

目前育种专家培育的两用不育系育性转换起点温度大多为22.0～25.0℃，而生产上应用的两用不育系育性转换起点温度大多为23.0～24.0℃。根据大多数两用不育系制种气候风险分析结果，建议制种基地具体地段选择在公坪镇中部、罗旧镇中部、岩桥乡中部、麻缨塘乡中部、竹坪铺乡中部、上坪乡中部、新店坪镇中部、梨溪口乡中部、碧涌镇中部、禾梨坳乡东部、冷水溪乡东部等地，母本在5月9日左右播种（播始历期80d）。

第七节　洪江市制种基地生产安排

一、时空择优气候诊断分析

根据当地气象站历史资料统计分析，分析了洪江市不同不育系育性转换起点温度风险较低时段（图6-19）。由图6-19可见：

育性转换起点温度指标为22.0℃时，不育系育性转换风险最低时段为7月6—28日、7月29日至8月23日，为历史未遇。

育性转换起点温度指标为22.5℃时，不育系育性转换风险最低时段为7月7—28日、7月29日至8月15日，为历史未遇。

育性转换起点温度指标为23.0℃时，不育系育性转换风险最低时段为7月7—27日，为历史未遇，其次是7月29日至8月14日，为30年一遇。

育性转换起点温度指标为23.5℃时，不育系育性转换风险最低时段为7月31日至8月20日，为30年一遇。

育性转换起点温度指标为24.0℃时，不育系育性转换风险最低时段为7月21日至8月20日，为20年一遇。

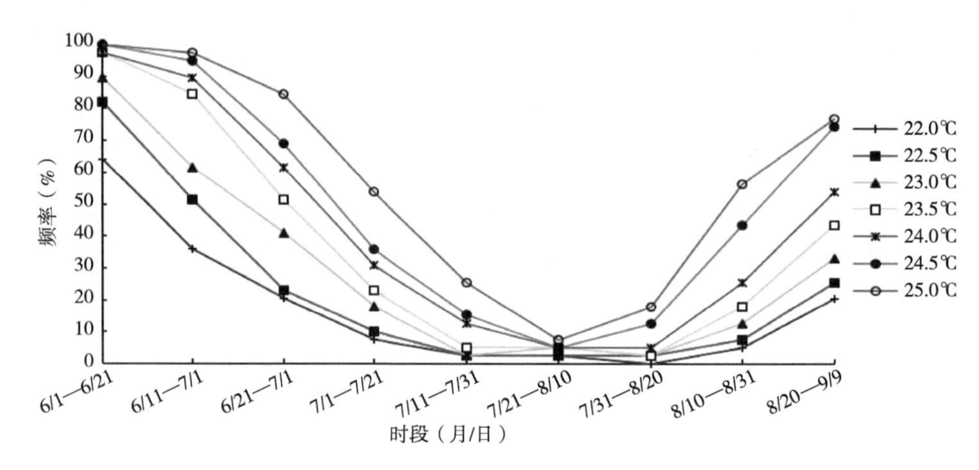

图6-19　洪江市育性敏感期临界温度几率变化曲线

育性转换起点温度指标为24.5℃时，不育系育性转换风险最低时段为7月21日至8月10日，为20年一遇。

育性转换起点温度指标为25.0℃时，不育系育性转换风险最低时段为7月21日至8月10日，为10年一遇。

利用扬花授粉期危害指数公式，计算了洪江市杂交稻制种扬花授粉期各时段的危害指数（图6-20）。由图6-20可见，6月6日至7月1日，洪江市杂交稻制种扬花危害指数较小，在3.0以下；7月1日后呈上升趋势，7月16日达峰值，为4.27；7月16日后呈下降趋势，8月15日达到最小，为1.37，之后呈上升趋势，9月24日达到6.90。开展两系法超级杂交稻制种时，建议将扬花授粉时段安排在7月26日至8月25日，将危害指数控制在2.0以下。

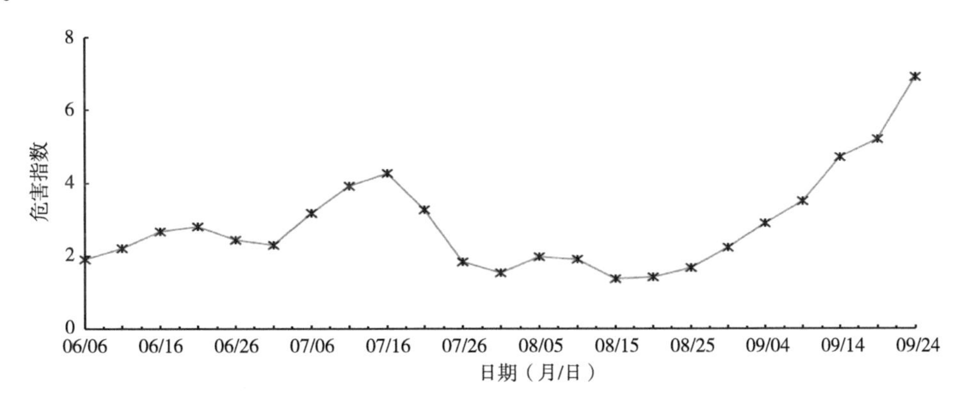

图6-20　洪江市杂交稻制种扬花危害指数变化规律

二、气候时段安排

根据两系杂交稻制种不育系育性转换敏感期气候风险和扬花授粉期危害指数两个重要指标，在确保不育系雄性不育保证率高于96.7%（气候风险小于30年一遇），保障制种安全，并将扬花授粉期安排在危害指数最低时段，从而确定两系制种的最适播种期（表6-7）。由表6-7可见，当不育系育性转换临界温度指标为23.0℃或23.5℃时，选择播始历期（播种至始穗期）为80d的不育系时，其最适播种期为5月6日，扬花授粉结束期为8月4日，不育系雄性不育保证率达100%，扬花时段危害指数为1.4，可安全高产。

表6-7　洪江市两个临界温度适宜播种期安排（播始历期80d）

不育系临界温度指标（℃）	播种日期（月/日）	敏感期日期（月/日）	始穗日期（月/日）	扬花终止日期（月/日）	播种至始穗期天数（d）	敏感期至始穗期天数（d）	不育系雄性不育保证率（%）	扬花时段危害指数
23.0	5/06	7/15	7/24	8/04	80	10	100	1.4
23.5	5/06	7/15	7/24	8/04	80	10	100	1.4

三、具体地段安排

根据育性转换不同的临界温度指标，分析了洪江市杂交稻制种的气候风险区域（图6-21）。由图6-21可见：

育性转换起点温度指标为22.0℃：沅水沿岸低丘陵地带为极低风险制种区，主要包括红岩、双溪镇、黔城镇、沙湾、太平、小龙田、硖洲、茅渡河等乡镇。西部地势较高雪峰山区为高风险制种区。其他中低丘陵盆地为较低风险区。

育性转换起点温度指标为22.5℃：除西部地势较高（500～600m或以上）雪峰山区为高风险制种区，其他中低海拔丘陵平原地区大部分均为较低风险区。

育性转换起点温度指标为23.0℃：较安全制种仅分布在较中低海拔丘陵地带，其他中高海拔（400m或以上）丘陵地带及山区为较高风险或高风险制种区。

育性转换起点温度指标为23.5℃：较低风险区的范围更小，仅分布在低海拔（300m或以下）丘陵和平原地带；其他均为较高风险或极高风险制种区。

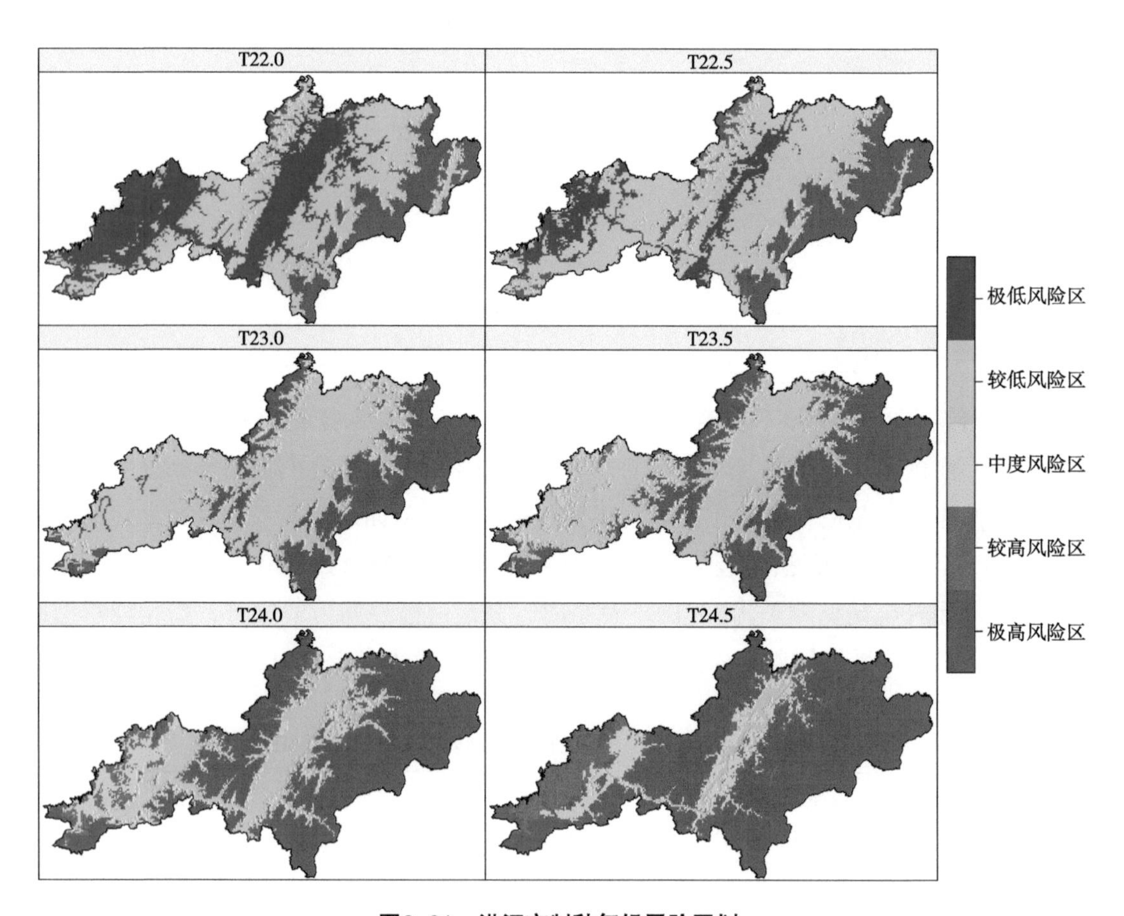

图6-21　洪江市制种气候风险区划

育性转换起点温度指标为24.0℃：较低风险区仅分布在中部沅水沿岸的沙湾、太平、小龙田、硖洲、茅渡河等乡镇；其他均为较高风险或极高风险制种区（图略）。

育性转换起点温度指标为24.5℃：极低风险区没有，较低风险区主要分布在茅渡乡中部、岔头乡中部、安江镇中部、龙田乡中部、太平乡中部、沙湾乡中部、桂花园乡中部、横岩乡中部等地，中度风险区主要分布在茅渡乡西部和东部、岔头乡西部和东部、安江镇西部和东部、龙田乡西部和东部、太平乡西部和东部、沙湾乡西部和东部、桂花园乡西部和东部、双溪镇、江市镇东部等地，其他大部分地区为极高风险区。

目前育种专家培育的两用不育系育性转换起点温度大多为22.0～25.0℃，而生产上应用的两用不育系育性转换起点温度大多为23.0～24.0℃。根据大多数两用不育系制种气候风险分析结果，建议制种基地具体地段选择在沙湾、太平、小龙田、硖洲、茅渡河等乡镇，母本在5月6日左右播种（播始历期80d）。

第八节　会同县制种基地生产安排

一、时空择优气候诊断分析

根据当地气象站历史资料统计分析，分析了不同不育系育性转换起点温度风险较低时段（图6-22）。由图6-22可见：

育性转换起点温度指标为22.0℃时，不育系育性转换风险最低时段为7月7—28日、7月29日至8月14日，为历史未遇。

育性转换起点温度指标为22.5℃时，不育系育性转换风险最低时段为7月7—28日，为历史未遇，其次是7月29日至8月14日，为30年一遇。

育性转换起点温度指标为23.0℃时，不育系育性转换风险最低时段为7月11—27日，为历史未遇，其次是7月29日至8月13日，为30年一遇。

育性转换起点温度指标为23.5℃时，不育系育性转换风险最低时段为7月21日至8月10日，为20年一遇。

育性转换起点温度指标为24.0℃时，不育系育性转换风险最低时段为7月21日至8月20日，为10年一遇。

育性转换起点温度指标为24.5℃时，不育系育性转换风险最低时段为7月21日至8月20日，为5年一遇。

育性转换起点温度指标为25.0℃时，不育系育性转换风险最低时段为7月21日至8月10日，为4年一遇。

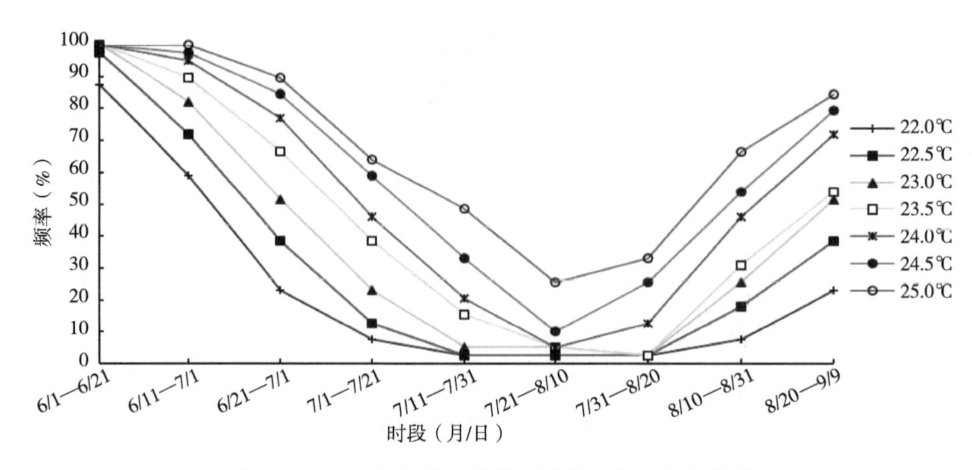

图6-22　会同县育性敏感期临界温度几率变化曲线

利用扬花授粉期危害指数公式，计算了会同县杂交稻制种扬花授粉期各时段的危害指数（图6-23）。由图6-23可见，6月6日至9月4日，会同县杂交稻制种扬花危害指数较小，在3.0以下，其中7月30日最小，为1.07，9月4日后呈呈上升趋势，9月24日达到7.40。开展两系法超级杂交稻制种时，建议将扬花授粉时段安排在7月21日至8月30日，将危害指数控制在2.0以下。

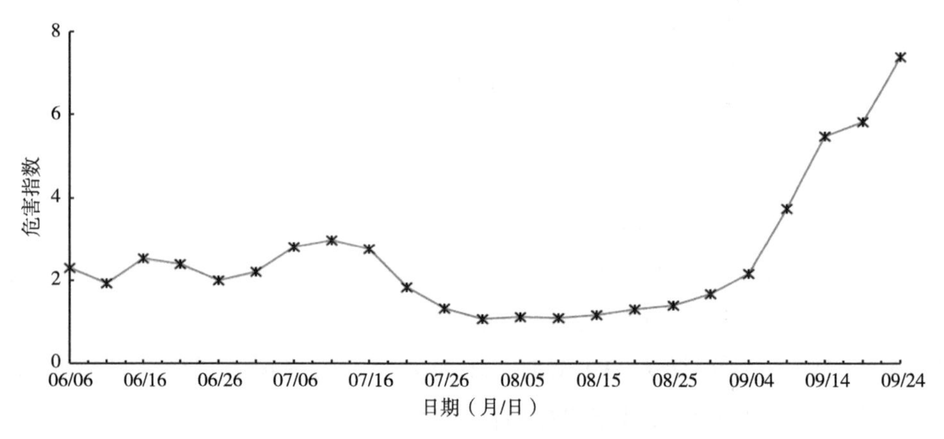

图6-23　会同县杂交稻制种扬花危害指数变化规律

二、气候时段安排

根据两系杂交稻制种不育系育性转换敏感期气候风险和扬花授粉期危害指数两个重要指标，在确保不育系雄性不育保证率高于96.7%（气候风险小于30年一遇），保障制种安全，并将扬花授粉期安排在危害指数最低时段，从而确定两系制种的最适播种期（表6-8）。由表6-8可见，当不育系育性转换临界温度指标为23.0℃或23.5℃时，选择播始历期（播种至始穗期）为80d的不育系时，其最适播种期为5月11日，扬花授粉结束期为8月9日，不育系雄性不育保证率达100%，扬花时段危害指数为0.97，可安全高产。

表6-8　会同县两个临界温度适宜播种期安排（播始历期80d）

不育系临界温度指标（℃）	播种日期（月/日）	敏感期日期（月/日）	始穗日期（月/日）	扬花终止日期（月/日）	播种至始穗期天数（d）	敏感期至始穗期天数（d）	不育系雄性不育保证率（%）	扬花时段危害指数
23.0	5/11	7/20	7/29	8/09	80	10	100	0.97
23.5	5/11	7/20	7/29	8/09	80	10	100	0.97

三、具体地段安排

根据育性转换不同的临界温度指标，分析了会同县杂交稻制种的气候风险区域（图6-24）。由图6-24可见：

育性转换起点温度指标为22.0℃：东部及西南部的河谷平原和低丘陵地带为极低风险制种区，主要东部的若水、高椅、团河、长寨溪及西部的马鞍、溪口、广坪、连山等乡镇。其他大部分中低海拔丘陵山区地带为较低风险区；中部较高海拔（500～600m或以上）山区为中度风险区或高风险制种区。

育性转换起点温度指标为22.5℃：极低风险制种区集中在河流两岸平原地区，其他中低海拔丘陵地带为较低风险区。中度风险区和高风险制种区主要分布在海拔400～500m或以上山区。

育性转换起点温度指标为23.0℃：极低风险制种区仅东北部若水镇部分河谷两岸。较低风险区分布在海拔400m以下河谷盆地的乡镇。较高海拔的山区为较高风险或极高风险制种区。

育性转换起点温度指标为23.5℃：极低风险区没有，较低风险区主要分布在马鞍镇中部、堡子镇南部、坪村镇、林城镇、坪镇中部、岩头乡、连山乡、肖家乡中部、若水镇中部、团河镇中部、沙溪乡中部、高椅乡中部、长寨乡东部、王家坪乡中部等地，中度风险区主要分布在马鞍镇西部和东部、沙溪乡西部和东部等地，其他大部分地区为极高风险区。

育性转换起点温度指标为24.0℃：极低风险区没有，较低风险区主要分布在马鞍镇中部、肖家乡中部、若水镇中部、团河镇中部、高椅乡中部、长寨乡中部、王家坪乡中部等地，中度风险区主要分布在马鞍镇西部和东部、林城镇中部、岩头乡中部、连山乡中部、坪镇中部、沙溪乡中部等地，其他大部分地区为极高风险区。

育性转换起点温度指标为24.5℃：极低风险区没有，较低风险区主要分布在若水镇北部等地，中度风险区主要分布在若水镇南部、团河镇中部、高椅乡中部等地，其他大部分地区为极高风险区。

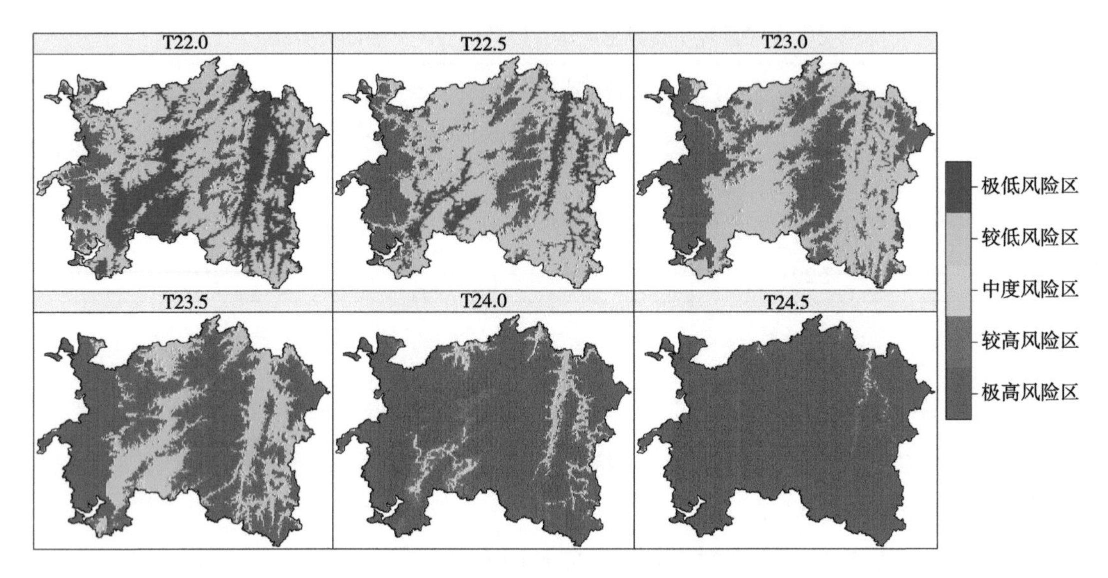

图6-24 会同县制种气候风险区划

目前育种专家培育的两用不育系育性转换起点温度大多为22.0～25.0℃，而生产上应用的两用不育系育性转换起点温度大多为23.0～24.0℃。根据大多数两用不育系制种气候风险分析结果，建议制种基地具体地段选择在马鞍镇中部、肖家乡中部、若水镇中部、团河镇中部、高椅乡中部、长寨乡中部、王家坪乡中部等地，母本在5月11日左右播种（播始历期80d）。

第九节 靖县制种基地生产安排

一、时空择优气候诊断分析

根据当地气象站历史资料统计分析，分析了靖县不同不育系育性转换起点温度风险较低时段（图6-25）。由图6-25可见：

育性转换起点温度指标为22.0℃时，不育系育性转换风险最低时段为7月7—28日、7月29日至8月14日，为历史未遇。

育性转换起点温度指标为22.5℃时，不育系育性转换风险最低时段为7月7—27日，为历史未遇，其次是7月29日至8月13日，为30年一遇。

育性转换起点温度指标为23.0℃时，不育系育性转换风险最低时段为7月8日至7月27日，为历史未遇。

育性转换起点温度指标为23.5℃时，不育系育性转换风险最低时段为7月13日至8月5日，为30年一遇。

育性转换起点温度指标为24.0℃时，不育系育性转换风险最低时段为7月21日至8月10日，为10年一遇。

育性转换起点温度指标为24.5℃时，不育系育性转换风险最低时段为7月21日至8月10日，为5年一遇。

育性转换起点温度指标为25.0℃时，不育系育性转换风险最低时段为7月21日至8月10日，为5年二遇。

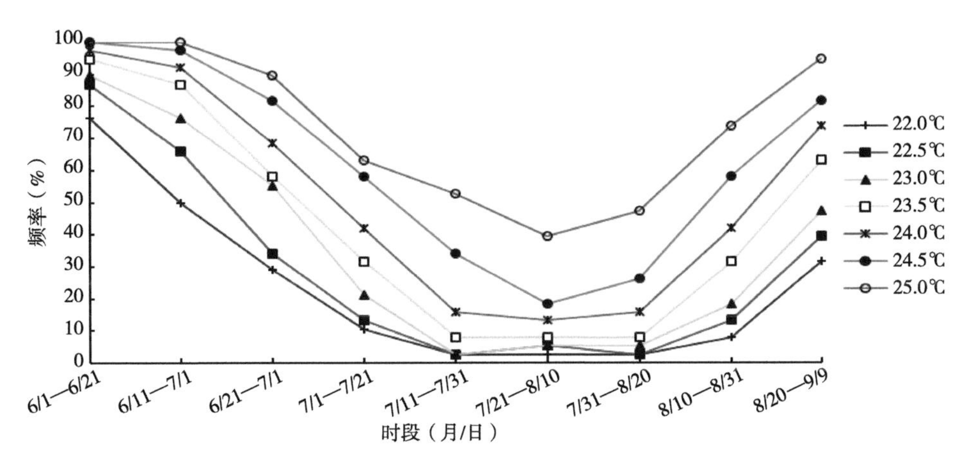

图6-25　靖县育性敏感期临界温度几率变化曲线

利用扬花授粉期危害指数公式，计算了靖县杂交稻制种扬花授粉期各时段的危害指数（图6-26）。由图6-26可见，6月6日至9月4日，靖县杂交稻制种扬花危害指数较小，在3.5以下，其中8月15日最小，为1.38，9月4日后呈上升趋势，9月24日达到7.38。开展两系法超级杂交稻制种时，建议将扬花授粉时段安排在7月26日至8月25日，将危害指数控制在2.0以下。

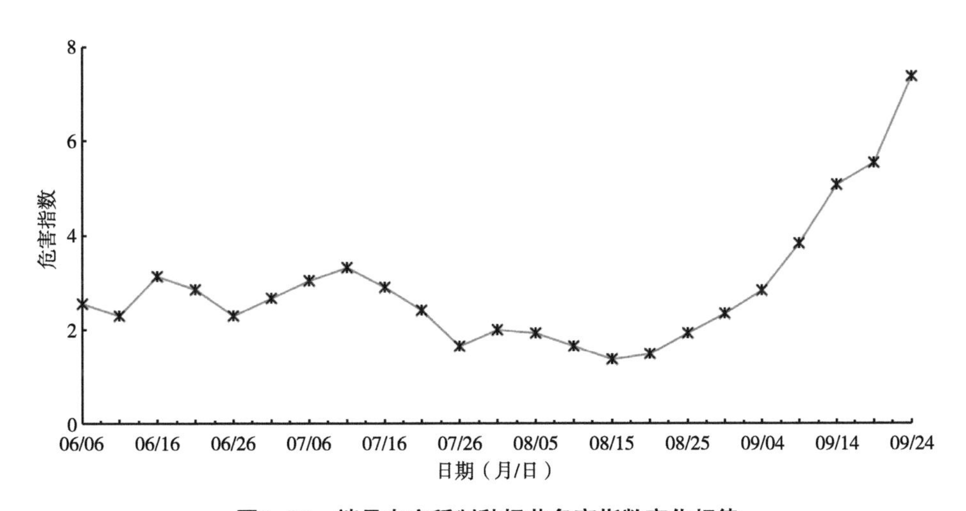

图6-26　靖县杂交稻制种扬花危害指数变化规律

二、气候时段安排

根据两系杂交稻制种不育系育性转换敏感期气候风险和扬花授粉期危害指数两个重要指标，在确保不育系雄性不育保证率高于96.7%（气候风险小于30年一遇），保障制种安全，并将扬花授粉期安排在危害指数最低时段，从而确定两系制种的最适播种期（表6-9）。由表6-9可见，当不育系育性转换临界温度指标为23.0℃时，选择播始历期（播种至始穗期）为80d的不育系时，其最适播种期为5月4日，扬花授粉结束期为8月2日，不育系雄性不育保证率达100%，扬花时段危害指数为1.59，可安全高产；当不育系育性转换临界温度指标为23.5℃时，其最适播种期为5月10日，扬花授粉结束期为8月8日，不育系雄性不育保证率达100%，扬花时段危害指数为1.76，可安全高产。

表6-9 靖县两个临界温度适宜播种期安排（播始历期80d）

不育系临界温度指标（℃）	播种日期（月/日）	敏感期日期（月/日）	始穗日期（月/日）	扬花终止日期（月/日）	播种至始穗期天数（d）	敏感期至始穗期天数（d）	不育系雄性不育保证率（%）	扬花时段危害指数
23.0	5/04	7/13	7/22	8/02	80	10	100	1.59
23.5	5/10	7/19	7/28	8/08	80	10	100	1.76

三、具体地段安排

根据育性转换不同的临界温度指标，分析了靖县杂交稻制种的气候风险区域（图6-27）。由图6-27可见：

育性转换起点温度指标为22.0℃：极低风险制种区仅分布在北部的甘棠镇、太阳坪、江东等乡镇河谷平原地带。其他中低海拔丘陵山区地带为较低风险区；西部和东部较高海拔（500m以上）山区为较高风险或高风险制种区。

育性转换起点温度指标为22.5℃：极低风险制种区主要分布在甘棠镇、太阳坪的河流两岸低平地区。较低风险区多在较低海拔的丘陵地带。高风险制种区主要分布在500m以上较高海拔的山区地带。

育性转换起点温度指标为23.0℃：较低风险区分布中北部海拔400m以下河谷丘陵地带。西部及东部等较高海拔的山区为较高风险或高风险制种区。

育性转换起点温度指标为23.5℃：极低风险区没有，较低风险区主要分布在太堡子镇中部、太阳坪乡、甘棠镇、渠阳镇、铺口乡、横江桥乡等地，其他大部分地区为较高或极高风险区。

育性转换起点温度指标为24.0℃：极低和较低风险区没有，中度风险区主要分布在太阳坪乡中部，较高风险区主要分布在太堡子镇中部、甘棠镇、渠阳镇、铺口乡、横江桥乡等地，其他大部分地区为极高风险区。

育性转换起点温度指标为24.5℃：极低、较低、中度和较高风险区没有，全县为极高风险区。

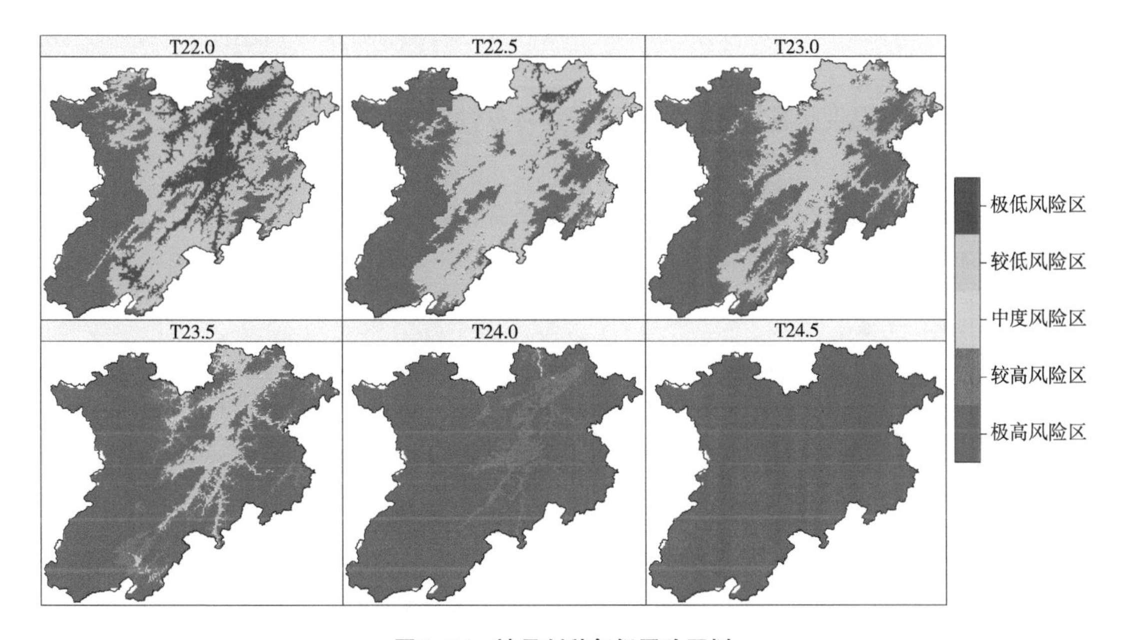

图6-27　靖县制种气候风险区划

目前育种专家培育的两用不育系育性转换起点温度大多为22.0～25.0℃，而生产上应用的两用不育系育性转换起点温度大多为23.0～24.0℃。根据大多数两用不育系制种气候风险分析结果，建议制种基地具体地段选择在太堡子镇中部、太阳坪乡、甘棠镇、渠阳镇、铺口乡、横江桥乡等地，母本在5月10日左右播种（播始历期80d）。

第十节　通道县制种基地生产安排

一、时空择优气候诊断分析

根据当地气象站历史资料统计分析，分析了不同不育系育性转换起点温度风险较低时段（图6-28）。由图6-28可见：

育性转换起点温度指标为22.0℃时，不育系育性转换风险最低时段为7月11日至8月20日，为40年一遇。

育性转换起点温度指标为22.5℃时，不育系育性转换风险最低时段为7月11—21日、7月31日至8月20日，为40年一遇。

育性转换起点温度指标为23.0℃时，不育系育性转换风险最低时段为7月11—21

日，为40年一遇。

育性转换起点温度指标为23.5℃时，不育系育性转换风险最低时段为7月21日至8月10日，为7年一遇。

育性转换起点温度指标为24.0℃时，不育系育性转换风险最低时段为7月21日至8月10日，为4年一遇。

育性转换起点温度指标为24.5℃时，不育系育性转换风险最低时段为7月21日至8月10日，为5年二遇。

育性转换起点温度指标为25.0℃时，不育系育性转换风险最低时段为7月21日至8月10日，为5年三遇。

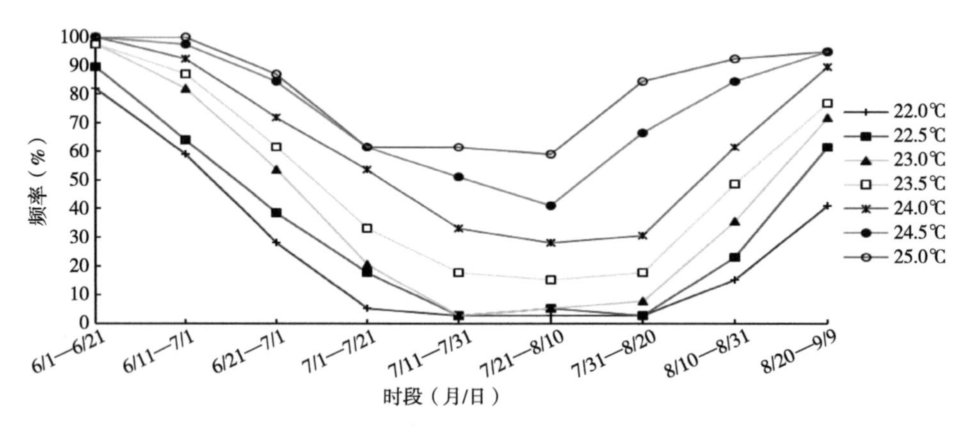

图6-28　通道县育性敏感期临界温度几率变化曲线

利用扬花授粉期危害指数公式，计算了通道县杂交稻制种扬花授粉期各时段的危害指数（图6-29）。由图6-29可见，6月6日至9月4日，通道县杂交稻制种扬花危害指数较小，在4.0以下，其中7月26日最小，为0.53，9月4日后呈呈上升趋势，9月24日达到8.27。开展两系法超级杂交稻制种时，建议将扬花授粉时段安排在7月6日至8月30日，将危害指数控制在2.0以下。

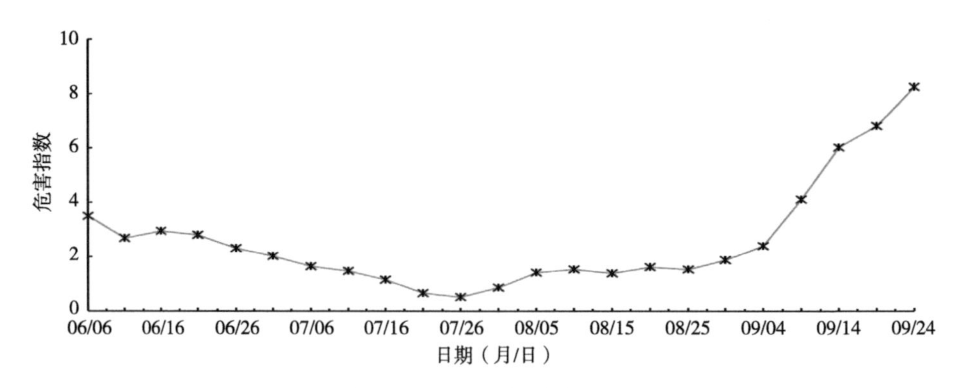

图6-29　通道县杂交稻制种扬花危害指数变化规律

二、气候时段安排

根据两系杂交稻制种不育系育性转换敏感期气候风险和扬花授粉期危害指数两个重要指标，在确保不育系雄性不育保证率高于96.7%（气候风险小于30年一遇），保障制种安全，并将扬花授粉期安排在危害指数最低时段，从而确定两系制种的最适播种期（表6-10）。由表6-10可见，当不育系育性转换临界温度指标为23.0℃时，选择播始历期（播种至始穗期）为80d的不育系时，其最适播种期为5月4日，扬花授粉结束期为8月2日，不育系雄性不育保证率达100%，扬花时段危害指数为0.5，可安全高产；当不育系育性转换临界温度指标为23.5℃时，其最适播种期为5月7日，扬花授粉结束期为8月5日，不育系雄性不育保证率达100%，扬花时段危害指数为0.77，可安全高产。

表6-10　通道县两个临界温度适宜播种期安排（播始历期80d）

不育系临界温度指标（℃）	播种日期（月/日）	敏感期日期（月/日）	始穗日期（月/日）	扬花终止日期（月/日）	播种至始穗期天数（d）	敏感期至始穗期天数（d）	不育系雄性不育保证率（%）	扬花时段危害指数
23.0	5/04	7/13	7/22	8/02	80	10	100	0.5
23.5	5/07	7/21	7/25	8/05	80	10	100	0.77

三、具体地段安排

根据育性转换不同的临界温度指标，分析了通道县杂交稻制种的气候风险区域（图6-30）。由图6-30可见：

育性转换起点温度指标为22.0℃：仅南部边缘甘溪、坪阳乡镇南部为极低风险制种区。其他中低海拔丘陵山区地带为较低风险区；县周边500m海拔左右的山区为中度风险区；县周边较高风险或高风险制种区在海拔600m以上山区。

育性转换起点温度指标为22.5℃：极低风险制种区仅分布甘溪、坪阳两乡镇南部的河谷地带。较低风险区主要集中分布在通道盆地中部在海拔500m以下的丘陵地区。较高风险和高风险制种区主要分布在500m以上较高海拔的山区。

育性转换起点温度指标为23.0℃：南部边缘甘溪、坪阳和中部的江口、县溪、地阳坪、播阳、菁芜洲、临口、下乡、牙屯堡、溪口等中低海拔丘陵盆地的乡镇为较低风险区。较高海拔（400m以上）的山区为较高风险或高风险制种区。

育性转换起点温度指标为23.5℃：极低风险区基本没有，较低风险区主要分布在江口乡中部、县溪镇中部、菁芜洲镇中部等地，中度风险区主要分布在牙屯堡镇中部、临口镇中部等地，其他大部分地区为极高风险区。

育性转换起点温度指标为24.0℃：极低、较低和中度风险区没有，极高风险区主要分布在江口乡中部、县溪镇中部等地，其他大部分地区为极高风险区。

育性转换起点温度指标为24.5℃：极低、较低、中度和较高风险区没有，全县为极高风险区。

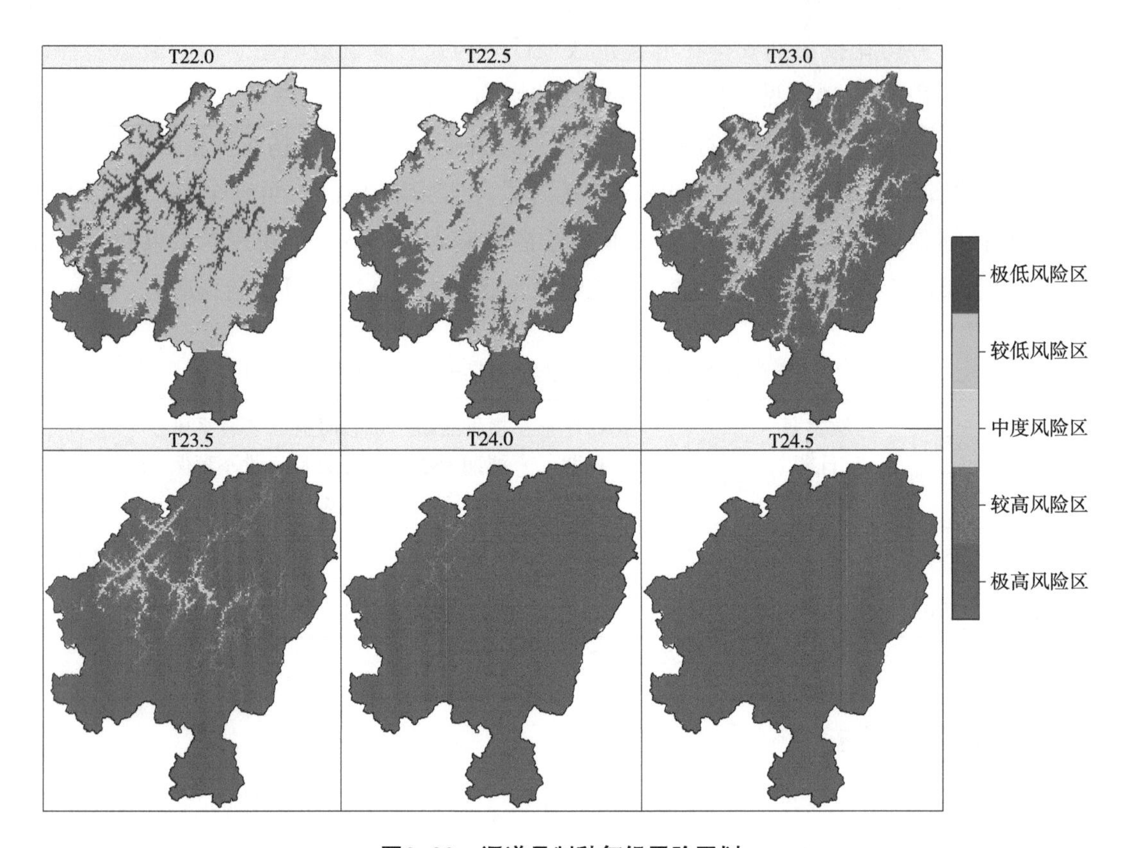

图6-30　通道县制种气候风险区划

目前育种专家培育的两用不育系育性转换起点温度大多为22.0～25.0℃，而生产上应用的两用不育系育性转换起点温度大多为23.0～24.0℃。根据大多数两用不育系制种气候风险分析结果，建议制种基地具体地段选择在江口乡中部、县溪镇中部、菁芜洲镇中部等地，母本在5月9日左右播种（播始历期80d）。

第七章　邵阳市主要制种基地县的气候适宜性生产安排

邵阳市属江南丘陵大地形区。地形地势的基本特点是：地形类型多样，山地、丘陵、岗地、平地、平原各类地貌兼有，以丘陵、山地为主，山地和丘陵约占全市面积的2/3，大体是“七分山地两分田，一分水、路和庄园”，东南、西南、西北三面环山，南岭山脉最西端之越城岭绵亘南境，雪峰山脉耸峙西、北，中、东部为衡邵丘陵盆地，顺势向中、东部倾斜，呈向东北敞口的筲箕形。最高峰为城步苗族自治县东部二宝顶，海拔2 021m；最低处是邵东市崇山铺乡珍龙村测水岸边，海拔仅125m，地势比降为10.25‰。地貌特征是：邵阳市为江南丘陵向云贵高原的过渡地带，西部雪峰山脉、系云贵高原的东缘，东、中部为衡邵丘陵盆地的西域。市境北、西、南面高山环绕，中、东部丘陵起伏，平原镶嵌其中，呈由西南向东北倾斜的盆地地貌。

根据两系杂交稻制种不育系育性转换敏感期气候风险和扬花授粉期危害指数两个指标，分析了邵阳市所辖主要制种基地的邵东市、邵阳县、新邵县、洞口县、隆回县、绥宁县、武冈县、新宁县、城步县等9个制种基地县地不育系育性转换敏感期气候风险和扬花授粉期危害指数的时空分布规律；根据实用不育系（23.0～24.0℃）雄性不育有保障的原则（100%或97.5%），保障制种安全，将扬花授粉期安排在危害指数最低时段，确定两系制种的最适播种期，从而保障杂交稻制种安全。

第一节　邵东市制种基地生产安排

一、时空择优气候诊断分析

利用邵东市气象站历史资料统计，分析了不同不育系育性转换临界温度风险较低时段（图7-1），由图7-1可见：

育性转换起点温度指标为22.0℃时，不育系育性转换风险最低时段为7月7—28日、7月29日至8月14日，为历史未遇。

育性转换起点温度指标为22.5℃时，不育系育性转换风险最低时段为7月9—28日、7月29日至8月14日，为历史未遇。

育性转换起点温度指标为23.0℃时，不育系育性转换风险最低时段为7月10—27日，为历史未遇，其次是7月29日至8月14日，为40年一遇。

育性转换起点温度指标为23.5℃时，不育系育性转换风险最低时段为7月14日至8月6日，为40年一遇。

育性转换起点温度指标为24.0℃时，不育系育性转换风险最低时段为7月16日至8月4日，为40年一遇。

育性转换起点温度指标为24.5℃时，不育系育性转换风险最低时段为7月21日至8月10日，为7年一遇。

育性转换起点温度指标为25.0℃时，不育系育性转换风险最低时段为7月21日至8月10日，为5年一遇。

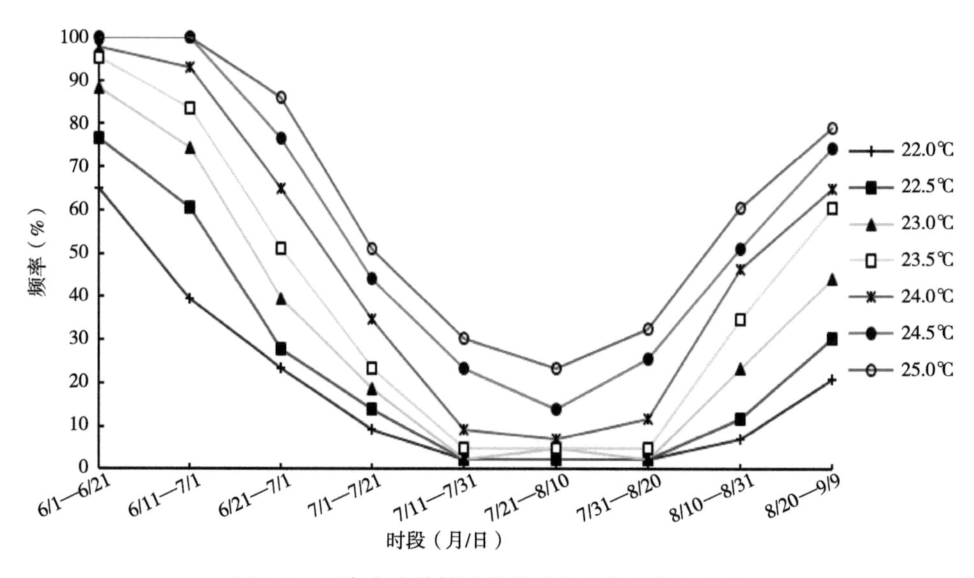

图7-1　邵东市育性敏感期临界温度几率变化曲线

利用扬花授粉期危害指数公式，计算了邵东市杂交稻制种扬花授粉期各时段的危害指数（图7-2）。由图7-2可见，6月6日后呈上升趋势，7月16日达峰值，为7.08；7月16日后呈下降趋势，8月15日降到2.75，之后呈上升趋势，9月24日达到8.22。开展两系法超级杂交稻制种时，建议将扬花授粉时段安排在8月5日至9月4日，将危害指数控制在4.0以下。

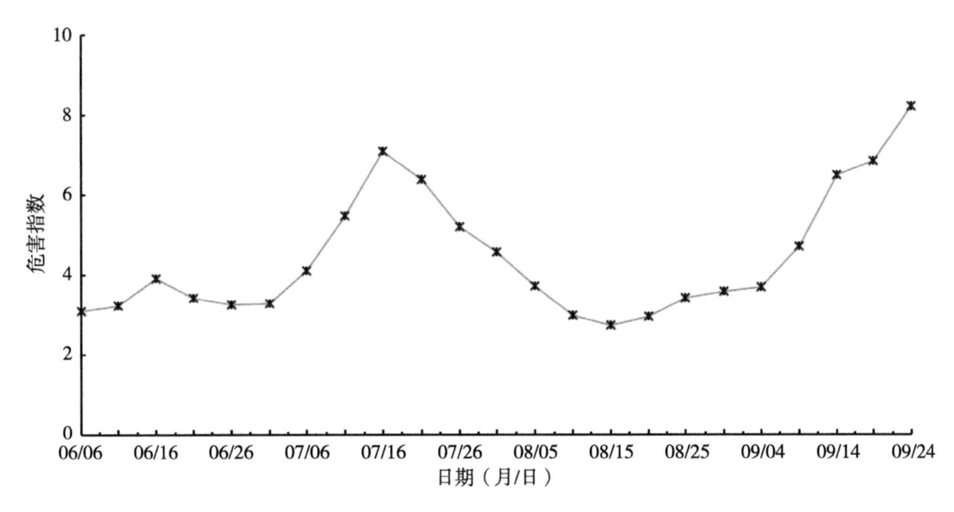

图7-2　邵东市杂交稻制种扬花危害指数变化规律

二、气候时段安排

根据两系杂交稻制种不育系育性转换敏感期气候风险和扬花授粉期危害指数两个重要指标，在确保不育系雄性不育保证率高于96.7%（气候风险小于30年一遇），保障制种安全，并将扬花授粉期安排在危害指数最低时段，从而确定两系制种的最适播种期（表7-1）。由表7-1可见，当不育系育性转换临界温度指标为23.0℃或23.5℃时，选择播始历期（播种至始穗期）为80d的不育系时，其最适播种期为5月21日，扬花授粉结束期为8月19日，不育系雄性不育保证率达97.5%，扬花时段危害指数为2.58，可安全高产。

表7-1　邵东市两个临界温度适宜播种期安排（播始历期80d）

不育系临界温度指标（℃）	播种日期（月/日）	敏感期日期（月/日）	始穗日期（月/日）	扬花终止日期（月/日）	播种至始穗期天数（d）	敏感期至始穗期天数（d）	不育系雄性不育保证率（%）	扬花时段危害指数
23.0	5/21	7/30	8/08	8/19	80	10	97.5	2.58
23.5	5/21	7/30	8/08	8/19	80	10	97.5	2.58

三、具体地段安排

根据育性转换不同的临界温度指标，分析了邵东市杂交稻制种的气候风险区域（图7-3），由图7-3可见：

育性转换起点温度指标为22.0℃：大部分地区为极低风险制种区，较低风险区主要分布在斫曹乡、黑田铺乡、双凤乡、简家笼乡、堡面前乡、石株桥乡等地。

育性转换起点温度指标为22.5℃：大部分地区为较低风险制种区，极低风险区主要分布在团山镇、杨桥镇、佘田桥镇、野鸡坪镇、灵官殿镇和魏家桥镇西部等地。

育性转换起点温度指标为23.0℃：大部分地区为较低风险制种区，极低风险区主要分布在团山镇东部、杨桥镇东部等地，极高风险区主要分布在斫曹乡北部和西部、双凤乡、堡面前乡东部和石株桥乡东部等地。

育性转换起点温度指标为23.5℃：极低风险区没有，大部分地区为较低风险制种区，极高风险区主要分布在斫曹乡、双凤乡、简家笼乡南部、堡面前乡北部和东部、石株桥乡东部和南部等地。

育性转换起点温度指标为24.0℃：极低风险区没有，较低风险区主要分布在团山镇、杨桥镇、佘田桥镇、野鸡坪镇、灵官殿镇、魏家桥镇中部等地，中度风险区主要分布在范家山镇、牛马司镇、魏家桥镇、两市镇、仙槎桥镇、九岭镇等地，其他大部分地区为极高风险区。

育性转换起点温度指标为24.5℃：极低风险区没有，较低风险区主要分布在团山镇东部、杨桥镇东部、佘田桥镇南部等地，中度风险区主要分布在佘田桥镇北部和野鸡坪镇等地，其他大部地区为极高风险区。

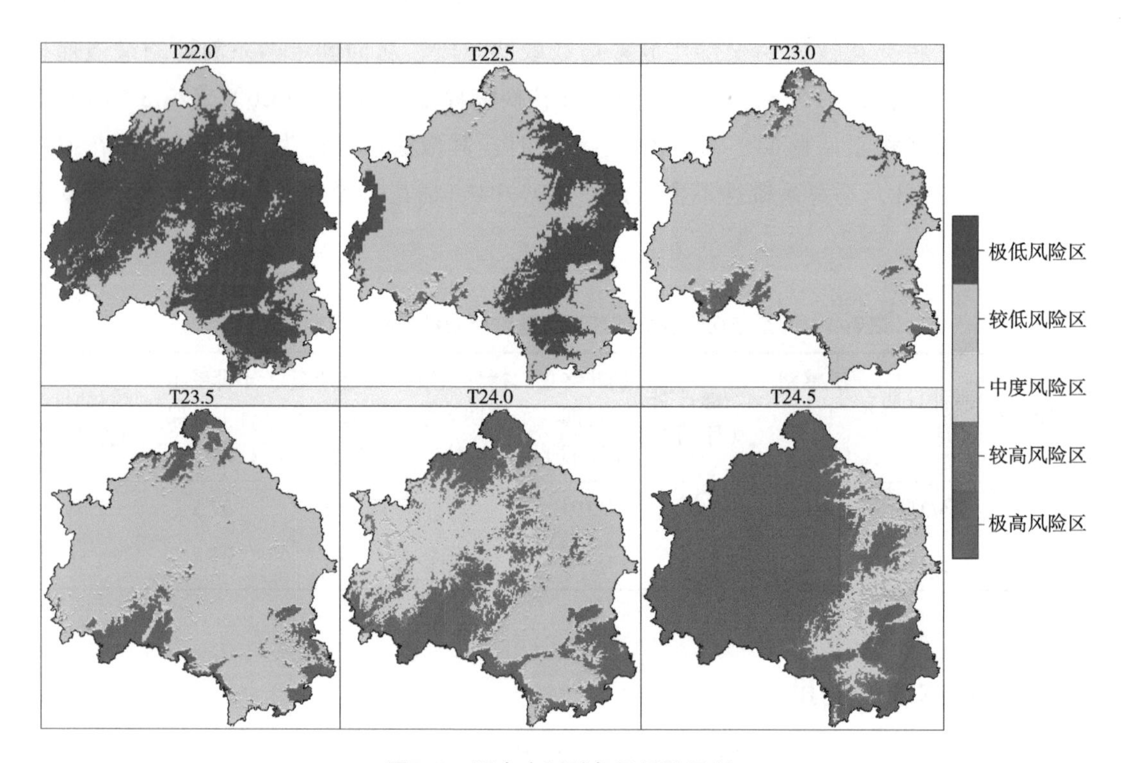

图7-3 邵东市制种气候风险区划

目前育种专家培育的两用不育系育性转换起点温度大多为22.0～25.0℃，而生产上应用的两用不育系育性转换起点温度大多为23.0～24.0℃。根据大多数两用不育系制种

气候风险分析结果，建议制种基地具体地段选择在团山镇、杨桥镇、佘田桥镇、野鸡坪镇、灵官殿镇、魏家桥镇中部等地，母本在5月21日左右播种（播始历期80d）。

第二节 邵阳县制种基地生产安排

一、时空择优气候诊断分析

利用邵阳县气象站历史资料统计，分析了不同不育系育性转换临界温度风险较低时段（图7-4），由图7-4可见：

育性转换起点温度指标为22.0℃时，不育系育性转换风险最低时段为7月3—28日、7月29日至8月14日，为历史未遇。

育性转换起点温度指标为22.5℃时，不育系育性转换风险最低时段为7月7—28日，为历史未遇，其次是7月29日至8月14日，为40年一遇。

育性转换起点温度指标为23.0℃时，不育系育性转换风险最低时段为7月9—27日，为历史未遇，其次是7月29日至8月13日，为40年一遇。

育性转换起点温度指标为23.5℃时，不育系育性转换风险最低时段为7月13日至8月6日，为40年一遇。

育性转换起点温度指标为24.0℃时，不育系育性转换风险最低时段为7月18日至8月5日，为40年一遇。

育性转换起点温度指标为24.5℃时，不育系育性转换风险最低时段为7月21日至8月10日，为7年一遇。

育性转换起点温度指标为25.0℃时，不育系育性转换风险最低时段为7月21日至8月10日，为3年一遇。

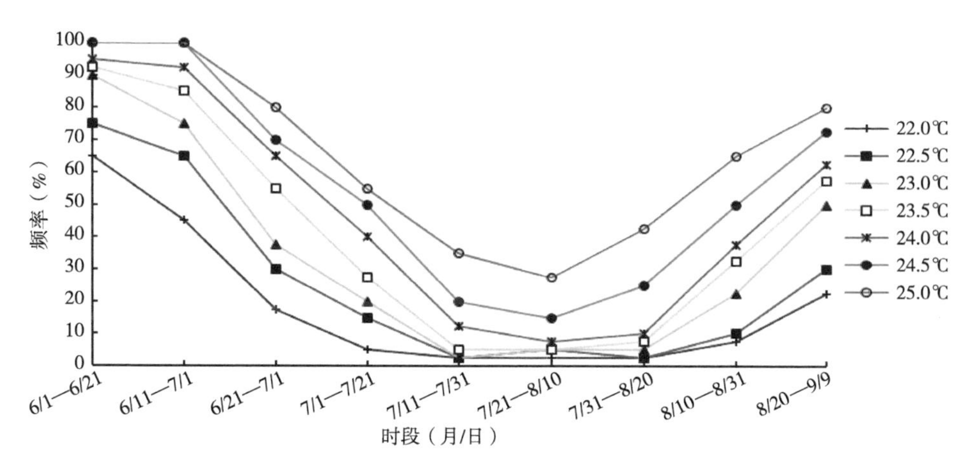

图7-4 邵阳县育性敏感期临界温度几率变化曲线

利用扬花授粉期危害指数公式，计算了邵阳县杂交稻制种扬花授粉期各时段的危害指数（图7-5）。由图7-5可见，6月6日后呈上升趋势，7月16日达峰值，为9.0；7月16日后呈下降趋势，8月20日降到3.30，之后呈上升趋势，9月24日达到8.43。开展两系法超级杂交稻制种时，建议将扬花授粉时段安排在8月5日至9月9日，将危害指数控制在5.0以下。

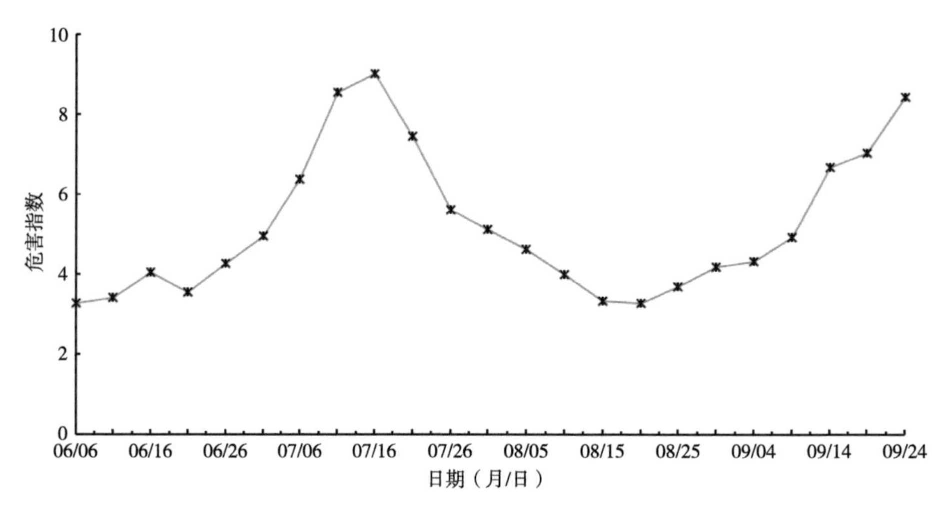

图7-5　邵阳县杂交稻制种扬花危害指数变化规律

二、气候时段安排

根据两系杂交稻制种不育系育性转换敏感期气候风险和扬花授粉期危害指数两个重要指标，在确保不育系雄性不育保证率高于96.7%（气候风险小于30年一遇），保障制种安全，并将扬花授粉期安排在危害指数最低时段，从而确定两系制种的最适播种期（表7-2）。由表7-2可见，当不育系育性转换临界温度指标为23.0℃时，选择播始历期（播种至始穗期）为80d的不育系时，其最适播种期为5月26日，扬花授粉结束期为8月24日，不育系雄性不育保证率达97.3%，扬花时段危害指数为3.16，可安全高产；当不育系育性转换临界温度指标为23.5℃时，其最适播种期为5月23日，扬花授粉结束期为8月21日，不育系雄性不育保证率达97.3%，扬花时段危害指数为3.35，可安全高产。

表7-2　邵阳县两个临界温度适宜播种期安排（播始历期80d）

不育系临界温度指标（℃）	播种日期（月/日）	敏感期日期（月/日）	始穗日期（月/日）	扬花终止日期（月/日）	播种至始穗期天数（d）	敏感期至始穗期天数（d）	不育系雄性不育保证率（%）	扬花时段危害指数
23.0	5/26	8/04	8/13	8/24	80	10	97.3	3.16
23.5	5/23	8/01	8/10	8/21	80	10	97.3	3.35

三、具体地段安排

根据育性转换不同的临界温度指标，分析了邵阳县杂交稻制种的气候风险区域（图7-6），由图7-6可见：

育性转换起点温度指标为22.0℃：大部分地区为极低风险制种区，较低风险区主要分布在黄荆乡、郦家坪镇、五峰铺镇中部、河伯乡西部等地，极高风险区主要分布在五峰铺镇南部、河伯乡南部和东部等地。

育性转换起点温度指标为22.5℃：极低风险区主要分布在岩口铺镇、九公桥镇、小溪市乡、霞塘乡、塘渡口镇、塘田市镇、金称市镇、谷洲镇、下花桥镇、金江乡等地，其他大部地区为较低风险区。

育性转换起点温度指标为23.0℃：极低风险区没有，大部分地区为较低风险区，极高风险区主要分布在黄荆乡西部、五峰铺镇南部、河伯乡南部和东部等地。

育性转换起点温度指标为23.5℃：极低风险区没有，大部分地区为较低风险区，极高风险区主要分布在黄荆乡、郦家坪镇东部、五峰铺镇南部、蔡桥乡西部和河伯乡等地。

育性转换起点温度指标为24.0℃：极低风险区没有，较低风险区主要分布在九公桥镇、小溪市乡、霞塘乡、塘渡口镇、塘田市镇、金称市镇、谷洲镇、下花桥镇等地，较高风险区主要分布在岩口铺镇西部、小溪市乡西部和长乐乡等地，极高风险区主要分布在黄荆乡、白仓镇、河伯乡、郦家坪镇、五峰铺镇南部、蔡桥乡西部等地，其他大部分地方为中度风险区。

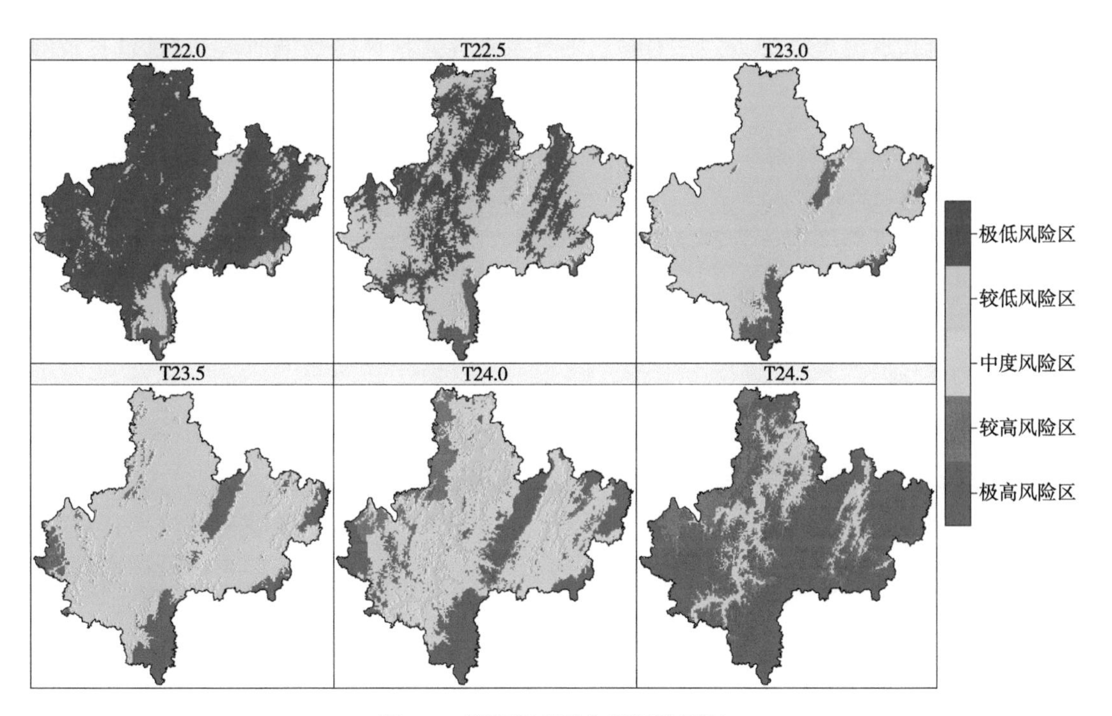

图7-6　邵阳县制种气候风险区划

目前育种专家培育的两用不育系育性转换起点温度大多为22.0~25.0℃，而生产上应用的两用不育系育性转换起点温度大多为23.0~24.0℃。根据大多数两用不育系制种气候风险分析结果，建议制种基地具体地段选择在九公桥镇、小溪市乡、霞塘乡、塘渡口镇、塘田市镇、金称市镇、谷洲镇、下花桥镇等地，母本在5月23日左右播种（播始历期80d）。

第三节　新邵县制种基地生产安排

一、时空择优气候诊断分析

利用新邵县气象站历史资料统计，分析了不同不育系育性转换临界温度风险较低时段（图7-7），由图7-7可见：

育性转换起点温度指标为22.0℃时，不育系育性转换风险最低时段为7月11日至8月20日，为50年一遇。

育性转换起点温度指标为22.5℃时，不育系育性转换风险最低时段为7月11日至8月20日，为50年一遇。

育性转换起点温度指标为23.0℃时，不育系育性转换风险最低时段为7月11—31日、7月31日至8月20日，为50年一遇。

育性转换起点温度指标为23.5℃时，不育系育性转换风险最低时段为7月11日至8月20日，为25年一遇。

育性转换起点温度指标为24.0℃时，不育系育性转换风险最低时段为7月11—31日，为15年一遇，风险较高。

育性转换起点温度指标为24.5℃时，不育系育性转换风险最低时段为7月21日至8月10日，为12年一遇，风险较高。

育性转换起点温度指标为25.0℃时，不育系育性转换风险最低时段为7月21日至8月10日，为8年一遇。

利用扬花授粉期危害指数公式，计算了新邵县杂交稻制种扬花授粉期各时段的危害指数（图7-8）。由图7-8可见，6月11日后呈上升趋势，7月16日达峰值，为9.20；7月16日后呈下降趋势，8月10日降到4.43，之后呈上升趋势，9月24日达到8.74。开展两系法超级杂交稻制种时，建议将扬花授粉时段安排在8月5日至9月4日，将危害指数控制在5.5以下。

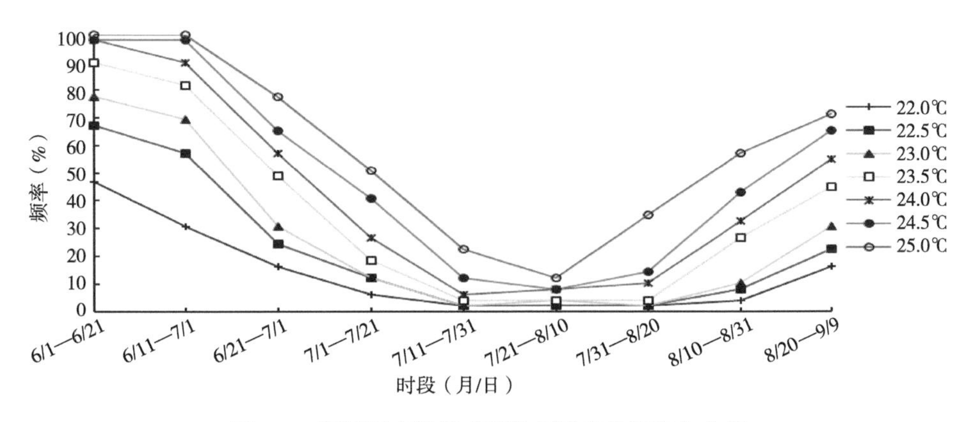

图7-7 新邵县育性敏感期临界温度几率变化曲线

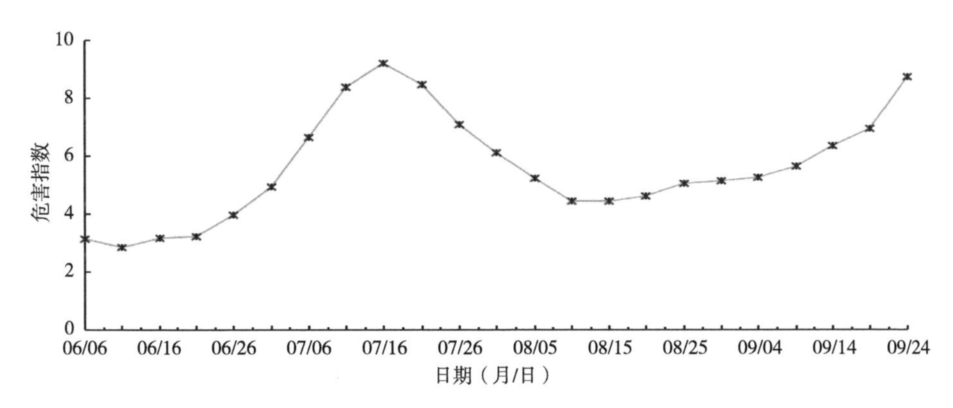

图7-8 新邵县杂交稻制种扬花危害指数变化规律

二、气候时段安排

根据两系杂交稻制种不育系育性转换敏感期气候风险和扬花授粉期危害指数两个重要指标，在确保不育系雄性不育保证率高于96.7%（气候风险小于30年一遇），保障制种安全，并将扬花授粉期安排在危害指数最低时段，从而确定两系制种的最适播种期（表7-3）。由表7-3可见，当不育系育性转换临界温度指标为23.0℃或23.5℃时，选择播始历期（播种至始穗期）为80d的不育系时，其最适播种期为5月20日，扬花授粉结束期为8月18日，不育系雄性不育保证率达97.8%，扬花时段危害指数为4.17，可安全高产。

表7-3 新邵县两个临界温度适宜播种期安排（播始历期80d）

不育系临界温度指标（℃）	播种日期（月/日）	敏感期日期（月/日）	始穗日期（月/日）	扬花终止日期（月/日）	播种至始穗期天数（d）	敏感期至始穗期天数（d）	不育系雄性不育保证率（%）	扬花时段危害指数
23.0	5/20	7/29	8/07	8/18	80	10	97.8	4.17
23.5	5/20	7/29	8/07	8/18	80	10	97.8	4.17

三、具体地段安排

根据育性转换不同的临界温度指标，分析了新邵县杂交稻制种的气候风险区域（图7-9），由图7-9可见：

育性转换起点温度指标为22.0℃：极低风险区主要分布在坪上镇、潭溪镇、小塘镇、新田铺镇、严塘镇、酿溪镇、雀塘镇、陈家坊镇等地，极高风险区主要分布在迎光乡、龙溪铺镇、巨口铺镇、大新乡和太芝庙乡等地，其他大部地区为较低风险区。

育性转换起点温度指标为22.5℃：大部地区为较低风险区，极低风险区主要分布在坪上镇北部、潭溪镇东部、小塘镇南部、新田铺镇东部、酿溪镇南部等地，极高风险区主要分布在迎光乡、龙溪铺镇、巨口铺镇、大新乡和太芝庙乡等地。

育性转换起点温度指标为23.0℃：极低风险区没有，大部地区为较低风险区，极高风险区主要分布在迎光乡、龙溪铺镇、巨口铺镇、大新乡和太芝庙乡等地。

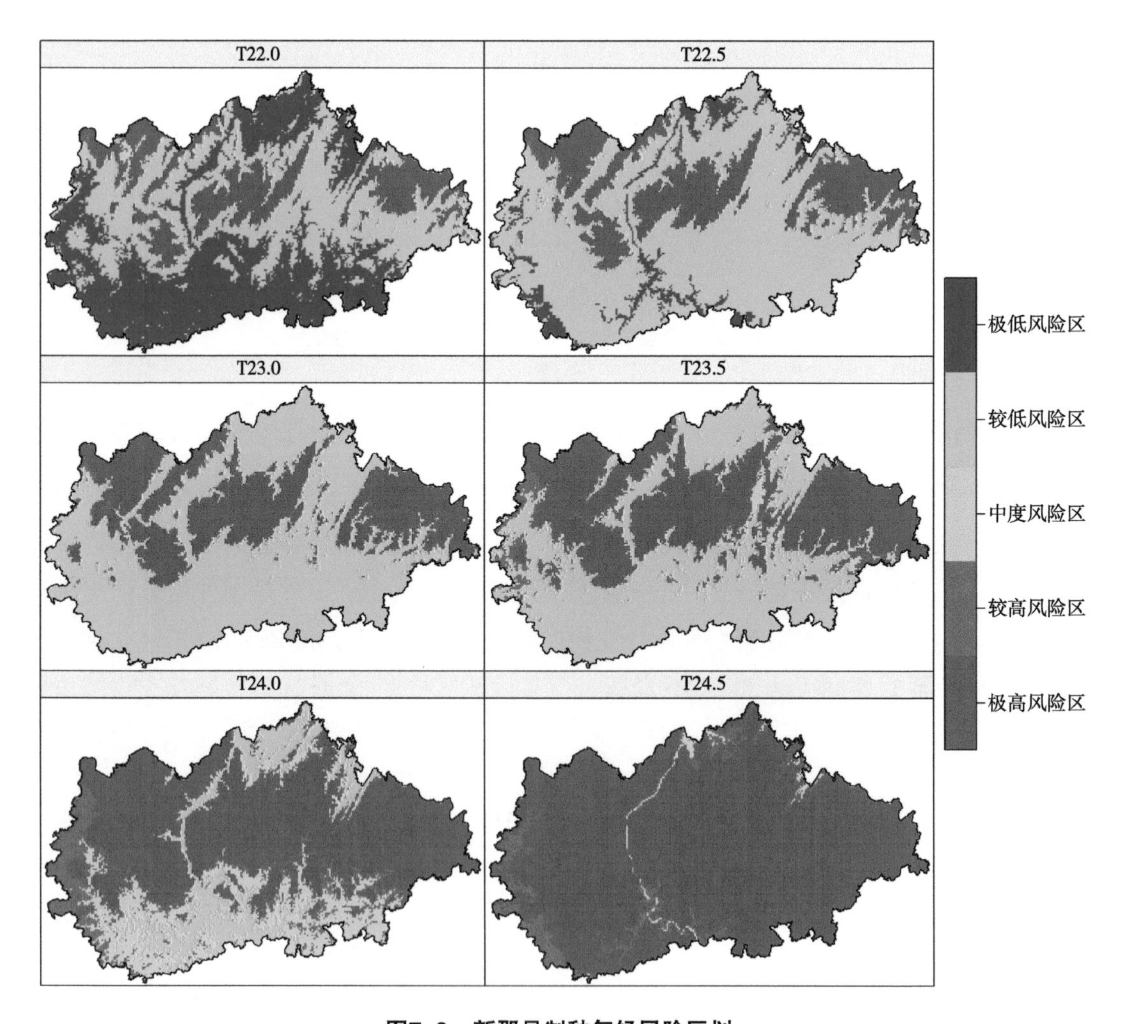

图7-9　新邵县制种气候风险区划

育性转换起点温度指标为23.5℃：极低风险区没有，较低风险区主要分布在坪上镇、潭溪镇、小塘镇、新田铺镇、严塘镇、酿溪镇、雀塘镇、陈家坊镇等地，其他大部分地区为极高风险区。

育性转换起点温度指标为24.0℃：极低风险区没有，较低风险区主要分布在坪上镇、潭溪镇北部和东部、小塘镇中部、新田铺镇南部、酿溪镇西部等地，其他大部分地区为极高风险区。

育性转换起点温度指标为24.5℃：较低风险区没有，中度风险区主要分布在坪上镇北部和潭溪镇北部等地，其他大部分地区为极高风险区。

目前育种专家培育的两用不育系育性转换起点温度大多为22.0～25.0℃，而生产上应用的两用不育系育性转换起点温度大多为23.0～24.0℃。根据大多数两用不育系制种气候风险分析结果，建议制种基地具体地段选择在坪上镇、潭溪镇北部和东部、小塘镇中部、新田铺镇南部、酿溪镇西部等地，母本在5月20日左右播种（播始历期80d）。

第四节　洞口县制种基地生产安排

一、时空择优气候诊断分析

利用洞口县气象站历史资料统计，分析了不同不育系育性转换临界温度风险较低时段（图7-10），由图7-10可见：

育性转换起点温度指标为22.0℃时，不育系育性转换风险最低时段为7月13—28日、7月29日至8月14日，为历史未遇。

育性转换起点温度指标为22.5℃时，不育系育性转换风险最低时段为7月7—27日、8月6—22日，为40年一遇。

育性转换起点温度指标为23.0℃时，不育系育性转换风险最低时段为7月14日至8月5日、8月6—21日，为40年一遇。

育性转换起点温度指标为23.5℃时，不育系育性转换风险最低时段为7月18日至8月5日，为40年一遇。

育性转换起点温度指标为24.0℃时，不育系育性转换风险最低时段为7月18日至8月4日，为40年一遇。

育性转换起点温度指标为24.5℃时，不育系育性转换风险最低时段为7月21日至8月10日，为6年一遇。

育性转换起点温度指标为25.0℃时，不育系育性转换风险最低时段为7月21日至8月10日，为3年一遇。

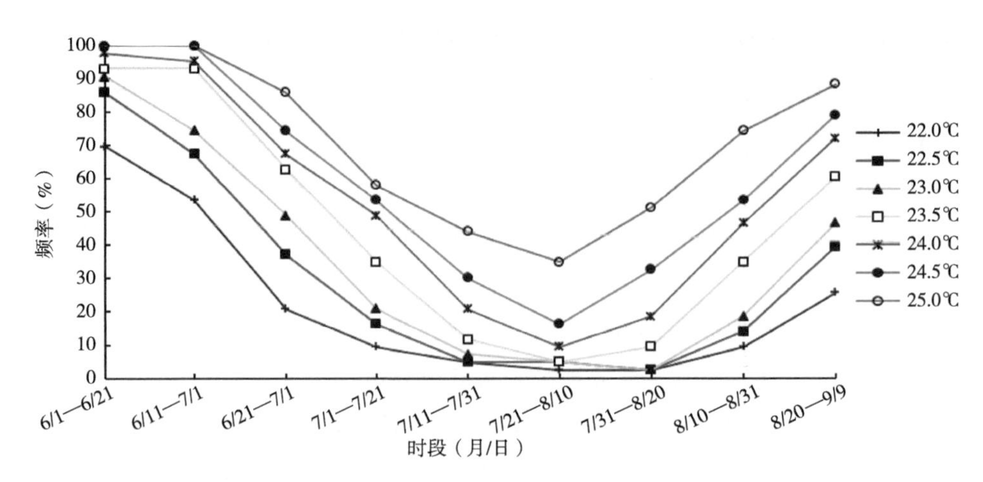

图7-10　洞口县育性敏感期临界温度几率变化曲线

利用扬花授粉期危害指数公式，计算了洞口县杂交稻制种扬花授粉期各时段的危害指数（图7-11）。由图7-11可见，6月6日后缓慢上升，6月16日后呈下降趋势，7月6日后呈上升趋势，7月16日达峰值，为3.60；7月16日后呈下降趋势，8月15日降到1.40，之后呈上升趋势，9月24日达到8.62。开展两系法超级杂交稻制种时，建议将扬花授粉时段安排在7月26日至8月30日，将危害指数控制在3.0以下。

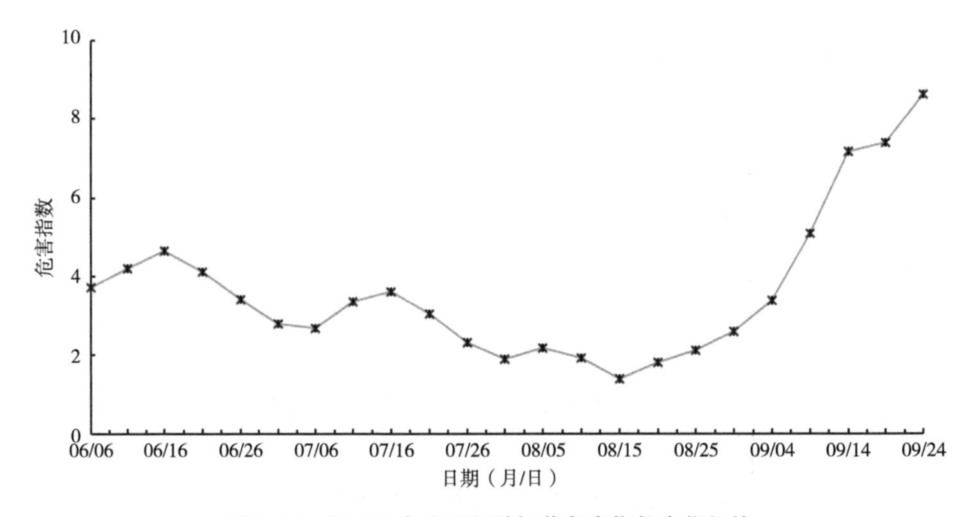

图7-11　洞口县杂交稻制种扬花危害指数变化规律

二、气候时段安排

根据两系杂交稻制种不育系育性转换敏感期气候风险和扬花授粉期危害指数两个重要指标，在确保不育系雄性不育保证率高于96.7%（气候风险小于30年一遇），保障制种安全，并将扬花授粉期安排在危害指数最低时段，从而确定两系制种的最适播种期（表7-4）。由表7-4可见，当不育系育性转换临界温度指标为23.0℃时，选择播始历期

（播种至始穗期）为80d的不育系时，其最适播种期为5月23日，扬花授粉结束期为8月21日，不育系雄性不育保证率达97.5%，扬花时段危害指数为1.4，可安全高产；当不育系育性转换临界温度指标为23.5℃时，其最适播种期为5月22日，扬花授粉结束期为8月20日，不育系雄性不育保证率达97.5%，扬花时段危害指数为1.58，可安全高产。

表7-4　洞口县两个临界温度适宜播种期安排（播始历期80d）

不育系临界温度指标（℃）	播种日期（月/日）	敏感期日期（月/日）	始穗日期（月/日）	扬花终止日期（月/日）	播种至始穗期天数（d）	敏感期至始穗期天数（d）	不育系雄性不育保证率（%）	扬花时段危害指数
23.0	5/23	8/01	8/10	8/21	80	10	97.5	1.4
23.5	5/22	7/31	8/09	8/20	80	10	97.5	1.58

三、具体地段安排

根据育性转换不同的临界温度指标，分析了洞口县杂交稻制种的气候风险区域（图7-12），由图7-12可见：

育性转换起点温度指标为22.0℃：极低风险区主要分布在竹市镇、石江镇、黄桥镇、高沙镇等地，较低风险区主要分布在醪田镇、水东乡、岩山乡、花古乡、毓兰镇、花园镇等地，其他大部分地区为极高风险区。

育性转换起点温度指标为22.5℃：极低风险区没有，较低风险区主要分布在竹市镇、石江镇、黄桥镇、高沙镇、醪田镇、水东乡、岩山乡、花古乡、毓兰镇、花园镇等地，其他大部分地区为极高风险区。

育性转换起点温度指标为23.0℃：极低风险区没有，较低风险区主要分布在竹市镇、石江镇、黄桥镇、高沙镇、醪田镇、水东乡、岩山乡、花古乡、毓兰镇、花园镇等地，其他大部分地区为极高风险区。

育性转换起点温度指标为23.5℃：极低风险区没有，较低风险区主要分布在竹市镇、石江镇、黄桥镇、高沙镇等地，中度风险区主要分布在醪田镇、水东乡、岩山乡、花古乡、毓兰镇、花园镇等地，其他大部分地区为极高风险区。

育性转换起点温度指标为24.0℃：极低和较低风险区没有，中度风险区主要分布在黄桥镇中部等地，较高风险区主要分布在竹市镇、石江镇、黄桥镇、高沙镇、醪田镇、水东乡、岩山乡、花古乡、毓兰镇、花园镇等地，其他大部分地区为极高风险区。

育性转换起点温度指标为24.5℃：中度风险区没有，较高风险区主要分布在石江镇中部和黄桥镇中部等地，其他大部分地区为极高风险区。

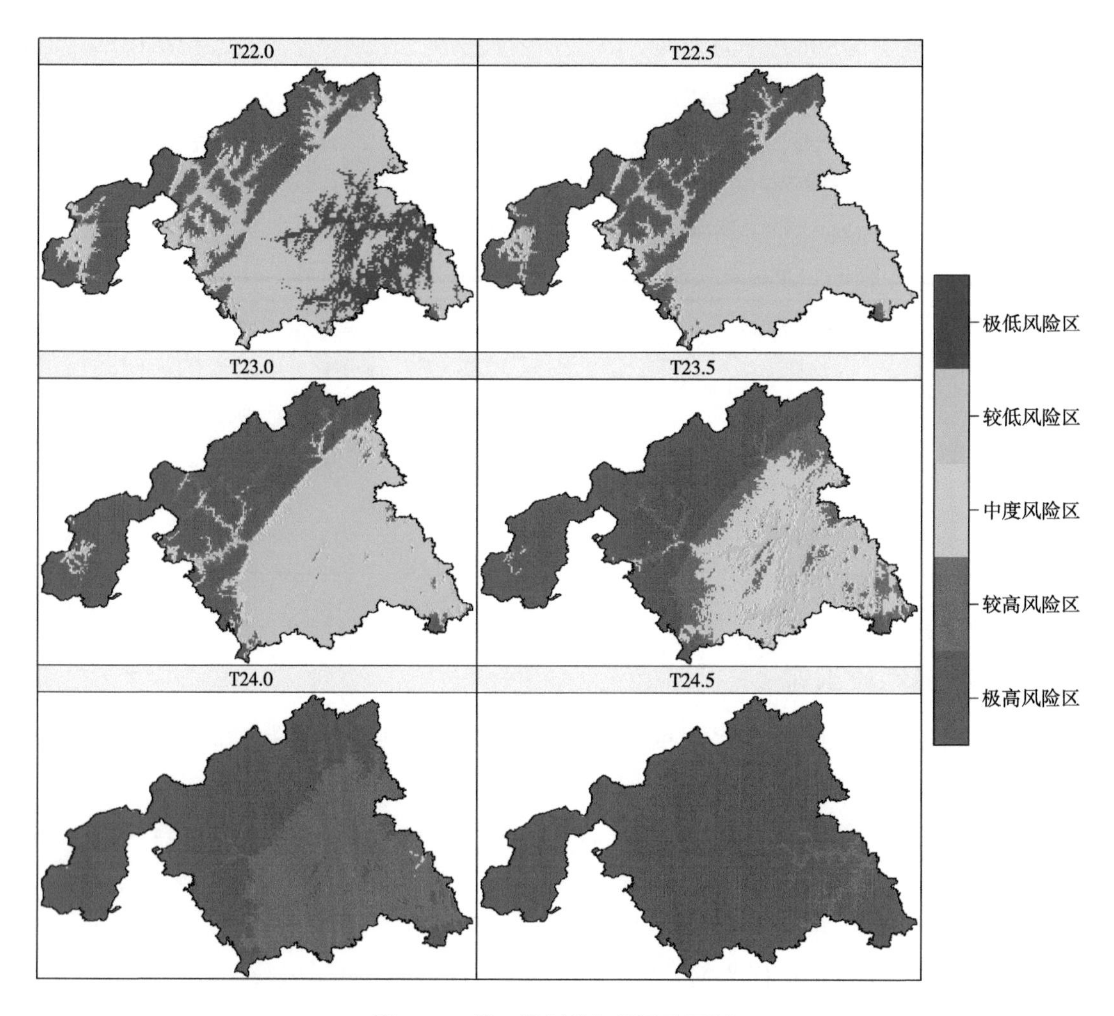

图7-12 洞口县制种气候风险区划

目前育种专家培育的两用不育系育性转换起点温度大多为22.0～25.0℃，而生产上应用的两用不育系育性转换起点温度大多为23.0～24.0℃。根据大多数两用不育系制种气候风险分析结果，建议制种基地具体地段选择在竹市镇、石江镇、黄桥镇、高沙镇等地，母本在5月22日左右播种（播始历期80d）。

第五节 隆回县制种基地生产安排

一、时空择优气候诊断分析

利用隆回县气象站历史资料统计，分析了不同不育系育性转换临界温度风险较低时段（图7-13），由图7-13可见：

育性转换起点温度指标为22.0℃时，不育系育性转换风险最低时段为7月6—28日、7月29日至8月14日，为历史未遇。

育性转换起点温度指标为22.5℃时，不育系育性转换风险最低时段为7月7—28日、7月29日至8月14日，为历史未遇。

育性转换起点温度指标为23.0℃时，不育系育性转换风险最低时段为7月9—28日，为历史未遇，其次是7月29日至8月13日，为40年一遇。

育性转换起点温度指标为23.5℃时，不育系育性转换风险最低时段为7月13日至8月6日，为40年一遇。

育性转换起点温度指标为24.0℃时，不育系育性转换风险最低时段为7月17日至8月4日，为40年一遇。

育性转换起点温度指标为24.5℃时，不育系育性转换风险最低时段为7月18日至8月4日，为40年一遇。

育性转换起点温度指标为25.0℃时，不育系育性转换风险最低时段为7月21日至8月10日，为5年一遇。

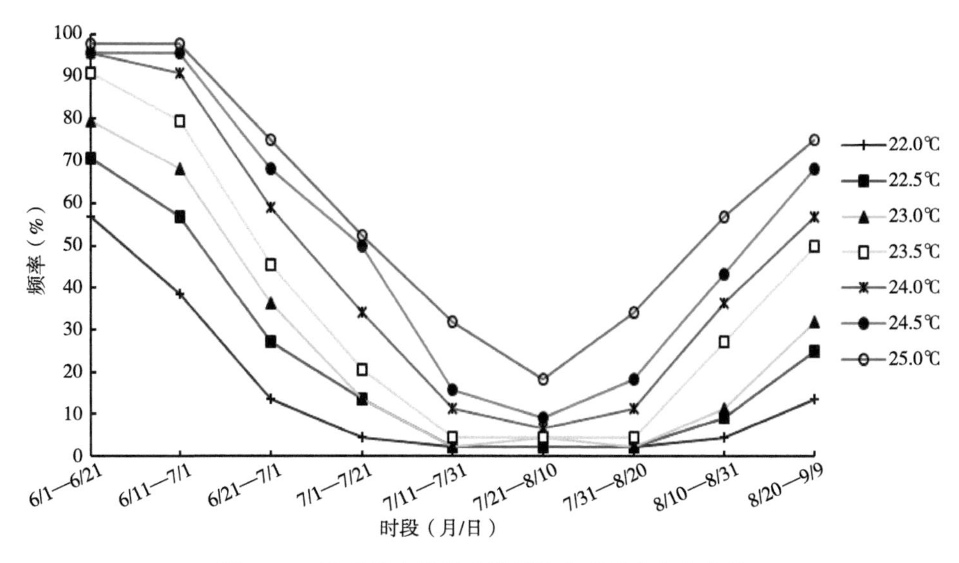

图7-13　隆回县育性敏感期低温出现几率变化曲线

利用扬花授粉期危害指数公式，计算了隆回县杂交稻制种扬花授粉期各时段的危害指数（图7-14）。由图7-14可见，6月6日后呈上升趋势，7月16日达峰值，为7.05；7月16日后呈下降趋势，8月15日降到2.98，之后呈上升趋势，9月24日达到8.20。开展两系法超级杂交稻制种时，建议将扬花授粉时段安排在7月31日至9月4日，将危害指数控制在4.0以下。

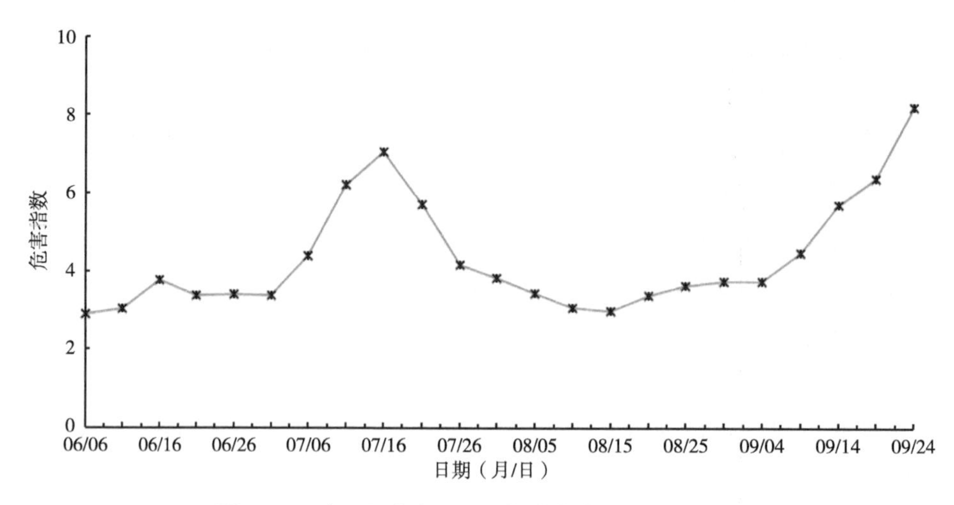

图7-14　隆回县杂交稻制种扬花危害指数变化规律

二、气候时段安排

根据两系杂交稻制种不育系育性转换敏感期气候风险和扬花授粉期危害指数两个重要指标，在确保不育系雄性不育保证率高于96.7%（气候风险小于30年一遇），保障制种安全，并将扬花授粉期安排在危害指数最低时段，从而确定两系制种的最适播种期（表7-5）。由表7-5可见，当不育系育性转换临界温度指标为23.0℃或23.5℃时，选择播始历期（播种至始穗期）为80d的不育系时，其最适播种期为5月20日，扬花授粉结束期为8月18日，不育系雄性不育保证率达97.6%，扬花时段危害指数为2.9，可安全高产。

表7-5　隆回县两个临界温度适宜播种期安排（播始历期80d）

不育系临界温度指标(℃)	播种日期(月/日)	敏感期日期(月/日)	始穗日期(月/日)	扬花终止日期(月/日)	播种至始穗期天数(d)	敏感期至始穗期天数(d)	不育系雄性不育保证率(%)	扬花时段危害指数
23.0	5/20	7/29	8/07	8/18	80	10	97.6	2.9
23.5	5/20	7/29	8/07	8/18	80	10	97.6	2.9

三、具体地段安排

根据育性转换不同的临界温度指标，分析了隆回县杂交稻制种的气候风险区域（图7-15），由图7-15可见：

育性转换起点温度指标为22.0℃：南部横板桥、荷香桥、滩头等以南的丘陵平原、盆地区的乡镇大部分极低风险制种区，其以北东部为较低风险区，西北部虎形山、小沙江等山区乡镇为极高风险制种区。

育性转换起点温度指标为22.5℃：南部极低风险区缩小，仅桃花坪、聂家亭等资水沿线为极低风险制种区，其他中部丘陵区为较低风险区，大部分山区为中度风险区或极高风险制种区。

育性转换起点温度指标为23.0℃：南部和中部丘陵和河谷平原区为较低风险区，其他北部山区为较高风险或极高风险制种区。

育性转换起点温度指标为23.5℃：极低风险区没有，较低风险区主要分布在南部的桐木桥、荷香桥、桃花坪、栗山铺、聂家亭、划船坝等河谷平原和低丘陵地带，其他大部分地区为较高和极高风险区。

育性转换起点温度指标为24.0℃：极低风险区没有，较低风险区主要分布在北山乡南部，中度风险区主要分布在桃洪镇中部、南岳庙乡南部等地，其他大部分地方为较高风险区或极高风险区。

育性转换起点温度指标为24.5℃：中度风险区没有，较高风险区主要分布在石门乡、桃洪镇、南岳庙乡、三阁司乡、山界回族乡、北山乡、雨山铺镇等地，其他大部分地方为极高风险区。

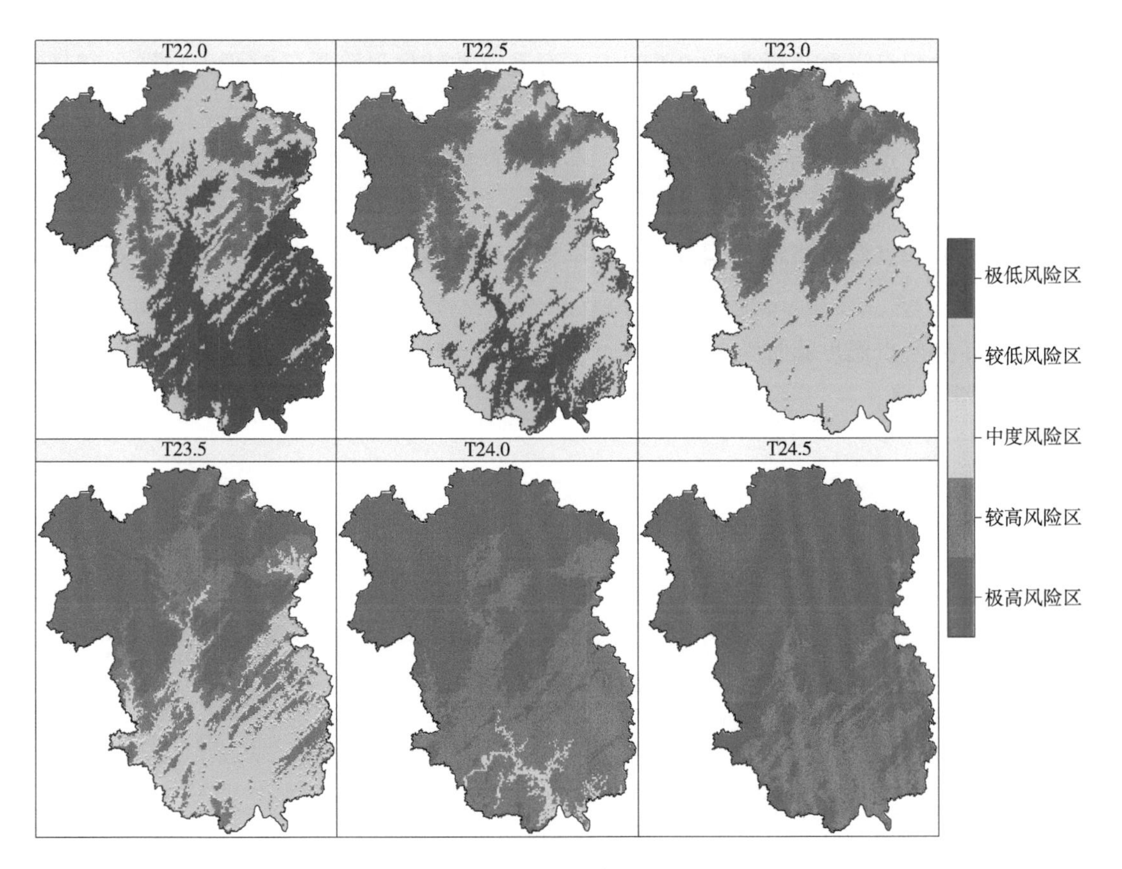

图7–15 隆回县制种气候风险区划

目前育种专家培育的两用不育系育性转换起点温度大多为22.0～25.0℃，而生产上应用的两用不育系育性转换起点温度大多为23.0～24.0℃。根据大多数两用不育系制种气候风险分析结果，建议制种基地具体地段选择在南部的桐木桥、荷香桥、桃花坪、栗山铺、聂家亭、划船坝等河谷平原和低丘陵地带，母本在5月20日左右播种（播始历期80d）。

第六节　绥宁县制种基地生产安排

一、时空择优气候诊断分析

利用绥宁县气象站历史资料统计，分析了不同不育系育性转换临界温度风险较低时段（图7-16），由图7-16可见：

育性转换起点温度指标为22.0℃时，不育系育性转换风险最低时段为7月3—28日、7月29日至8月14日，为历史未遇。

育性转换起点温度指标为22.5℃时，不育系育性转换风险最低时段为7月7—27日，为历史未遇。

育性转换起点温度指标为23.0℃时，不育系育性转换风险最低时段为7月8—27日，为历史未遇。

育性转换起点温度指标为23.5℃时，不育系育性转换风险最低时段为7月12日至8月5日，为40年一遇。

育性转换起点温度指标为24.0℃时，不育系育性转换风险最低时段为7月18日至8月5日，为40年一遇。

育性转换起点温度指标为24.5℃时，不育系育性转换风险最低时段为7月21日至8月10日，为5年一遇。

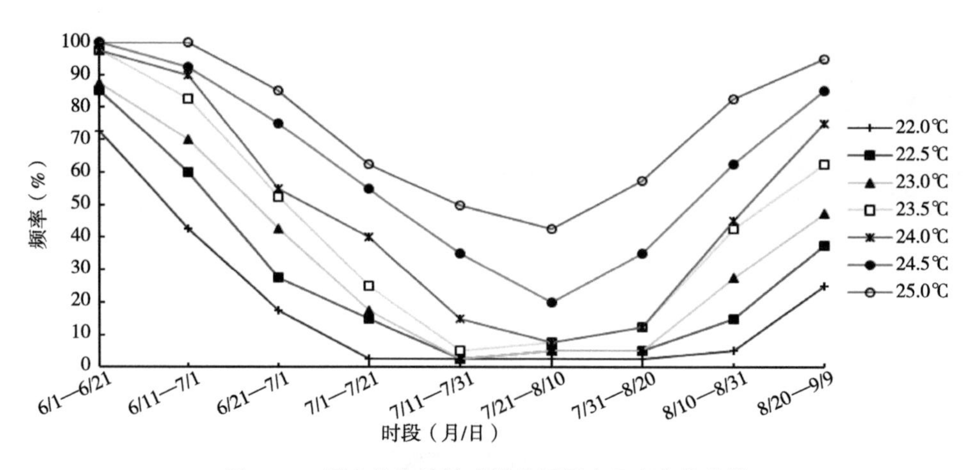

图7-16　绥宁县育性敏感期临界温度几率变化曲线

育性转换起点温度指标为25.0℃时，不育系育性转换风险最低时段为7月21日至8月10日，为2年一遇。

利用扬花授粉期危害指数公式，计算了绥宁县杂交稻制种扬花授粉期各时段的危害指数（图7-17）。由图7-17可见，6月6日后呈上升趋势，6月16日达峰值，为2.43；6月16日后呈下降趋势，7月26日达谷底，为0.41，之后呈上升趋势，9月24日达到6.49。开展两系法超级杂交稻制种时，建议将扬花授粉时段安排在7月11日至8月30日，将危害指数控制在1.5以下。

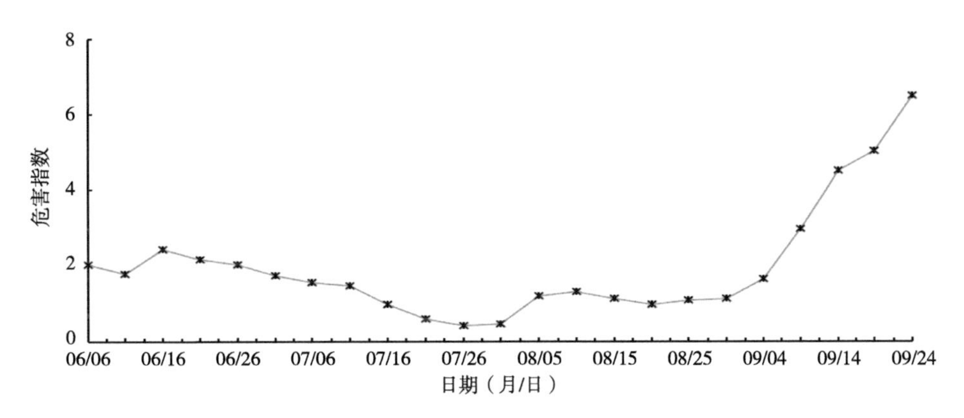

图7-17　绥宁县杂交稻制种扬花危害指数变化规律

二、气候时段安排

根据两系杂交稻制种不育系育性转换敏感期气候风险和扬花授粉期危害指数两个重要指标，在确保不育系雄性不育保证率高于96.7%（气候风险小于30年一遇），保障制种安全，并将扬花授粉期安排在危害指数最低时段，从而确定两系制种的最适播种期（表7-6）。由表7-6可见，当不育系育性转换临界温度指标为23.0℃时，选择播始历期（播种至始穗期）为80d的不育系时，其最适播种期为5月4日，扬花授粉结束期为8月2日，不育系雄性不育保证率达100%，扬花时段危害指数为0.35，可安全高产；当不育系育性转换临界温度指标为23.5℃时，其最适播种期为5月5日，扬花授粉结束期为8月3日，不育系雄性不育保证率达100%，扬花时段危害指数为0.38，可安全高产。

表7-6　绥宁县两个临界温度适宜播种期安排（播始历期80d）

不育系临界温度指标(℃)	播种日期（月/日）	敏感期日期（月/日）	始穗日期（月/日）	扬花终止日期（月/日）	播种至始穗期天数(d)	敏感期至始穗期天数(d)	不育系雄性不育保证率(%)	扬花时段危害指数
23.0	5/04	7/13	7/22	8/02	80	10	100	0.35
23.5	5/05	7/28	7/23	8/03	80	10	100	0.38

三、具体地段安排

根据育性转换不同的临界温度指标，分析了绥宁县杂交稻制种的气候风险区域（图7-18），由图7-18可见：

育性转换起点温度指标为22.0℃：极低风险制种区在绥宁县分布范围很小，仅在中南部沅水支流的河谷沿岸的平原地区，主要在河口、竹舟江、双河、枫香等乡镇。其他中南部和东北部丘陵地带为较低风险区。其他西北雪峰山区、南部和东部等山区为高风险制种区。

育性转换起点温度指标为22.5℃：中南部河谷及低平原地区和西北盐井等乡镇为极低风险制种区。较高海拔的丘陵地带为中度风险区。高风险制种区主要分布在较高海拔的山区。

育性转换起点温度指标为23.0℃：极低风险制种区没有，较低风险区主要分布在联民乡西部、麻塘乡西部、河口乡西部、竹舟江乡中部、党坪乡中部、长铺镇中部、关峡乡南部、红岩镇西部等地，中度风险区主要分布在瓦屋塘乡、塘家坊镇、武阳镇等地，其他大部分地区为极高风险区。

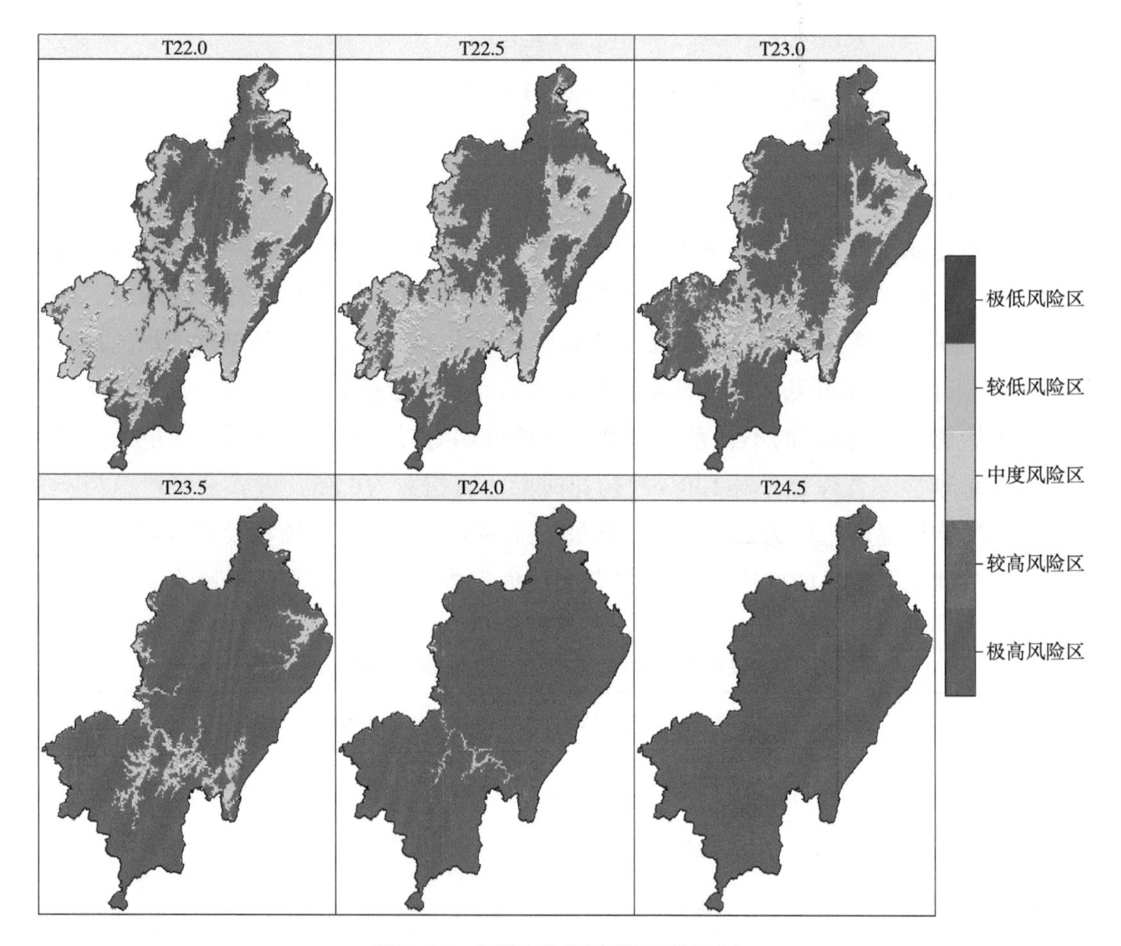

图7-18　绥宁县制种气候风险区划

育性转换起点温度指标为23.5℃：极低风险区没有，较低风险区主要分布在麻塘乡西部、河口乡西部、竹舟江乡中部、党坪乡中部、长铺镇中部等地，中度风险区主要分布在红岩镇西部、关峡乡南部等地，其他大部分地区为极高风险区。

育性转换起点温度指标为24.0℃：较低风险区没有，中度风险区主要分布在河口乡西部、竹舟江乡中部、党坪乡中部、长铺镇中部等地，其他大部分地区为极高风险区。

育性转换起点温度指标为24.5℃：全县为极高风险区。

目前育种专家培育的两用不育系育性转换起点温度大多为22.0～25.0℃，而生产上应用的两用不育系育性转换起点温度大多为23.0～24.0℃。根据大多数两用不育系制种气候风险分析结果，建议制种基地具体地段选择在麻塘乡西部、河口乡西部、竹舟江乡中部、党坪乡中部、长铺镇中部等地，母本在5月5日左右播种（播始历期80d）。

第七节　武冈市制种基地生产安排

一、时空择优气候诊断分析

利用武冈市气象站历史资料统计，分析了不同不育系育性转换临界温度风险较低时段（图7-19），由图7-19可见：

育性转换起点温度指标为22.0℃时，不育系育性转换风险最低时段为7月7—28日、7月29日至8月14日，为历史未遇。

育性转换起点温度指标为22.5℃时，不育系育性转换风险最低时段为7月7—27日，为历史未遇，其次是7月29日至8月13日，为40年一遇。

育性转换起点温度指标为23.0℃时，不育系育性转换风险最低时段为7月9—27日，为历史未遇。

育性转换起点温度指标为23.5℃时，不育系育性转换风险最低时段为7月21日至8月10日，为20年一遇。

育性转换起点温度指标为24.0℃时，不育系育性转换风险最低时段为7月21日至8月10日，为10年一遇。

育性转换起点温度指标为24.5℃时，不育系育性转换风险最低时段为7月21日至8月10日，为5年一遇。

育性转换起点温度指标为25.0℃时，不育系育性转换风险最低时段为7月21日至8月10日，为2年一遇。

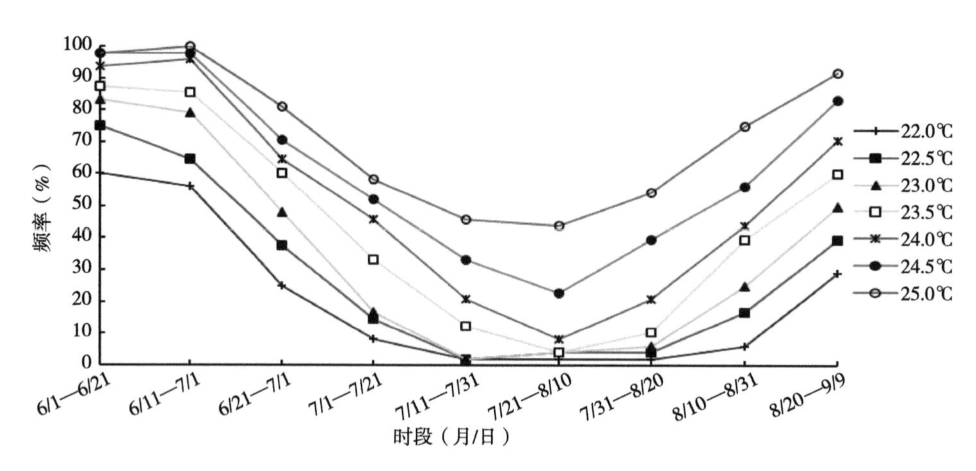

图7-19　武冈市育性敏感期临界温度几率变化曲线

利用扬花授粉期危害指数公式，计算了武冈市杂交稻制种扬花授粉期各时段的危害指数（图7-20）。由图7-20可见，6月6日后缓慢上升，6月16日后缓慢下降，7月1日后又缓慢上升，7月16日达峰值，为7.78；7月16日后呈下降趋势，7月26日后缓慢下降，8月20日降到2.38，之后呈上升趋势，9月24日达到8.91。开展两系法超级杂交稻制种时，建议将扬花授粉时段安排在7月26日至8月30日，将危害指数控制在3.0以下。

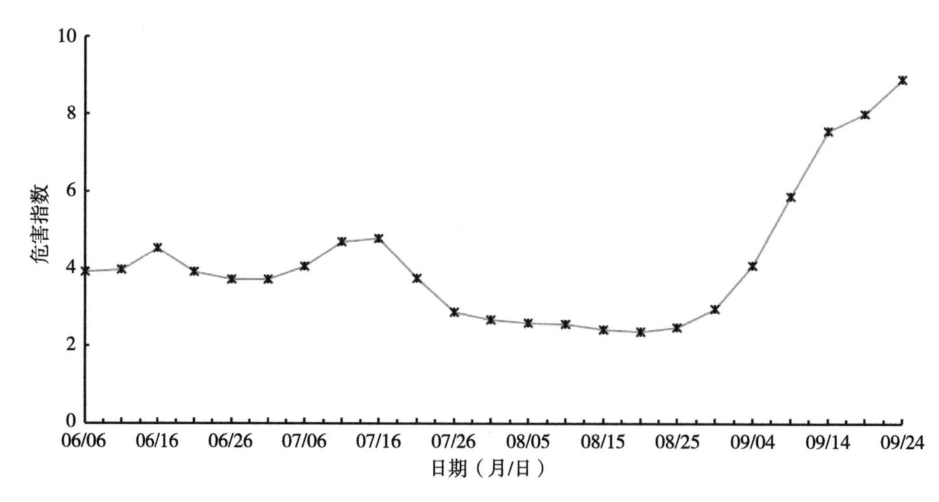

图7-20　武冈市杂交稻制种扬花危害指数变化规律

二、气候时段安排

根据两系杂交稻制种不育系育性转换敏感期气候风险和扬花授粉期危害指数两个重要指标，在确保不育系雄性不育保证率高于96.7%（气候风险小于30年一遇），保障制种安全，并将扬花授粉期安排在危害指数最低时段，从而确定两系制种的最适播种期（表7-7）。由表7-7可见，当不育系育性转换临界温度指标为23.0℃或23.5℃时，选择播始历期（播种至始穗期）为80d的不育系时，其最适播种期为5月23日，扬花授粉结束期为8月21日，不育系雄性不育保证率达97.8%，扬花时段危害指数为2.42，可安全高产。

表7-7　武冈市两个临界温度适宜播种期安排（播始历期80d）

不育系临界温度指标（℃）	播种日期（月/日）	敏感期日期（月/日）	始穗日期（月/日）	扬花终止日期（月/日）	播种至始穗期天数（d）	敏感期至始穗期天数（d）	不育系雄性不育保证率（%）	扬花时段危害指数
23.0	5/23	8/01	8/10	8/21	80	10	97.8	2.42
23.5	5/23	8/01	8/10	8/21	80	10	97.8	2.42

三、具体地段安排

根据育性转换不同的临界温度指标，分析了武冈市杂交稻制种的气候风险区域（图7-21），由图7-21可见：

育性转换起点温度指标为22.0℃：极低风险制种区主要分析北部河谷平原和低丘陵地带，包括马坪街、花桥街、荆竹铺、田心庙、朱溪桥、石羊等乡镇。其他中海拔丘陵区（海拔300～500m）为较低风险区。其他较高海拔的山区地带为高风险制种区，主要水浸坪、大路坪、杨柳井及西部和南部边界山区等地。

育性转换起点温度指标为22.5℃：北部安全制种区面积缩小，仅分布马坪街、花桥街、荆竹铺等河谷平原地区。高风险制种区的范围进一步扩大，较高海拔的地方丘陵均为高风险制种区。

育性转换起点温度指标为23.0℃：极低风险区没有，较低风险区主要分布在双牌乡西部、邓家铺镇西部、马坪乡、荆竹铺镇、湾头桥镇、龙田乡、邓元泰镇、龙溪镇、文坪镇等地，其他大部分地区为极高风险区。

育性转换起点温度指标为23.5℃：极低风险区没有，较低风险区主要分布在双牌乡西部、邓家铺镇西部、马坪乡北部、荆竹铺镇西部、文坪镇南部等地，中度风险区主要分布在湾头桥镇北部和中部、龙田乡中部、邓元泰镇中部、头堂乡中部等地，其他大部分地区为极高风险区。

育性转换起点温度指标为24.0℃：较低风险区没有，中度风险区主要分布在双牌乡西部、邓家铺镇西部、马坪乡北部、荆竹铺镇西部、湾头桥镇北部等地，其他大部分地区为极高风险区。

育性转换起点温度指标为24.5℃：全县为极高风险区。

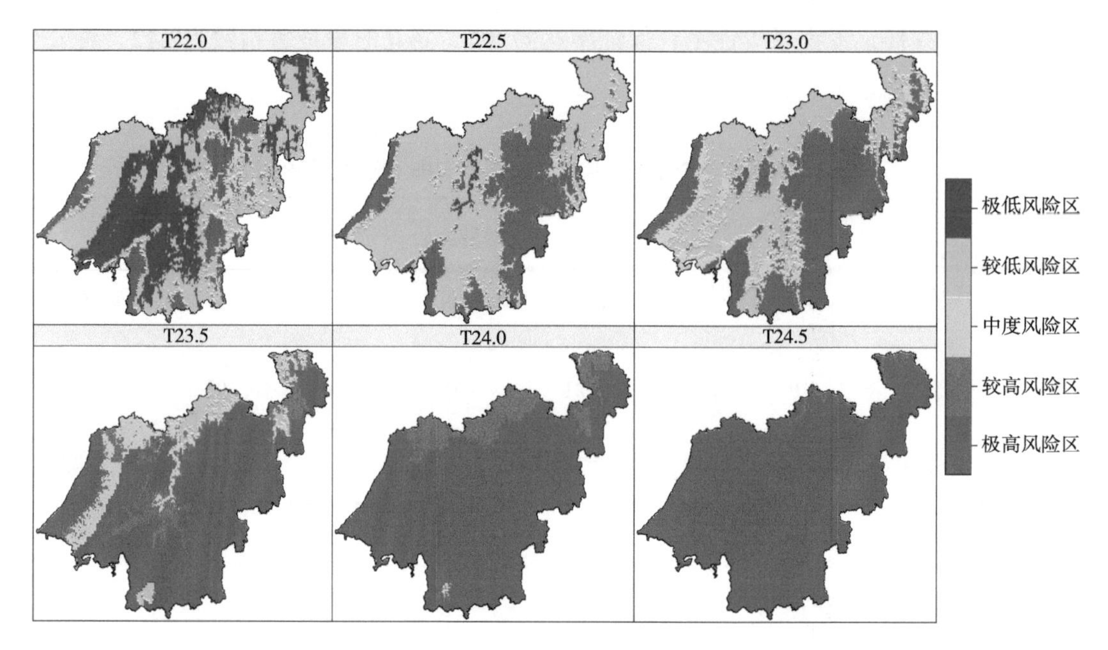

图7-21　武冈市制种气候风险区划

目前育种专家培育的两用不育系育性转换起点温度大多为22.0～25.0℃，而生产上应用的两用不育系育性转换起点温度大多为23.0～24.0℃。根据大多数两用不育系制种气候风险分析结果，建议制种基地具体地段选择在双牌乡西部、邓家铺镇西部、马坪乡北部、荆竹铺镇西部、文坪镇南部等地，母本在5月23日左右播种（播始历期80d）。

第八节　新宁县制种基地生产安排

一、时空择优气候诊断分析

利用新宁县气象站历史资料统计，分析了不同不育系育性转换临界温度风险较低时段（图7-22），由图7-22可见：

育性转换起点温度指标为22.0℃时，不育系育性转换风险最低时段为7月2—28日、7月29日至8月14日，为历史未遇。

育性转换起点温度指标为22.5℃时，不育系育性转换风险最低时段为7月7—28日，为历史未遇，其次是7月29日至8月13日，为40年一遇。

育性转换起点温度指标为23.0℃时，不育系育性转换风险最低时段为7月9—27日，为历史未遇。

育性转换起点温度指标为23.5℃时，不育系育性转换风险最低时段为7月10—27日，为历史未遇。

育性转换起点温度指标为24.0℃时，不育系育性转换风险最低时段为7月17日至8月5日，为40年一遇。

育性转换起点温度指标为24.5℃时，不育系育性转换风险最低时段为7月21日至8月10日，为5年一遇。

育性转换起点温度指标为25.0℃时，不育系育性转换风险最低时段为7月11—31日，为4年一遇。

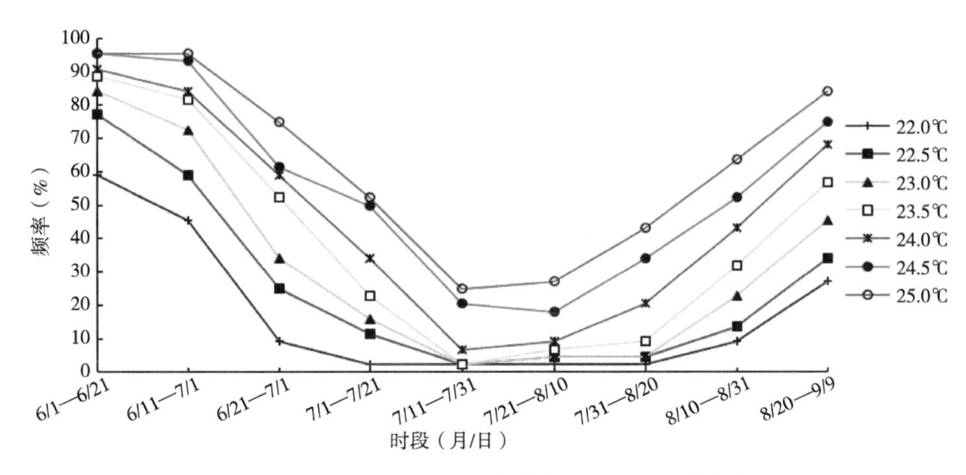

图7-22　新宁县育性敏感期临界温度几率变化曲线

利用扬花授粉期危害指数公式，计算了新宁县杂交稻制种扬花授粉期各时段的危害指数（图7-23）。由图7-23可见，6月6日后呈上升趋势，7月11日达峰值，为8.49；7月16日后呈下降趋势，8月30日降到3.49；之后呈上升趋势，9月24日达到8.39。开展两系法超级杂交稻制种时，建议将扬花授粉时段安排在8月5日至9月4日，将危害指数控制在4.5以下。

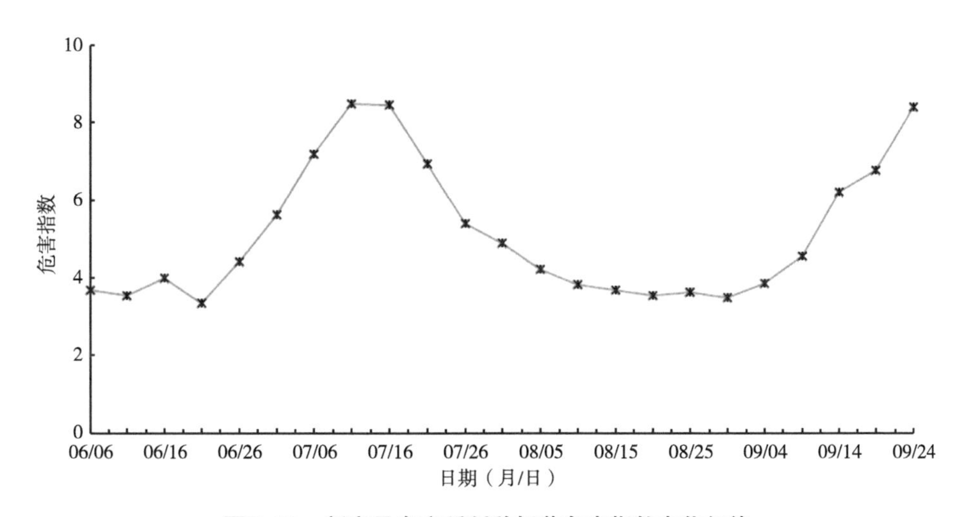

图7-23　新宁县杂交稻制种扬花危害指数变化规律

二、气候时段安排

根据两系杂交稻制种不育系育性转换敏感期气候风险和扬花授粉期危害指数两个重要指标，在确保不育系雄性不育保证率高于96.7%（气候风险小于30年一遇），保障制种安全，并将扬花授粉期安排在危害指数最低时段，从而确定两系制种的最适播种期（表7-8）。由表7-8可见，当不育系育性转换临界温度指标为23.0℃或23.5℃时，选择播始历期（播种至始穗期）为80d的不育系时，其最适播种期为5月21日，扬花授粉结束期为8月19日，不育系雄性不育保证率达97.6%，扬花时段危害指数为3.59，可安全高产。

表7-8　新宁县两个临界温度适宜播种期安排（播始历期80d）

不育系临界温度指标（℃）	播种日期（月/日）	敏感期日期（月/日）	始穗日期（月/日）	扬花终止日期（月/日）	播种至始穗期天数（d）	敏感期至始穗期天数（d）	不育系雄性不育保证率（%）	扬花时段危害指数
23.0	5/21	7/30	8/08	8/19	80	10	97.6	3.59
23.5	5/21	7/30	8/08	8/19	80	10	97.6	3.59

三、具体地段安排

根据育性转换不同的临界温度指标，分析了新宁县杂交稻制种的气候风险区域（图7-24），由图7-24可见：

育性转换起点温度指标为22.0℃：中北部扶夷水沿河平原和低丘陵地带为极低风险制种区，主要塘尾头、回龙寺、马头桥、油溪等乡镇。其他中北部大部分乡镇为较低风险区。其他西南和东南较高海拔山区多高风险制种区。高桥街西部山区部为中度风险区。

育性转换起点温度指标为22.5℃：极低风险制种区范围继续缩小，仅在扶夷水沿河平原地带。低丘陵地带为较低风险区。高风险制种区主要分布在东南和西南山区。

育性转换起点温度指标为23.0℃：大部河谷平原和低丘陵乡镇为较低风险区；其他山区乡镇为高风险制种区。

育性转换起点温度指标为23.5℃：极低风险区没有，较低风险区主要分布在马头桥镇、回龙寺镇、清江桥乡、黄龙镇、白沙镇、金石镇、崀山镇、巡田乡、渡水镇、靖位乡南部等地，其他大部分地区为极高风险区。

育性转换起点温度指标为24.0℃：极低风险区没有，较低风险区主要分布在回龙寺镇中部、靖位乡南部等地，中度风险区主要分布在马头桥镇、回龙寺镇大部、清江桥乡中部、黄龙镇中部、白沙镇中部、金石镇中部、巡田乡中部等地、其他大部分地区为极高风险区。

育性转换起点温度指标为24.5℃：较低风险区没有，中度风险区主要分布在回龙寺镇北部、其他大部分地区为极高风险区。

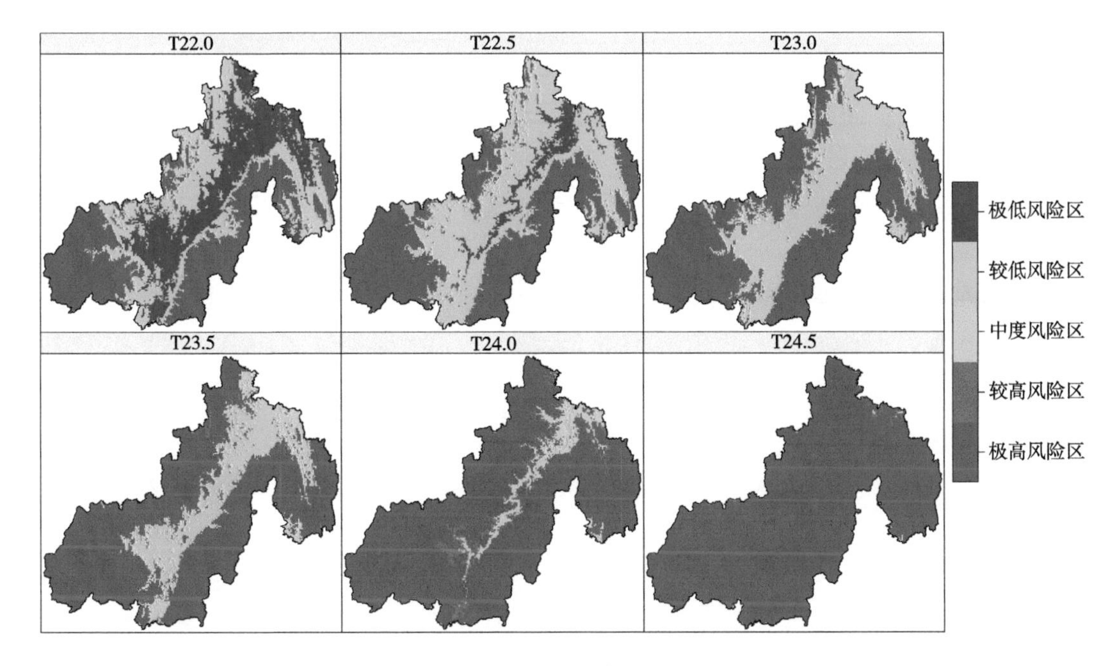

图7-24　新宁县制种气候风险区划

目前育种专家培育的两用不育系育性转换起点温度大多为22.0～25.0℃，而生产上应用的两用不育系育性转换起点温度大多为23.0～24.0℃。根据大多数两用不育系制种气候风险分析结果，建议制种基地具体地段选择在马头桥镇、回龙寺镇、清江桥乡、黄龙镇、白沙镇、金石镇、崀山镇、巡田乡、渡水镇、靖位乡南部等地，母本在5月21日左右播种（播始历期80d）。

第九节　城步县制种基地生产安排

一、时空择优气候诊断分析

利用城步县气象站历史资料统计，分析了不同不育系育性转换临界温度风险较低时段（图7-25），由图7-25可见：

育性转换起点温度指标为22.0℃时，不育系育性转换风险最低时段为7月11—31日、7月31日至8月20日，为40年一遇。

育性转换起点温度指标为22.5℃时，不育系育性转换风险最低时段为7月11—31日，为20年一遇。

育性转换起点温度指标为23.0℃时，不育系育性转换风险最低时段为7月21日至8月10日，为12年一遇。

育性转换起点温度指标为23.5℃时，不育系育性转换风险最低时段为7月13日至8月6日，为6年一遇。

育性转换起点温度指标为24.0℃时，不育系育性转换风险最低时段为7月11日至8月10日，为3年一遇。

育性转换起点温度指标为24.5℃时，不育系育性转换风险最低时段为7月11—31日，为2年一遇。

育性转换起点温度指标为25.0℃时，不育系育性转换风险最低时段为7月11—31日，为5年三遇。

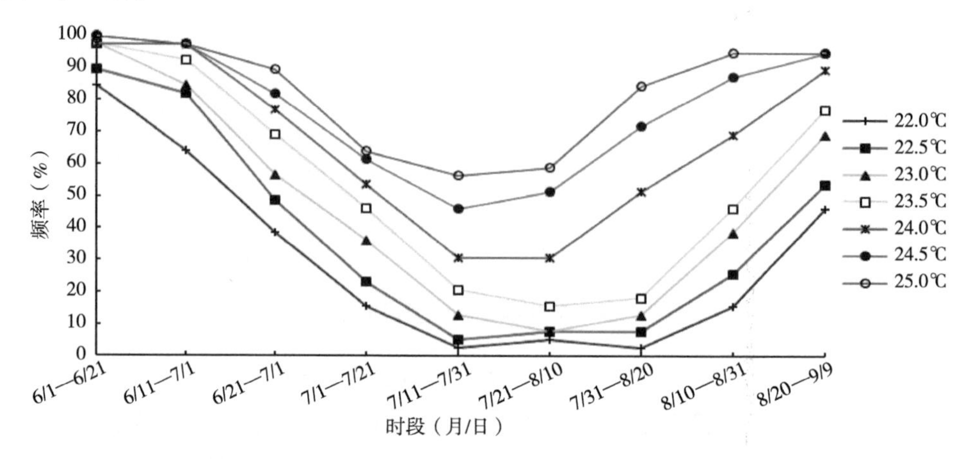

图7-25　城步县育性敏感期临界温度几率变化曲线

利用扬花授粉期危害指数公式，计算了城步县杂交稻制种扬花授粉期各时段的危害指数（图7-26）。由图7-26可见，6月6日后呈下降趋势，6月10日缓慢变化，6月26日后又呈上升趋势，7月11日达峰值，为4.53；7月11日后呈下降趋势，8月10日降到1.37；之后呈上升趋势，9月24日达到9.40。开展两系法超级杂交稻制种时，建议将扬花授粉时段安排在7月26日至8月30日，将危害指数控制在3.0以下。

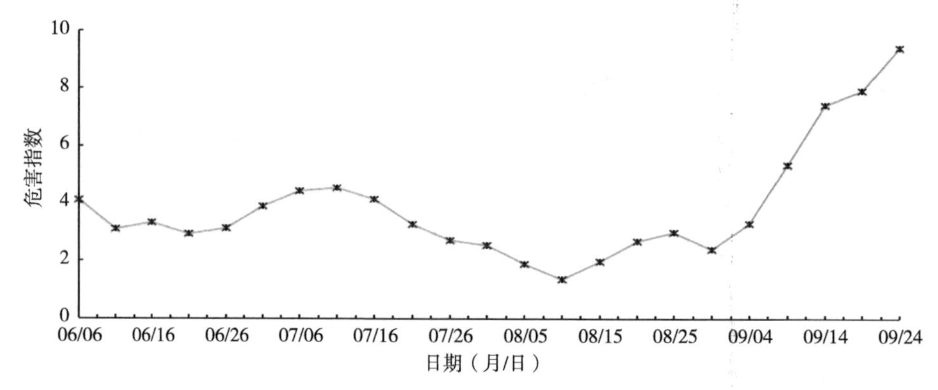

图7-26　城步县杂交稻制种扬花危害指数变化规律

二、气候时段安排

根据两系杂交稻制种不育系育性转换敏感期气候风险和扬花授粉期危害指数两个重要指标，在确保不育系雄性不育保证率高于96.7%（气候风险小于30年一遇），保障制种安全，并将扬花授粉期安排在危害指数最低时段，从而确定两系制种的最适播种期（表7-9）。由表7-9可见，当不育系育性转换临界温度指标为23.0℃时，选择播始历期（播种至始穗期）为80d的不育系时，其最适播种期为5月13日，扬花授粉结束期为8月11日，不育系雄性不育保证率达100%，扬花时段危害指数为1.9，可安全高产；当不育系育性转换临界温度指标为23.5℃时，其最适播种期为5月11日，扬花授粉结束期为8月9日，不育系雄性不育保证率达100%，扬花时段危害指数为1.93，可安全高产。

表7-9　城步县两个临界温度适宜播种期安排（播始历期80d）

不育系临界温度指标（℃）	播种日期（月/日）	敏感期日期（月/日）	始穗日期（月/日）	扬花终止日期（月/日）	播种至始穗期天数（d）	敏感期至始穗期天数（d）	不育系雄性不育保证率（%）	扬花时段危害指数
23.0	5/13	7/22	7/31	8/11	80	10	100	1.9
23.5	5/11	7/20	7/29	8/09	80	10	100	1.93

三、具体地段安排

根据育性转换不同的临界温度指标，分析了城步县杂交稻制种的气候风险区域（图7-27），由图7-27可见：

育性转换起点温度指标为22.0℃：极低风险制种区仅分布在城步县北部西岩、花桥等及中部羊石等河谷平原地带。其他中部和北部的中海拔以下的丘陵地带为较低风险区。其他南部和东部等山区为高风险制种区。

育性转换起点温度指标为22.5℃：其他中部和北部的低海拔丘陵地带为较低风险区。其他较高海拔以上丘陵山区为高风险制种区。

育性转换起点温度指标为23.0℃：极低风险区没有，较低风险区主要分布在西岩镇中部和东部、茅坪镇中部、儒林镇南部、丹口镇中部等地，中度风险区主要分布在西岩镇西部、儒林镇北部等地，其他大部分地区为极高风险区。

育性转换起点温度指标为23.5℃：极低风险区没有，较低风险区主要分布在西岩镇东部、茅坪镇中部、儒林镇南部、丹口镇南部等地，中度风险区主要分布在西岩镇中部、儒林镇北部、丹口镇北部等地，其他大部分地区为极高风险区。

育性转换起点温度指标为24.0℃：较低风险区没有，中度风险区主要分布在西岩镇北部，其他大部分地区为极高风险区。

育性转换起点温度指标为24.5℃：全县为极高风险区。

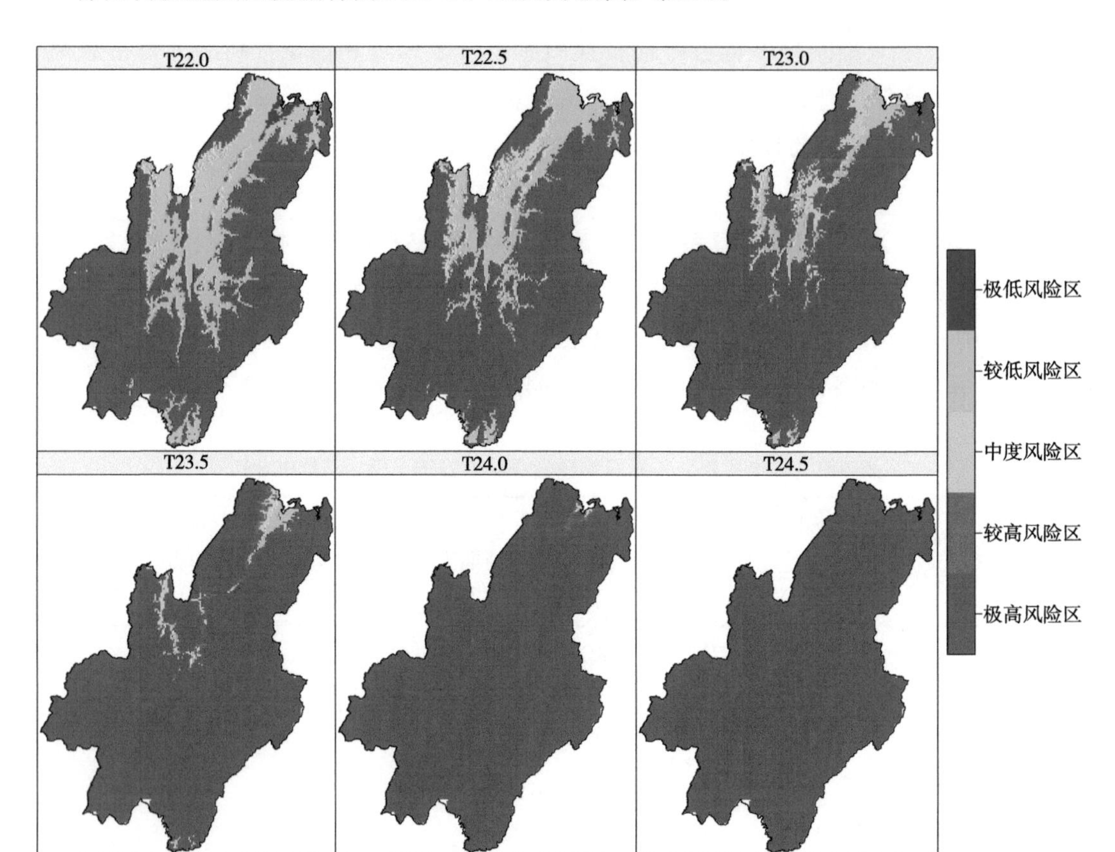

图7-27　城步县制种气候风险区划

目前育种专家培育的两用不育系育性转换起点温度大多为22.0～25.0℃，而生产上应用的两用不育系育性转换起点温度大多为23.0～24.0℃。根据大多数两用不育系制种气候风险分析结果，建议制种基地具体地段选择在西岩镇中部和东部、茅坪镇中部、儒林镇南部、丹口镇中部等地，母本在5月11日左右播种（播始历期80d）。

第八章　衡阳市主要制种基地县的气候适宜性生产安排

衡阳市东部为罗霄山余脉，南部为南岭余脉，西部为越城岭的延伸，西北部、北部为大云山、九峰山和南岳衡山。中部以盆地为主，南高北低，面积3 550km^2。市境最高点为衡山祝融峰，海拔1 290m，最低点为衡东的彭陂港，海拔只有39.2m。地貌类型以岗丘为主，山地占总面积的21%，丘陵占27%，岗地占27%，平原占21%，水面占4%。湘江一级支流有舂陵水、蒸水、耒水、洣水。

根据两系杂交稻制种不育系育性转换敏感期气候风险和扬花授粉期危害指数两个指标，分析了衡阳市所辖主要制种基地的衡山县、衡东县、祁东县、衡阳县、衡南县、耒阳市、常宁市等7个制种基地县地不育系育性转换敏感期气候风险和扬花授粉期危害指数的时空分布规律；根据实用不育系（23.0～24.0℃）雄性不育有保障的原则（100%或97.5%），保障制种安全，将扬花授粉期安排在危害指数最低时段，确定两系制种的最适播种期，从而保障杂交稻制种安全。

第一节　衡山县制种基地生产安排

一、时空择优气候诊断分析

利用衡山县气象站历史资料统计，分析了不同不育系育性转换临界温度风险较低时段（图8-1），由图8-1可见：

育性转换起点温度指标为22.0℃时，不育系育性转换风险最低时段为7月2日至8月30日，为历史未遇。

育性转换起点温度指标为22.5℃时，不育系育性转换风险最低时段为7月5—28日、7月29日至8月26日，为历史未遇。

育性转换起点温度指标为23.0℃时，不育系育性转换风险最低时段为7月7—28日、7月29日至8月14日，为历史未遇。

育性转换起点温度指标为23.5℃时，不育系育性转换风险最低时段为7月8—28日、7月29日至8月14日，为历史未遇。

育性转换起点温度指标为24.0℃时，不育系育性转换风险最低时段为7月9—27日，为历史未遇，其次是7月29日至8月14日，为40年一遇。

育性转换起点温度指标为24.5℃时，不育系育性转换风险最低时段为7月14日至8月6日，为40年一遇。

育性转换起点温度指标为25.0℃时，不育系育性转换风险最低时段为7月21日至8月10日，为14年一遇。

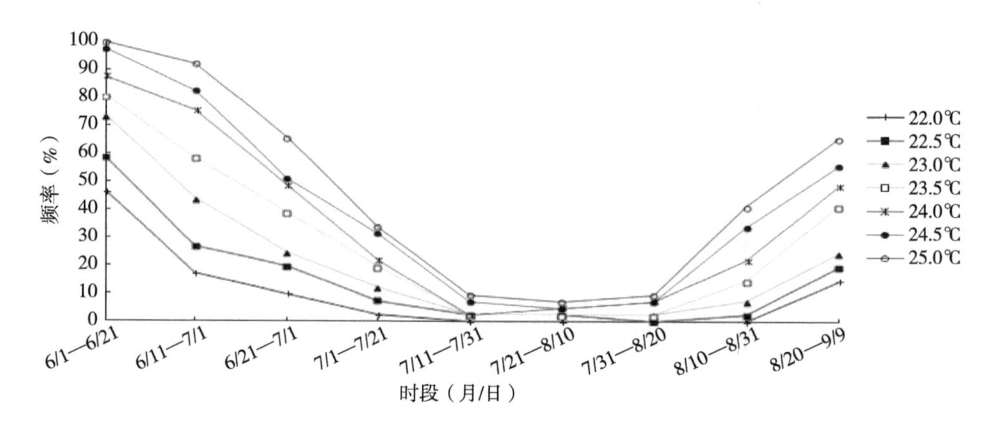

图8-1　衡山县育性敏感期临界温度几率变化曲线

利用扬花授粉期危害指数公式，计算了衡山县杂交稻制种扬花授粉期各时段的危害指数（图8-2）。由图8-2可见，6月6日后呈上升趋势，7月16日达峰值，为13.79；7月16日后呈下降趋势，8月15日降到5.34，之后缓慢变化，9月9日降到4.74，之后缓慢上升，9月24日为7.03。开展两系法超级杂交稻制种时，建议将扬花授粉时段安排在8月10日至9月19日，将危害指数控制在8.0以下。

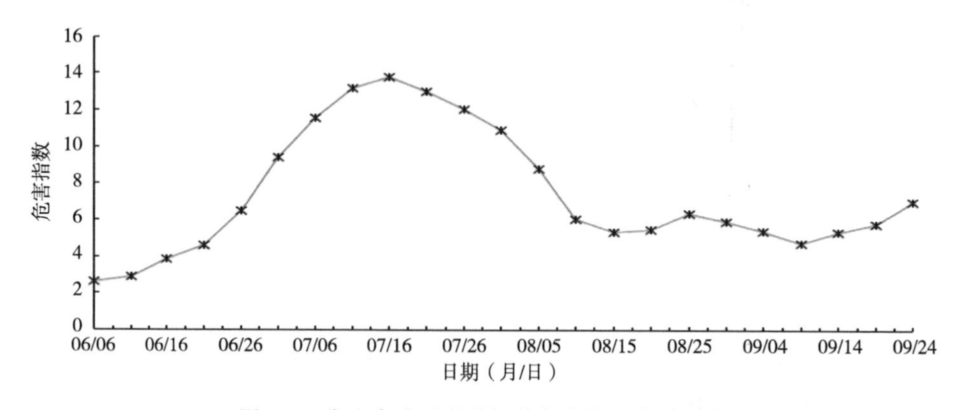

图8-2　衡山杂交稻制种扬花危害指数变化规律

二、气候时段安排

根据两系杂交稻制种不育系育性转换敏感期气候风险和扬花授粉期危害指数两个重要指标，在确保不育系雄性不育保证率高于98.7%（气候风险小于30年一遇），保障制种安全，并将扬花授粉期安排在危害指数最低时段，从而确定两系制种的最适播种期（表8-1）。由表8-1可见，当不育系育性转换临界温度指标为23.0℃或23.5℃时，选择播始历期（播种至始穗期）为80d的不育系时，其最适播种期为5月26日，扬花授粉结束期为8月24日，不育系雄性不育保证率达100%，扬花时段危害指数为5.29，可安全高产。

表8-1　衡山县两个临界温度适宜播种期安排（播始历期80d）

不育系临界温度指标（℃）	播种日期（月/日）	敏感期日期（月/日）	始穗日期（月/日）	扬花终止日期（月/日）	播种至始穗期天数（d）	敏感期至始穗期天数（d）	不育系雄性不育保证率（%）	扬花时段危害指数
23.0	5/26	8/04	8/13	8/24	80	10	100	5.29
23.5	5/26	8/04	8/13	8/24	80	10	100	5.29

三、具体地段安排

根据育性转换不同的临界温度指标，分析了衡山县杂交稻制种的气候风险区域（图8-3），由图8-3可见：

育性转换起点温度指标为22.0℃：大部分地区为极低风险制种区域，较低风险区域主要分布在望峰乡、东湖镇、马迹镇、店门镇等地，极高风险区域主要分布在望峰乡、马迹镇、店门镇等地。

育性转换起点温度指标为22.5℃：大部分地区为极低风险制种区域，较低风险区域主要分布在望峰乡、东湖镇、马迹镇、新桥镇、福田乡、开云镇、店门镇等地，极高风险区域主要分布在望峰乡、马迹镇、店门镇等地。

育性转换起点温度指标为23.0℃：极低风险区域主要分布在长青乡、白果镇、长江镇、永和乡、萱洲镇等地，极高风险区域主要分布在望峰乡、马迹镇、店门镇等地，全县其他大部分地区为较低风险区。

育性转换起点温度指标为23.5℃：全县大部分地区为较低风险区，极低风险区域主要分布在湘江边上的长青乡、白果镇、长江镇、永和乡、萱洲镇等低洼地区，极高风险区域主要分布在望峰乡、马迹镇、店门镇等地。

育性转换起点温度指标为24.0℃：极低风险区域基本没有，全县大部分地区为较低风险区，极高风险区域主要分布在望峰乡、马迹镇、店门镇等地。

育性转换起点温度指标为24.5℃：极低风险区域没有，全县大部分地区为较低风险区，中度风险区域主要分布在湘江边上的长江镇、开云镇、永和乡、萱洲镇等地区，极高风险区域主要分布在坡岭乡、望峰乡、马迹镇、店门镇等地区。

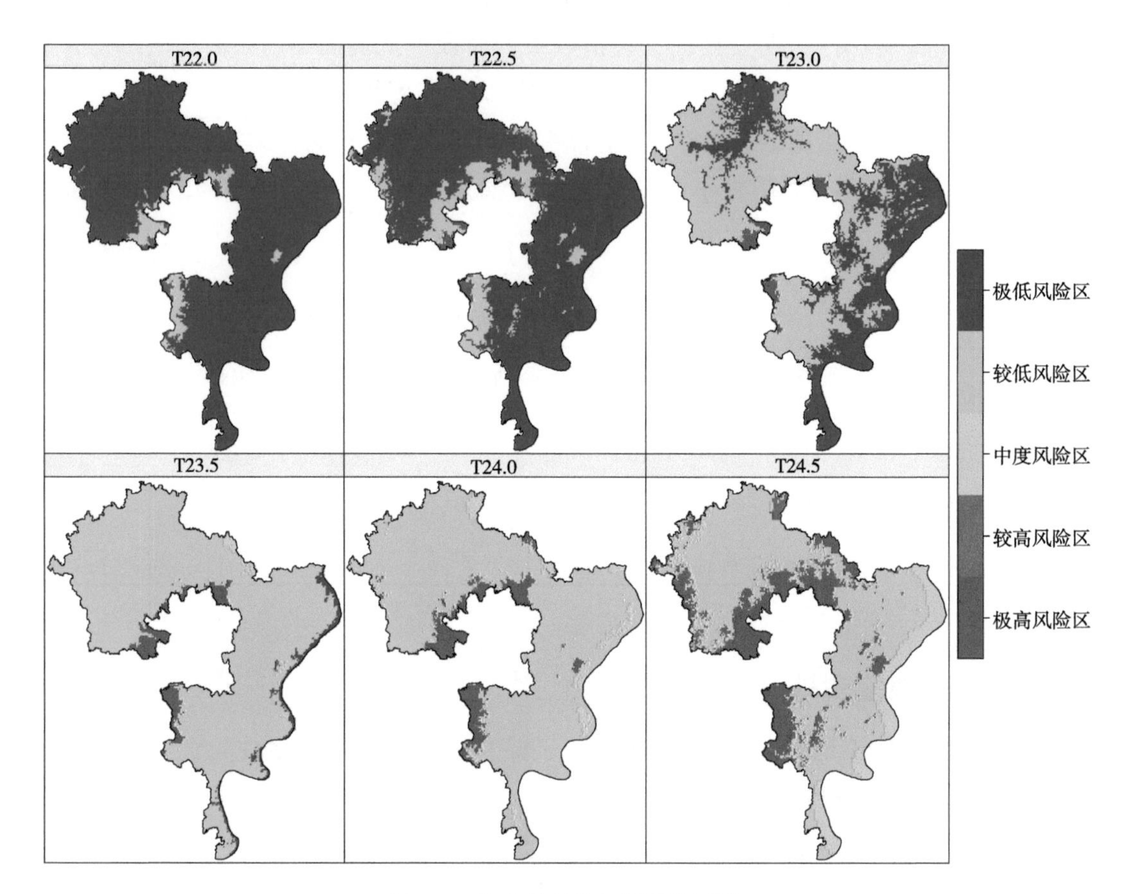

图8-3　衡山县制种气候风险区划

目前育种专家培育的两用不育系育性转换起点温度大多为22.0～25.0℃，而生产上应用的两用不育系育性转换起点温度大多为23.0～24.0℃。根据大多数两用不育系制种气候风险分析结果，建议制种基地具体地段选择在长青乡、白果镇、长江镇、永和乡、萱洲镇等地，母本在5月26日左右播种（播始历期80d）。

第二节　衡东县制种基地生产安排

一、时空择优气候诊断分析

利用衡东县气象站历史资料统计，分析了不同不育系育性转换临界温度风险较低时段（图8-4），由图8-4可见：

育性转换起点温度指标为22.0℃时，不育系育性转换风险最低时段为6月23日至9月4日，为历史未遇。

育性转换起点温度指标为22.5℃时，不育系育性转换风险最低时段为7月2日至9月4日，为历史未遇。

育性转换起点温度指标为23.0℃时，不育系育性转换风险最低时段为7月7—28日、7月29日至8月14日，为历史未遇。

育性转换起点温度指标为23.5℃时，不育系育性转换风险最低时段为7月8—28日，为历史未遇，其次是7月29日至8月14日，为30年一遇。

育性转换起点温度指标为24.0℃时，不育系育性转换风险最低时段为7月9—28日，为历史未遇，其次是7月29日至8月14日，为30年一遇。

育性转换起点温度指标为24.5℃时，不育系育性转换风险最低时段为7月14日至8月6日，为30年一遇。

育性转换起点温度指标为25.0℃时，不育系育性转换风险最低时段为7月21日至8月10日，为13年一遇。

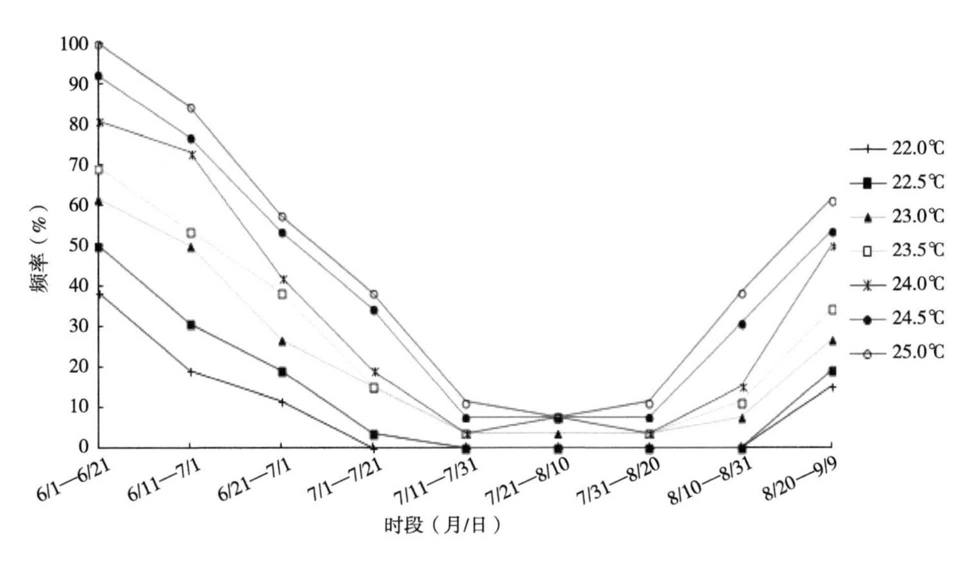

图8-4　衡东县育性敏感期临界温度几率变化曲线

利用扬花授粉期危害指数公式，计算了衡东杂交稻制种扬花授粉期各时段的危害指数（图8-5）。由图8-5可见，6月6日后呈上升趋势，7月21日达峰值，为14.96；7月21日后缓慢下降，7月26日后呈下降趋势，8月15日降到8.33，之后缓慢变化，9月9日降到5.50，之后缓慢上升，9月24日为7.58。开展两系法超级杂交稻制种时，建议将扬花授粉时段安排在8月10日至9月19日，将危害指数控制在7.5以下。

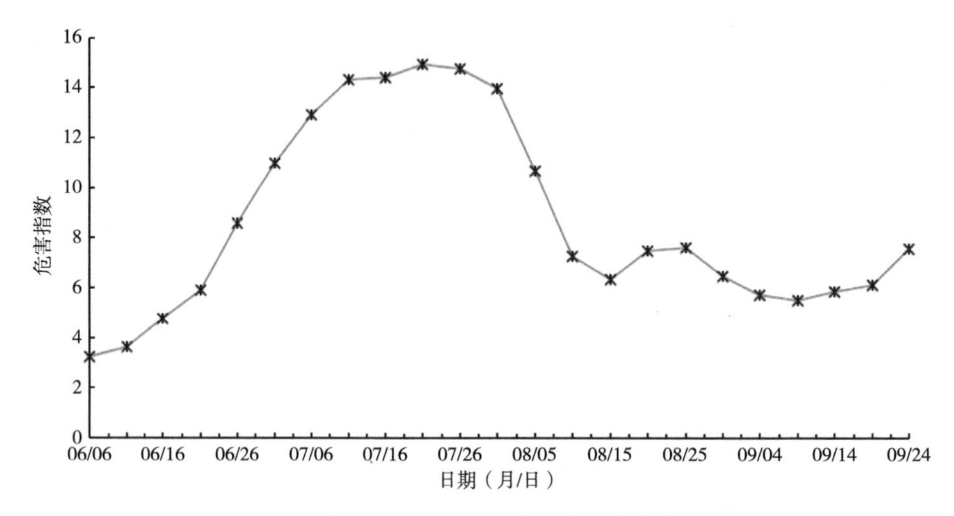

图8-5　衡东杂交稻制种扬花危害指数变化规律

二、气候时段安排

根据两系杂交稻制种不育系育性转换敏感期气候风险和扬花授粉期危害指数两个重要指标，在确保不育系雄性不育保证率高于98.7%（气候风险小于30年一遇），保障制种安全，并将扬花授粉期安排在危害指数最低时段，从而确定两系制种的最适播种期（表8-2）。由表8-2可见，当不育系育性转换临界温度指标为23.0℃时，选择播始历期（播种至始穗期）为80d的不育系时，其最适播种期为6月11日，扬花授粉结束期为9月9日，不育系雄性不育保证率达100%，扬花时段危害指数为5.71，可安全高产；当不育系育性转换临界温度指标为23.5℃时，其最适播种期为5月23日，扬花授粉结束期为8月21日，不育系雄性不育保证率达98.7%，扬花时段危害指数为8.33，可安全高产。

表8-2　衡东县两个临界温度适宜播种期安排（播始历期80d）

不育系临界温度指标（℃）	播种日期（月/日）	敏感期日期|（月/日）	始穗日期（月/日）	扬花终止日期（月/日）	播种至始穗期天数（d）	敏感期至始穗期天数（d）	不育系雄性不育保证率（%）	扬花时段危害指数
23.0	6/11	8/20	8/29	9/09	80	10	100	5.71
23.5	5/23	8/01	8/10	8/21	80	10	98.7	8.33

三、具体地段安排

根据育性转换不同的临界温度指标，分析了衡东县杂交稻制种的气候风险区域（图8-6），由图8-6可见：

育性转换起点温度指标为22.0℃：大部分地区为极低风险制种区域，中度风险区域主要分布在四方山海拔较高区域，西部边缘也有零星的中度风险区域。

育性转换起点温度指标为22.5℃：大部分地区为极低风险制种区域，中度风险区域主要分布在四方山海拔较高区域，西部边缘也有零星的中度风险区域。

育性转换起点温度指标为23.0℃：大部分地区为极低风险制种区域和较低风险区域，中度风险区域主要分布在四方山及荣桓镇南部海拔较高区域，西部边缘及凤凰山也有零星的中度风险区域。

育性转换起点温度指标为23.5℃：大部分地区为较低风险区域，中度风险区域主要分布在四方山、凤凰山及荣桓镇南部海拔较高区域，西部边缘也有零星的中度风险区域。

育性转换起点温度指标为24.0℃：极低风险区域没有，较低风险区域主要分布在大桥镇、三樟乡、石湾镇、新塘镇、霞流镇、吴集镇、甘溪镇、杨桥镇、荣桓镇、杨林镇、高湖镇、草市镇、高塘乡等地，全县其他大部分地区为中度风险区域。

育性转换起点温度指标为24.5℃：极低风险区域没有，较低风险区域主要分布在杨桥镇、荣桓镇、高湖镇、草市镇、高塘乡等地，全县其他大部分地区为中度风险区域。

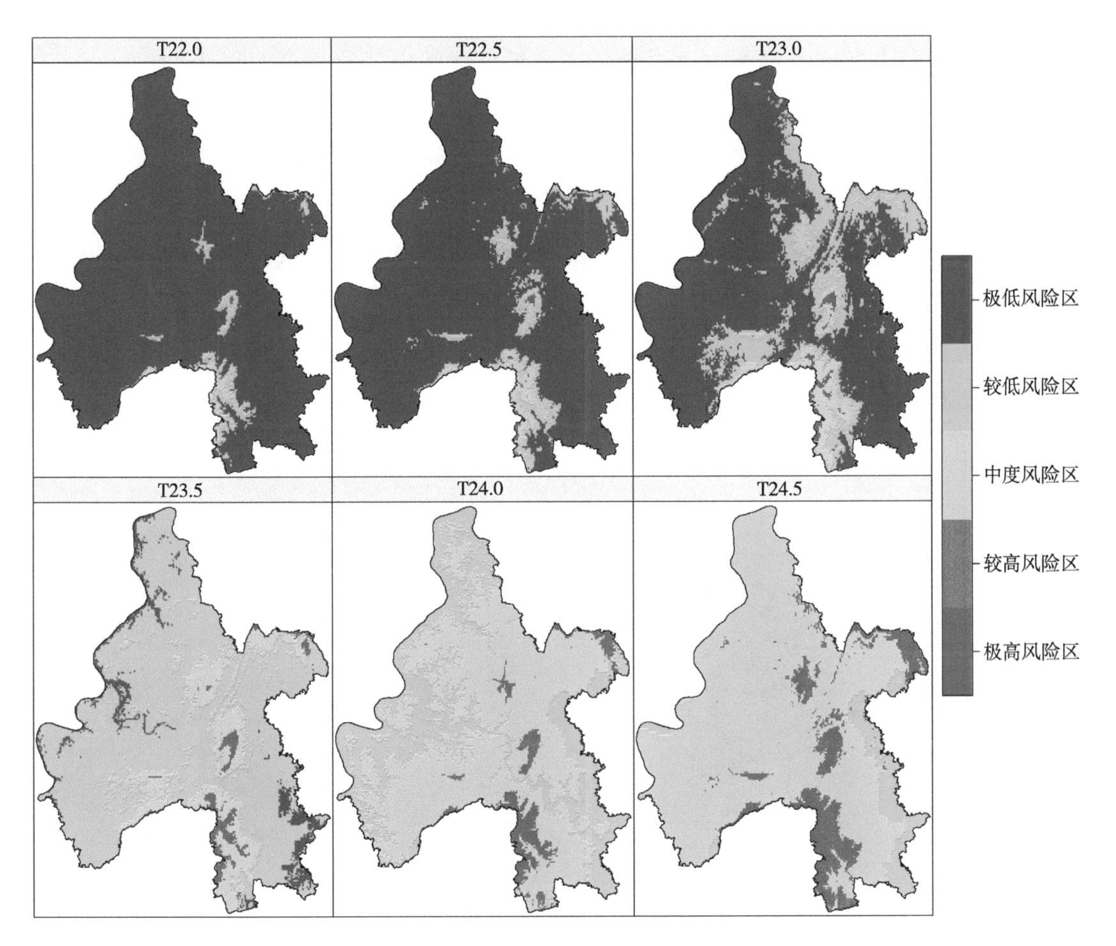

图8-6　衡东县制种气候风险区划

目前育种专家培育的两用不育系育性转换起点温度大多为22.0～25.0℃，而生产上应用的两用不育系育性转换起点温度大多为23.0～24.0℃。根据大多数两用不育系制种气候风险分析结果，建议制种基地具体地段选择在大桥镇、三樟乡、石湾镇、新塘镇、霞流镇、吴集镇、甘溪镇、杨桥镇、荣桓镇、杨林镇、高湖镇、草市镇、高塘乡等地，母本在5月23日左右播种（播始历期80d）。

第三节　祁东县制种基地生产安排

一、时空择优气候诊断分析

利用祁东县气象站历史资料统计，分析了不同不育系育性转换临界温度风险较低时段（图8-7），由图8-7可见：

育性转换起点温度指标为22.0℃时，不育系育性转换风险最低时段为7月1日至9月4日，为历史未遇。

育性转换起点温度指标为22.5℃时，不育系育性转换风险最低时段为7月2—28日、7月29日至8月15日，为历史未遇。

育性转换起点温度指标为23.0℃时，不育系育性转换风险最低时段为7月2—28日、7月29日至8月14日，为历史未遇。

育性转换起点温度指标为23.5℃时，不育系育性转换风险最低时段为7月9—28日，为历史未遇，其次是7月29日至8月14日，为40年一遇。

育性转换起点温度指标为24.0℃时，不育系育性转换风险最低时段为7月14—28日，为历史未遇，其次是7月29日至8月14日，为40年一遇。

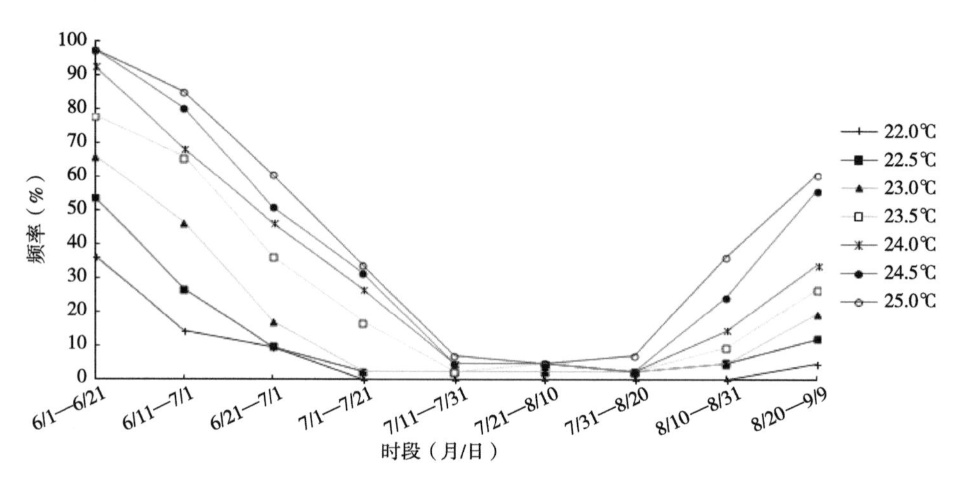

图8-7　祁东县育性敏感期临界温度几率变化曲线

育性转换起点温度指标为24.5℃时，不育系育性转换风险最低时段为7月14日至8月6日，为40年一遇。

育性转换起点温度指标为25.0℃时，不育系育性转换风险最低时段为7月21日至8月10日，为20年一遇。

利用扬花授粉期危害指数公式，计算了祁东县杂交稻制种扬花授粉期各时段的危害指数（图8-8）。由图8-8可见，6月6日后呈上升趋势，7月21日达峰值，为12.66；7月21日后呈下降趋势，8月10日降到8.26，之后缓慢变化，9月9日降到5.26，之后缓慢上升，9月24日为7.34。开展两系法超级杂交稻制种时，建议将扬花授粉时段安排在8月10日至9月19日，将危害指数控制在8.5以下。

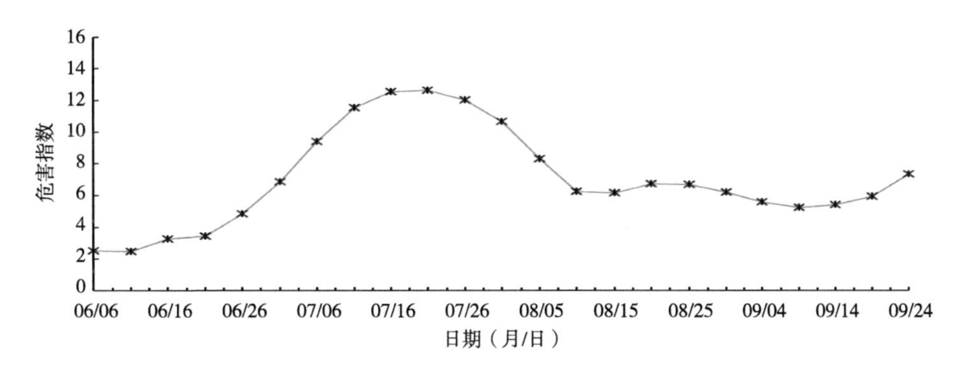

图8-8　祁东杂交稻制种扬花危害指数变化规律

二、气候时段安排

根据两系杂交稻制种不育系育性转换敏感期气候风险和扬花授粉期危害指数两个重要指标，在确保不育系雄性不育保证率高于98.7%（气候风险小于30年一遇），保障制种安全，并将扬花授粉期安排在危害指数最低时段，从而确定两系制种的最适播种期（表8-3）。由表8-3可见，当不育系育性转换临界温度指标为23.0℃时，选择播始历期（播种至始穗期）为80d的不育系时，其最适播种期为6月16日，扬花授粉结束期为9月14日，不育系雄性不育保证率达97.4%，扬花时段危害指数为5.42，可安全高产；当不育系育性转换临界温度指标为23.5℃时，其最适播种期为5月20日，扬花授粉结束期为8月18日，不育系雄性不育保证率达97.4%，扬花时段危害指数为5.82，可安全高产。

表8-3　祁东县两个临界温度适宜播种期安排（播始历期80d）

不育系临界温度指标（℃）	播种日期（月/日）	敏感期日期（月/日）	始穗日期（月/日）	扬花终止日期（月/日）	播种至始穗期天数（d）	敏感期至始穗期天数（d）	不育系雄性不育保证率（%）	扬花时段危害指数
23.0	6/16	8/25	9/03	9/14	80	10	97.4	5.42
23.5	5/20	7/29	8/07	8/18	80	10	97.4	5.82

三、具体地段安排

根据育性转换不同的临界温度指标，分析了祁东县杂交稻制种的气候风险区域（图8-9），由图8-9可见：

育性转换起点温度指标为22.0℃：全县大部分地区为极低风险制种区域，较低风险区域主要分布在风岐坪乡、官家嘴镇、马杜桥乡、灵官镇等地，较高和极高风险区域主要分布在四明山乡西部。

育性转换起点温度指标为22.5℃：全县大部分地区为极低风险制种区域，较低风险区域主要分布在风岐坪乡、官家嘴镇、马杜桥乡、洪桥镇、灵官镇、白地市镇等地，较高和极高风险区域主要分布在四明山乡西部、凤岐坪乡北部、马杜桥乡北部等地。

育性转换起点温度指标为23.0℃：全县大部分地区为极低风险制种区域，较低风险区域主要分布在风岐坪乡、官家嘴镇、马杜桥乡、洪桥镇、灵官镇、白地市镇、粮市镇等地，较高和极高风险区域主要分布在四明山乡西部、凤岐坪乡北部、马杜桥乡北部、灵官镇南部等地。

育性转换起点温度指标为23.5℃：全县大部分地区为较低风险制种区域，极低风险制种区域主要分布在砖塘镇、金桥镇、过水坪镇、乌江镇、归阳镇、河洲镇等地，较高和极高风险区域主要分布在四明山乡西部、凤岐坪乡北部、官家嘴镇北部、马杜桥乡北部、灵官镇南部等地。

育性转换起点温度指标为24.0℃：极低风险制种区域没有，全县大部分地区为较低风险制种区域，较高和极高风险区域主要分布在四明山乡西部、凤岐坪乡北部、官家嘴镇北部、马杜桥乡北部、灵官镇南部等地。

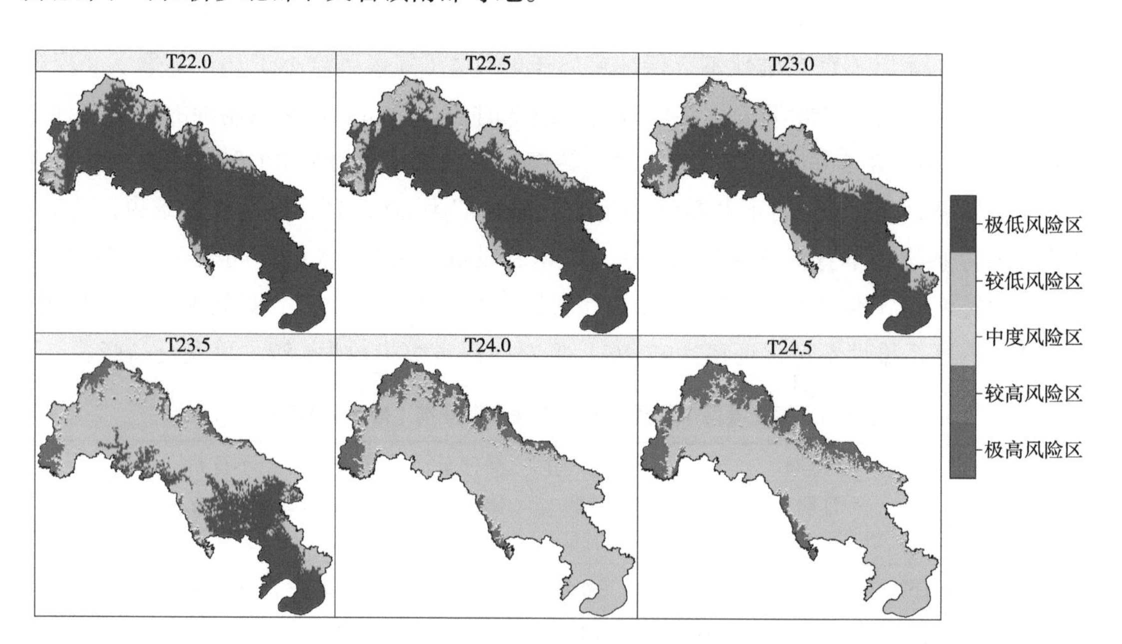

图8-9　祁东县制种气候风险区划

育性转换起点温度指标为24.5℃：极低风险制种区域没有，全县大部分地区为较低风险制种区域，较高和极高风险区域主要分布在四明山乡、凤岐坪乡、官家嘴镇、马杜桥乡北部、灵官镇南部等地。

目前育种专家培育的两用不育系育性转换起点温度大多为22.0～25.0℃，而生产上应用的两用不育系育性转换起点温度大多为23.0～24.0℃。根据大多数两用不育系制种气候风险分析结果，建议制种基地具体地段选择在砖塘镇、金桥镇、过水坪镇、乌江镇、归阳镇、河洲镇等地，母本在5月20日左右播种（播始历期80d）。

第四节　衡阳县制种基地生产安排

一、时空择优气候诊断分析

利用衡阳县气象站历史资料统计，分析了不同不育系育性转换临界温度风险较低时段（图8-10），由图8-10可见：

育性转换起点温度指标为22.0℃时，不育系育性转换风险最低时段为7月2日至8月26日，为历史未遇。

育性转换起点温度指标为22.5℃时，不育系育性转换风险最低时段为7月2—28日、7月29日至8月15日，为历史未遇。

育性转换起点温度指标为23.0℃时，不育系育性转换风险最低时段为7月5—28日、7月29日至8月14日，为历史未遇。

育性转换起点温度指标为23.5℃时，不育系育性转换风险最低时段为7月8—28日，为历史未遇，其次是7月29日至8月14日，为40年一遇。

育性转换起点温度指标为24.0℃时，不育系育性转换风险最低时段为7月9—28日，为历史未遇，其次是7月29日至8月14日，为40年一遇。

育性转换起点温度指标为24.5℃时，不育系育性转换风险最低时段为7月9—27日、7月30日至8月14日，为40年一遇。

育性转换起点温度指标为25.0℃时，不育系育性转换风险最低时段为7月21日至8月10日，为20年一遇。

利用扬花授粉期危害指数公式，计算了衡阳县杂交稻制种扬花授粉期各时段的危害指数（图8-11）。由图8-11可见，6月6日后呈上升趋势，7月21日达峰值，为13.0；7月21日后呈下降趋势，8月15日降到8.26，之后缓慢变化，9月4日降到5.39；之后呈上升趋势，9月24日达到8.87。开展两系法超级杂交稻制种时，建议将扬花授粉时段安排在8月10日至9月19日，将危害指数控制在7.5以下。

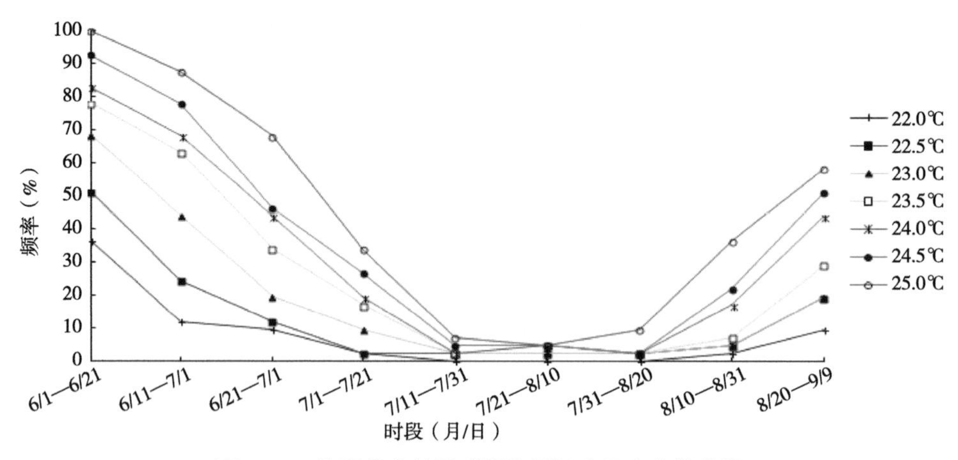

图8-10　衡阳县育性敏感期临界温度几率变化曲线

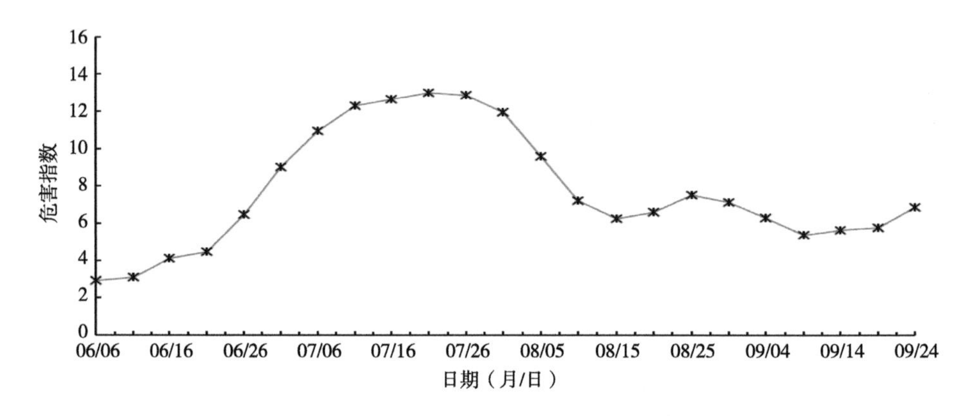

图8-11　衡阳县杂交稻制种扬花危害指数变化规律

二、气候时段安排

根据两系杂交稻制种不育系育性转换敏感期气候风险和扬花授粉期危害指数两个重要指标，在确保不育系雄性不育保证率高于98.7%（气候风险小于30年一遇），保障制种安全，并将扬花授粉期安排在危害指数最低时段，从而确定两系制种的最适播种期（表8-4）。由表8-4可见，当不育系育性转换临界温度指标为23.0℃或23.5℃时，选择播始历期（播种至始穗期）为80d的不育系时，其最适播种期为5月22日，扬花授粉结束期为8月20日，不育系雄性不育保证率在97.4%以上，扬花时段危害指数为8.24，可安全高产。

表8-4　衡阳县两个临界温度适宜播种期安排（播始历期80d）

不育系临界温度指标（℃）	播种日期（月/日）	敏感期日期（月/日）	始穗日期（月/日）	扬花终止日期（月/日）	播种至始穗期天数（d）	敏感期至始穗期天数（d）	不育系雄性不育保证率（%）	扬花时段危害指数
23.0	5/22	8/16	8/09	8/20	80	10	100	8.24
23.5	5/22	7/31	8/09	8/20	80	10	97.4	8.24

三、具体地段安排

根据育性转换不同的临界温度指标，分析了衡阳县杂交稻制种的气候风险区域（图8-12），由图8-12可见：

育性转换起点温度指标为22.0℃：衡阳县大部分地区为极低风险制种区域和较低风险区域，东部海拔较高区域有零星的中度风险区域。

育性转换起点温度指标为22.5℃：衡阳县大部分地区为极低风险制种区域和较低风险区域，东部海拔较高区域有零星的中度风险区域。

育性转换起点温度指标为23.0℃：衡阳县大部分地区为极低风险制种区域和较低风险区域，东部、西北部及西南部边缘有零星的中度风险区域，其中极低风险区主要分布在石市镇、渣江镇、三湖镇、长安乡、栏垅乡、台源镇、演陂镇、西渡镇、岘山镇、杉桥镇、板市乡、樟树乡、潮江乡、集兵镇、樟木乡等地。

育性转换起点温度指标为23.5℃：衡阳县大部分地区为较低风险区域，东部、西北部及西南部边缘有零星的中度风险区域。

育性转换起点温度指标为24℃：衡阳县大部分地区为较低风险区域，东部、西北部及西南部边缘有零星的中度风险区域。

育性转换起点温度指标为24.5℃：衡阳县大部分地区为较低风险区域，中度风险区域分布在东部、西北部及西南部海拔较高地区。

育性转换起点温度指标为25.0℃：衡阳县制种较低风险区域主要分布在中部及东南部。

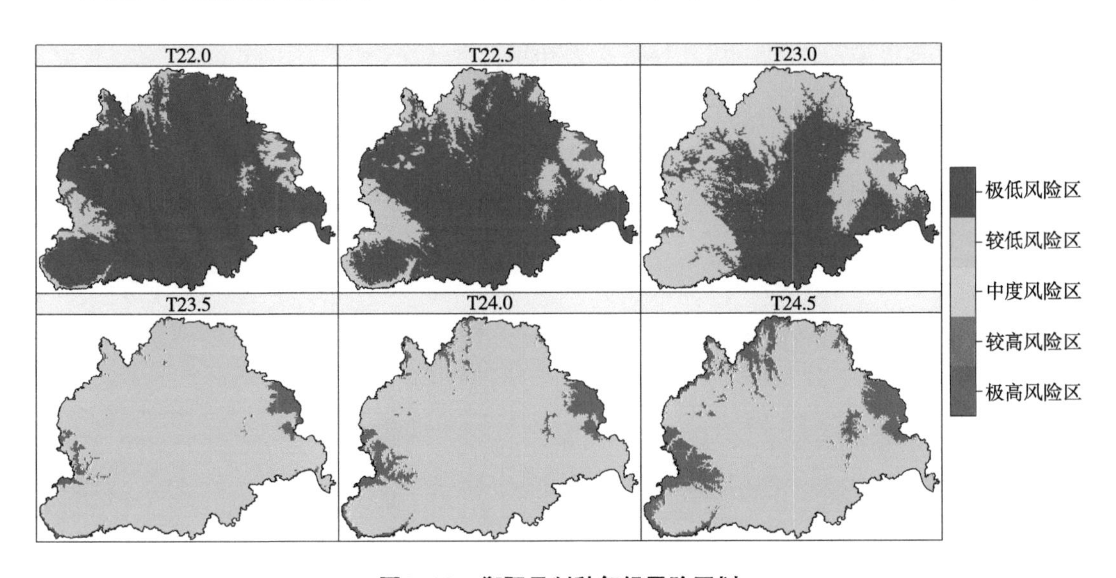

图8-12　衡阳县制种气候风险区划

目前育种专家培育的两用不育系育性转换起点温度大多为22.0～25.0℃间，而生产上应用的两用不育系育性转换起点温度大多为23.0～24.0℃。根据大多数两用不育系制种气候风险分析结果，建议制种基地具体地段选择在石市镇、渣江镇、三湖镇、长安乡、栏垅乡、台源镇、演陂镇、西渡镇、岘山镇、杉桥镇、板市乡、樟树乡、潮江乡、集兵镇、樟木乡等地，母本在5月22日左右播种（播始历期80d）。

第五节　衡南县制种基地生产安排

一、时空择优气候诊断分析

利用衡南县气象站历史资料统计，分析了不同不育系育性转换临界温度风险较低时段（图8-13），由图8-13可见：

育性转换起点温度指标为22.0℃时，不育系育性转换风险最低时段为6月23日至9月4日，为历史未遇。

育性转换起点温度指标为22.5℃时，不育系育性转换风险最低时段为7月2日至8月26日，为历史未遇。

育性转换起点温度指标为23.0℃时，不育系育性转换风险最低时段为7月2—28日、7月29日至8月15日，为历史未遇。

育性转换起点温度指标为28.5℃时，不育系育性转换风险最低时段为7月8—28日，为历史未遇，其次是7月29日至8月14日，为30年一遇。

育性转换起点温度指标为24.0℃时，不育系育性转换风险最低时段为7月9—28日，为历史未遇，其次是7月29日至8月14日，为30年一遇。

育性转换起点温度指标为24.5℃时，不育系育性转换风险最低时段为7月11日至8月20日，为15年一遇。

育性转换起点温度指标为25.0℃时，不育系育性转换风险最低时段为7月21日至8月10日，为10年一遇。

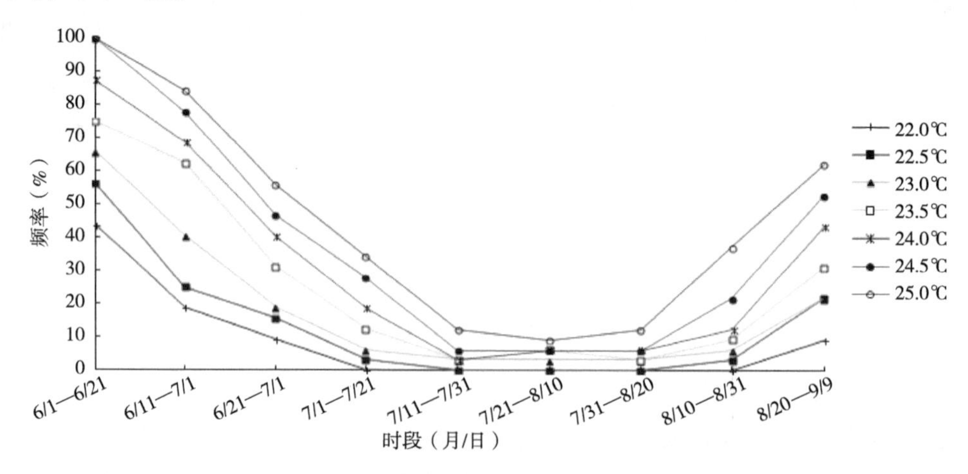

图8-13　衡南县育性敏感期临界温度几率变化曲线

利用扬花授粉期危害指数公式，计算了衡南县杂交稻制种扬花授粉期各时段的危害指数（图8-14）。由图8-14可见，6月6日后呈上升趋势，7月21日达峰值，为13.40；7月21日后呈下降趋势，8月10日降到8.87，之后缓慢变化；8月25日后呈下降趋势，9月4日降到4.87，之后缓慢变化，9月24日为8.53。开展两系法超级杂交稻制种时，建议将扬花授粉时段安排在8月10日至9月19日之间，将危害指数控制在7.0以下。

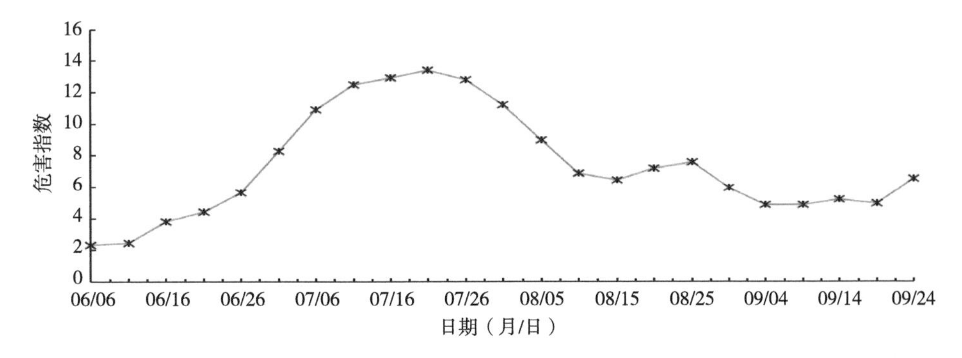

图8-14　衡南县杂交稻制种扬花危害指数变化规律

二、气候时段安排

根据两系杂交稻制种不育系育性转换敏感期气候风险和扬花授粉期危害指数两个重要指标，在确保不育系雄性不育保证率高于98.7%（气候风险小于30年一遇），保障制种安全，并将扬花授粉期安排在危害指数最低时段，从而确定两系制种的最适播种期（表8-5）。由表8-5可见，当不育系育性转换临界温度指标为23.0℃时，选择播始历期（播种至始穗期）为80d的不育系时，其最适播种期为5月22日，扬花授粉结束期为8月20日，不育系雄性不育保证率达100%，扬花时段危害指数为8.23，可安全高产；当不育系育性转换临界温度指标为23.5℃时，其最适播种期为5月21日，扬花授粉结束期为8月19日，不育系雄性不育保证率达98.7%，扬花时段危害指数为8.03，可安全高产。

表8-5　衡南县两个临界温度适宜播种期安排（播始历期80d）

不育系临界温度指标（℃）	播种日期（月/日）	敏感期日期（月/日）	始穗日期（月/日）	扬花终止日期（月/日）	播种至始穗期天数（d）	敏感期至始穗期天数（d）	不育系雄性不育保证率（%）	扬花时段危害指数
23.0	5/22	8/19	8/09	8/20	80	10	100	8.23
23.5	5/21	7/30	8/08	8/19	80	10	98.7	8.03

三、具体地段安排

根据育性转换不同的临界温度指标，分析了衡南县杂交稻制种的气候风险区域

（图8-15），由图8-15可见：

育性转换起点温度指标为22.0℃：大部分地区为极低风险制种区域，较低风险区域主要分布在鸡笼镇西部、花桥镇中部等地，极高风险区域主要分布在花桥镇东部。

育性转换起点温度指标为22.5℃：大部分地区为极低风险制种区域，较低风险区域主要分布在鸡笼镇西部、硫市镇北部、铁丝塘镇东部和花桥镇中部等地，极高风险区域主要分布在花桥镇东部。

育性转换起点温度指标为23.0℃：大部分地区为极低风险制种区域，较低风险区域主要分布在鸡笼镇、泉湖镇、柞市镇、茅市镇、硫市镇、铁丝塘镇、花桥镇、宝盖镇等地，极高风险区域主要分布在花桥镇东部。

育性转换起点温度指标为23.5℃：大部分地区为较低风险制种区域，极低风险区域主要分布在柞市镇西部、冠市镇南部、宝盖镇东南部等地，极高风险区域主要分布在花桥镇中东部。

育性转换起点温度指标为24.0℃：极低风险区域没有，大部分地区为较低风险区域，极高风险区域主要分布在鸡笼镇西部和花桥镇中东部等地。

育性转换起点温度指标为24.5℃：极低风险区域没有，大部分地区为较低风险区域，极高风险区域主要分布在鸡笼镇西部、硫市镇北部、铁丝塘镇和花桥镇等地。

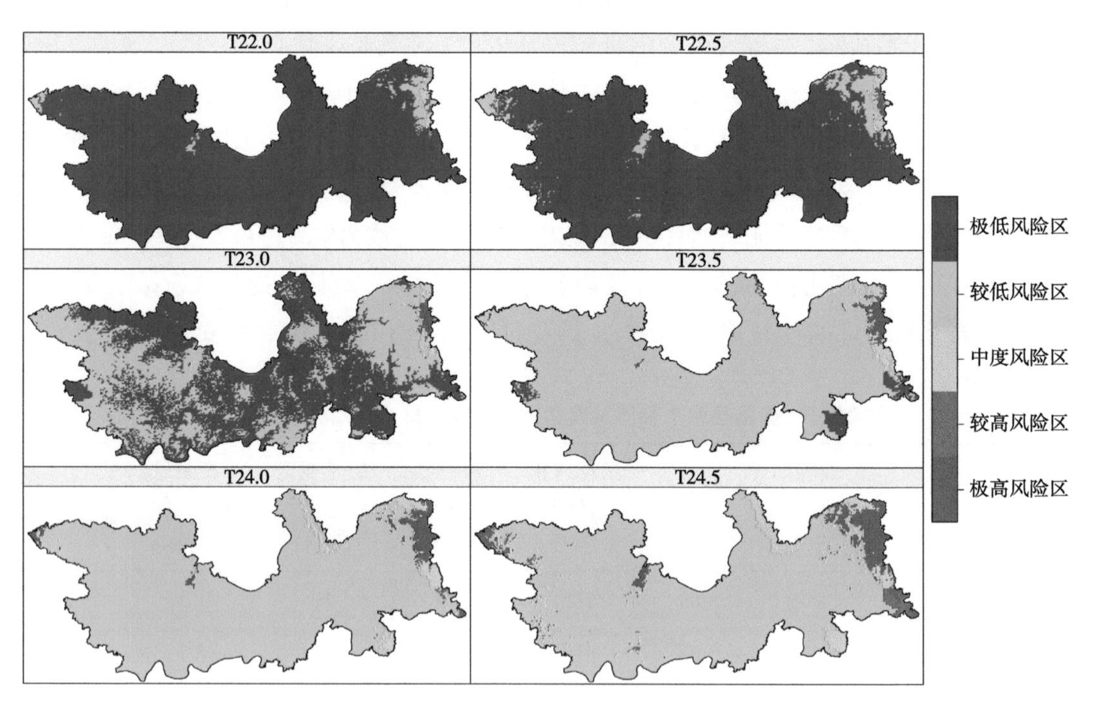

图8-15　衡南县制种气候风险区划

目前育种专家培育的两用不育系育性转换起点温度大多为22.0～25.0℃，而生产上应用的两用不育系育性转换起点温度大多为23.0～24.0℃。根据大多数两用不育系制种

气候风险分析结果，建议制种基地具体地段选择在柞市镇西部、冠市镇南部、宝盖镇东南部等地，母本在5月21日左右播种（播始历期80d）。

第六节　耒阳市制种基地生产安排

一、时空择优气候诊断分析

利用耒阳市气象站历史资料统计，分析了不同不育系育性转换临界温度风险较低时段（图8-16），由图8-16可见：

育性转换起点温度指标为22.0℃时，不育系育性转换风险最低时段为6月23日至9月4日，为历史未遇。

育性转换起点温度指标为22.5℃时，不育系育性转换风险最低时段为7月2日至9月4日，为历史未遇。

育性转换起点温度指标为23.0℃时，不育系育性转换风险最低时段为7月7—28日、7月29日至8月14日，为历史未遇。

育性转换起点温度指标为23.5℃时，不育系育性转换风险最低时段为7月8—28日，为历史未遇，其次是7月29日至8月14日，为30年一遇。

育性转换起点温度指标为24.0℃时，不育系育性转换风险最低时段为7月9—28日，为历史未遇，其次是7月29日至8月14日，为30年一遇。

育性转换起点温度指标为24.5℃时，不育系育性转换风险最低时段为7月11日至8月20日，为14年一遇。

育性转换起点温度指标为25.0℃时，不育系育性转换风险最低时段为7月11日至8月10日，为14年一遇。

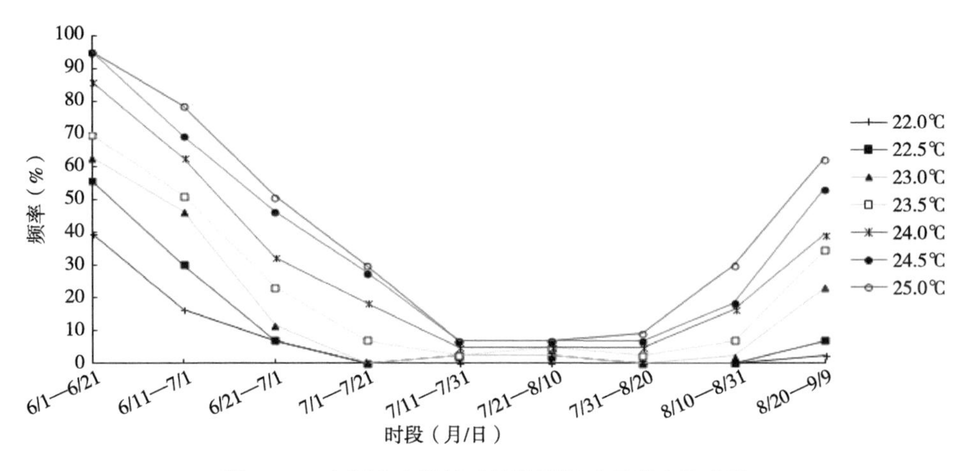

图8-16　耒阳市育性敏感期临界温度几率变化曲线

利用扬花授粉期危害指数公式，计算了耒阳市杂交稻制种扬花授粉期各时段的危害指数（图8-17）。由图8-17可见，6月6日后呈上升趋势，7月16日达峰值，为12.30；7月16日后呈下降趋势，8月10日降到5.22，之后缓慢下降，9月9日降到3.75，之后呈上升趋势，9月24日达到8.85。开展两系法超级杂交稻制种时，建议将扬花授粉时段安排在8月10日至9月19日，将危害指数控制在5.5以下。

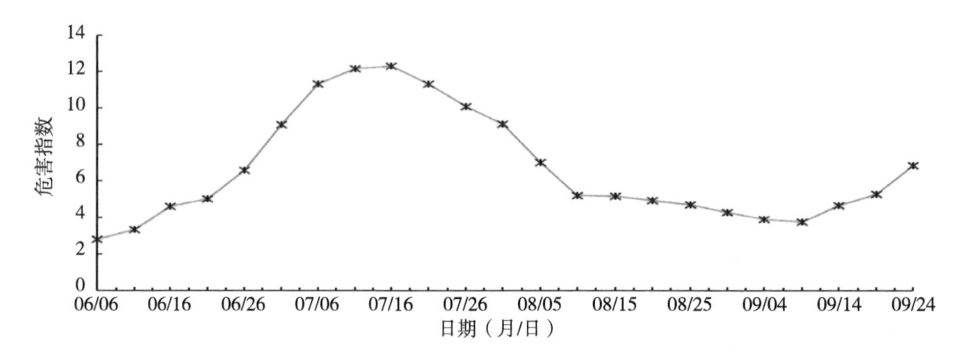

图8-17　耒阳市杂交稻制种扬花危害指数变化规律

二、气候时段安排

根据两系杂交稻制种不育系育性转换敏感期气候风险和扬花授粉期危害指数两个重要指标，在确保不育系雄性不育保证率高于98.7%（气候风险小于30年一遇），保障制种安全，并将扬花授粉期安排在危害指数最低时段，从而确定两系制种的最适播种期（表8-6）。由表8-6可见，当不育系育性转换临界温度指标为23.0℃时，选择播始历期（播种至始穗期）为80d的不育系时，其最适播种期为6月16日，扬花授粉结束期为9月14日，不育系雄性不育保证率达100%，扬花时段危害指数为3.72，可安全高产；当不育系育性转换临界温度指标为23.5℃时，其最适播种期为6月10日，扬花授粉结束期为9月8日，不育系雄性不育保证率达97.5%，扬花时段危害指数为3.78，可安全高产。

表8-6　耒阳市两个临界温度适宜播种期安排（播始历期80d）

不育系临界温度指标（℃）	播种日期（月/日）	敏感期日期（月/日）	始穗日期（月/日）	扬花终止日期（月/日）	播种至始穗期天数（d）	敏感期至始穗期天数（d）	不育系雄性不育保证率（%）	扬花时段危害指数
23.0	6/16	8/25	9/03	9/14	80	10	100	3.72
23.5	6/10	8/19	8/28	9/08	80	10	97.5	3.78

三、具体地段安排

根据育性转换不同的临界温度指标，分析了耒阳市杂交稻制种的气候风险区域

（图8-18），由图8-18可见：

育性转换起点温度指标为22.0℃：耒阳市大部分地区为极低风险制种区域，西南边缘的长坪镇及东北部的元明坳海拔较高地区分布了零星中度风险区域。

育性转换起点温度指标为22.5℃：耒阳市大部分地区为极低风险制种区域，西南部的长坪镇、元明坳及天门仙海拔较高地区为中度风险区域。

育性转换起点温度指标为23.0℃：耒阳市大部分地区为极低风险制种区域，西南部的长坪镇、太平圩、天门仙海拔较高区域、元明坳山区及东湖圩为中度风险区。

育性转换起点温度指标为23.5℃：马水、大市、余庆一线以西地区及耒水流域为极低风险制种区域，西南部的长坪镇、东北部的沙明镇及天门仙海拔较高地区为高风险制种区域，其他地区为中度风险区。

育性转换起点温度指标为24.0℃：极低风险区主要分布在遥田镇中部、大庆乡中部、坛下乡中部等地，较低风险区主要分布在洲陂乡、新市镇、永济镇、肥田乡、太和圩乡、余庆乡、泗门洲镇等地，西南部的长坪乡、东北部的沙明乡等地为极高风险区，其他大部地区为中度风险区。

育性转换起点温度指标为24.5℃：极低风险区没有，较低风险区主要分布在洲陂乡、新市镇、永济镇、太和圩乡等地，西南部的长坪乡和太平圩乡、东北部的沙明乡和导子乡为极高风险区，其他大部地区为中度风险区。

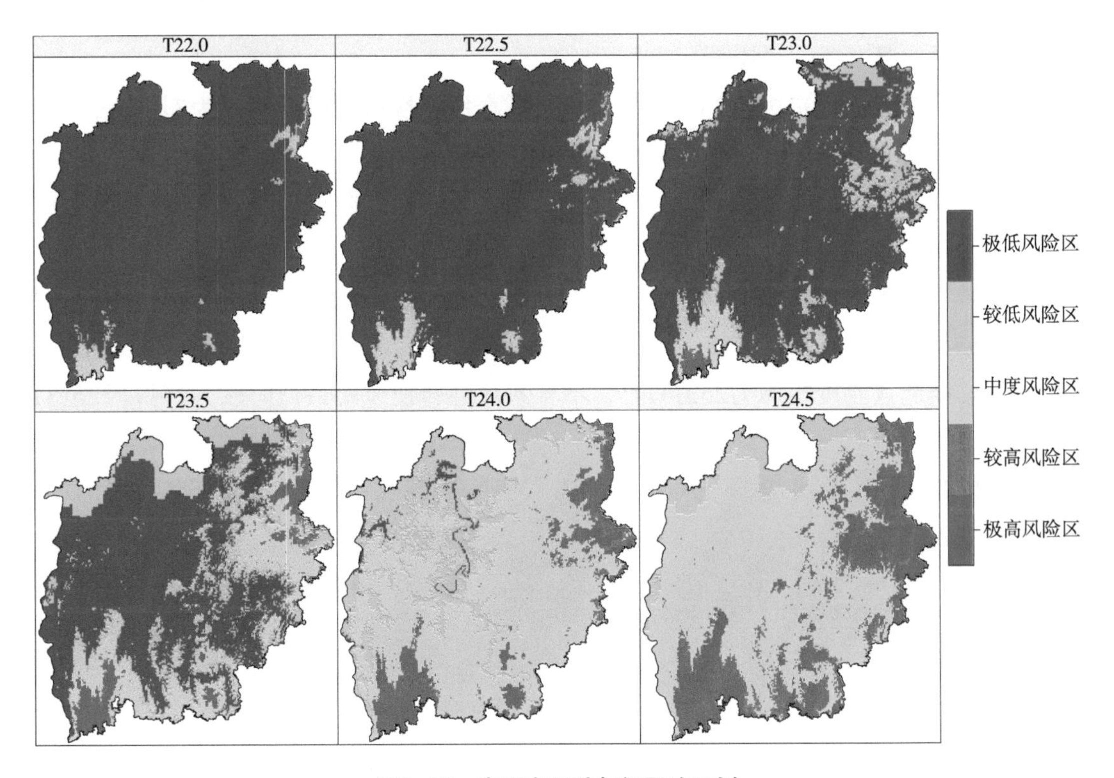

图8-18　耒阳市制种气候风险区划

目前育种专家培育的两用不育系育性转换起点温度大多为22.0～25.0℃，而生产上应用的两用不育系育性转换起点温度大多为23.0～24.0℃。根据大多数两用不育系制种气候风险分析结果，建议制种基地具体地段选择在遥田镇、大庆乡、坛下乡、洲陂乡、新市镇、永济镇、肥田乡、太和圩乡、余庆乡、泗门洲镇等地，母本在6月10日左右播种（播始历期80d）。

第七节　常宁市制种基地生产安排

一、时空择优气候诊断分析

利用常宁市气象站历史资料统计，分析了不同不育系育性转换临界温度风险较低时段（图8-19），由图8-19可见：

育性转换起点温度指标为22.0℃时，不育系育性转换风险最低时段为6月27日至9月4日，为历史未遇。

育性转换起点温度指标为22.5℃时，不育系育性转换风险最低时段为6月27日至7月28日、7月29日至9月3日，为历史未遇。

育性转换起点温度指标为23.0℃时，不育系育性转换风险最低时段为7月5—28日、7月29日至8月24日，为历史未遇。

育性转换起点温度指标为23.5℃时，不育系育性转换风险最低时段为7月8—28日，为历史未遇，其次是7月29日至8月14日，为40年一遇。

育性转换起点温度指标为24.0℃时，不育系育性转换风险最低时段为7月11日至8月20日，为20年一遇。

育性转换起点温度指标为24.5℃时，不育系育性转换风险最低时段为7月11日至8月20日，为15年一遇。

育性转换起点温度指标为25.0℃时，不育系育性转换风险最低时段为7月11日至8月10日，为15年一遇。

利用扬花授粉期危害指数公式，计算了常宁市杂交稻制种扬花授粉期各时段的危害指数（图8-20）。由图8-20可见，6月6日后呈上升趋势，7月16日达峰值，为15.08；7月16日后呈下降趋势，8月15日降到8.21，之后缓慢变化，9月9日降到5.50，之后呈上升趋势，9月24日达到7.66。开展两系法超级杂交稻制种时，建议将扬花授粉时段安排在8月15日至9月19日，将危害指数控制在7.0以下。

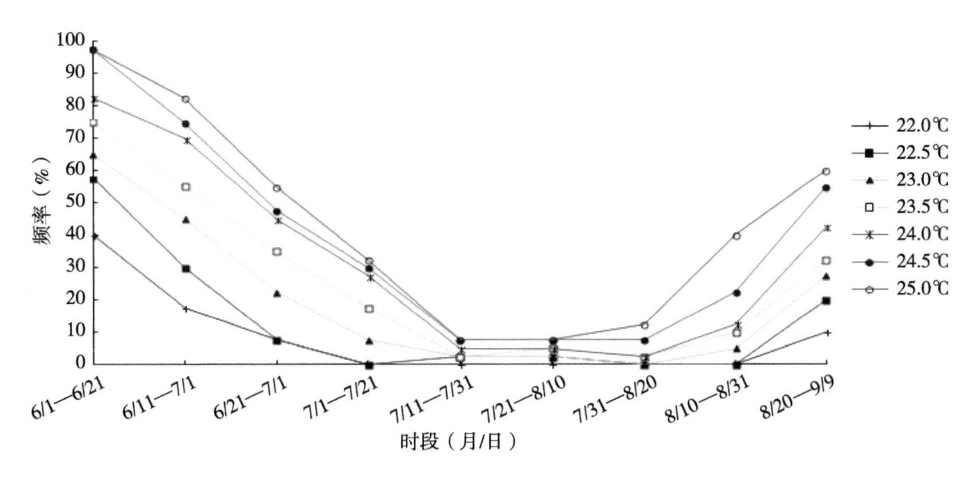

图8-19　常宁市育性敏感期临界温度几率变化曲线

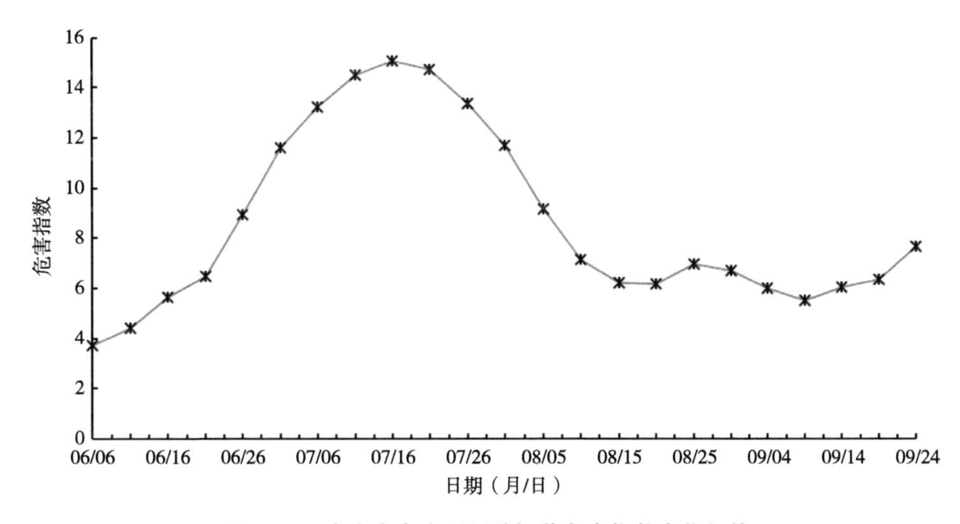

图8-20　常宁市杂交稻制种扬花危害指数变化规律

二、气候时段安排

根据两系杂交稻制种不育系育性转换敏感期气候风险和扬花授粉期危害指数两个重要指标，在确保不育系雄性不育保证率高于98.7%（气候风险小于30年一遇），保障制种安全，并将扬花授粉期安排在危害指数最低时段，从而确定两系制种的最适播种期（表8-7）。由表8-7可见，当不育系育性转换临界温度指标为23.0℃时，选择播始历期（播种至始穗期）为80d的不育系时，其最适播种期为6月10日，扬花授粉结束期为9月8日，不育系雄性不育保证率达100%，扬花时段危害指数为8.11，可安全高产；当不育系育性转换临界温度指标为23.5℃时，其最适播种期为5月26日，扬花授粉结束期为8月24日，不育系雄性不育保证率达97.4%，扬花时段危害指数为8.13，可安全高产。

表8-7　常宁市两个临界温度适宜播种期安排（播始历期80d）

不育系临界温度指标（℃）	播种日期（月/日）	敏感期日期（月/日）	始穗日期（月/日）	扬花终止日期（月/日）	播种至始穗期天数（d）	敏感期至始穗期天数（d）	不育系雄性不育保证率（%）	扬花时段危害指数
23.0	6/10	8/19	8/28	9/08	80	10	100	8.11
23.5	5/26	8/04	8/13	8/24	80	10	97.4	8.13

三、具体地段安排

根据育性转换不同的临界温度指标，分析了常宁市杂交稻制种的气候风险区域（图8-21），由图8-21可见：

育性转换起点温度指标为22.0℃：大部分地区为极低风险制种区域，较低风险区域主要分布在洋泉镇面部、胜桥镇南部和白沙镇西部等地，极高风险区域主要分布在南部的塔山瑶族乡、弥泉乡、庙前镇、西岭镇等地。

育性转换起点温度指标为22.5℃：大部分地区为极低风险制种区域，较低风险区域主要分布在洋泉镇面部、胜桥镇南部、白沙镇中部和北部等地，极高风险区域主要分布在南部的塔山瑶族乡、弥泉乡、庙前镇、西岭镇、白沙镇西部等地。

育性转换起点温度指标为23.0℃：大部分地区为极低风险制种区域，较低风险区域主要分布在江河乡、柏坊镇、松柏镇、洋泉镇面部、胜桥镇南部、白沙镇北部等地，极高风险区域主要分布在南部的塔山瑶族乡、弥泉乡、庙前镇、西岭镇、白沙镇西部等地。

育性转换起点温度指标为23.5℃：大部分地区为较低风险区域，极低风险区域主要分布在新河镇、宜潭乡、兰江乡、三角塘镇、烟洲镇、荫田镇、西岭镇、白沙镇东部等地，极高风险区域主要分布在南部的塔山瑶族乡、弥泉乡、庙前镇、西岭镇、白沙镇西部等地。

育性转换起点温度指标为24.0℃：极低风险区域主要分布在烟洲镇南部、荫田镇南部等地，大部分地区为较低风险区域，极高风险区域主要分布在南部的洋泉镇、塔山瑶族乡、弥泉乡、庙前镇、西岭镇、白沙镇西部等地。

育性转换起点温度指标为24.5℃：极低风险区域基本没有，大部分地区为较低风险区域，极高风险区域主要分布在南部的洋泉镇、胜桥镇、塔山瑶族乡、弥泉乡、庙前镇、西岭镇、白沙镇西部等地。

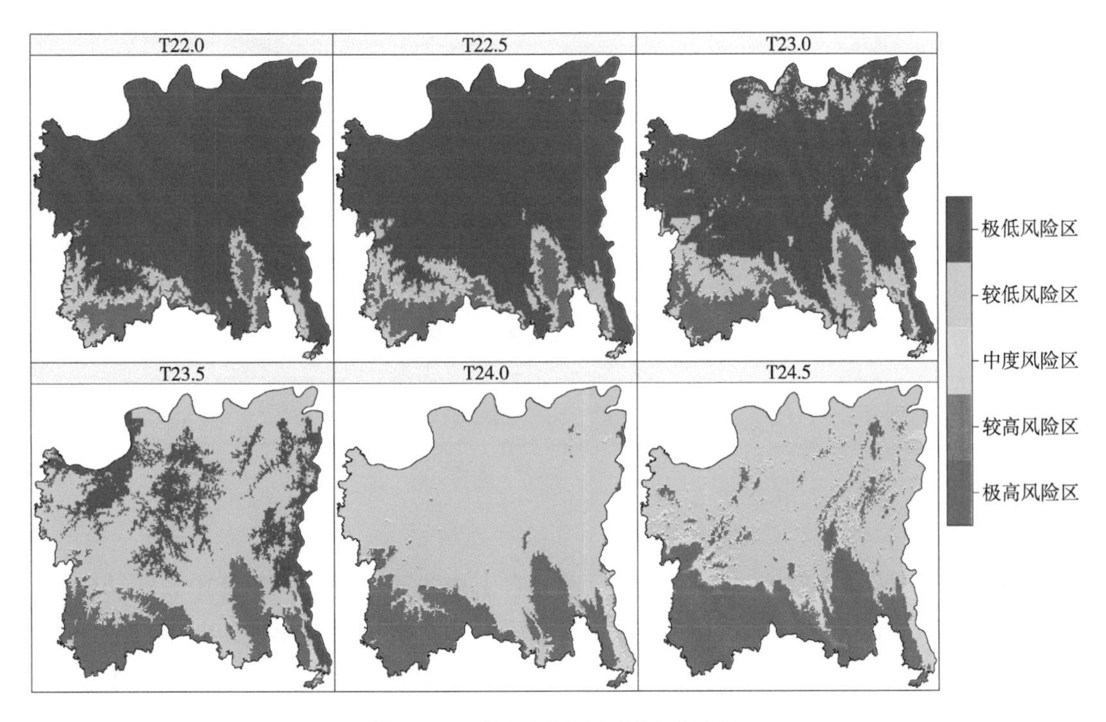

图8-21　常宁市制种气候风险区划

目前育种专家培育的两用不育系育性转换起点温度大多为22.0～25.0℃，而生产上应用的两用不育系育性转换起点温度大多为23.0～24.0℃。根据大多数两用不育系制种气候风险分析结果，建议制种基地具体地段选择在新河镇、宜潭乡、兰江乡、三角塘镇、烟洲镇、荫田镇、西岭镇、白沙镇东部等地，母本在5月26日左右播种（播始历期80d）。

第九章　株洲市主要制种基地县的气候适宜性生产安排

株洲市位于湖南省东部，湘江下游。地势自东南向西北递减，罗霄山、武功山蜿蜒东部，万洋山绵亘东南，地形以丘陵为主。总体地势东南高、西北低。北中部地形岭谷相间，盆地呈带状展布；东南部均为山地，山峦迭障，地势雄伟。水域637.27km^2，占总面积的5.66%；平原1 843.25km^2，占16.37%；低岗地1 449.86km^2，占12.87%；高岗地738.74km^2，占6.56%；丘陵1 916.61km^2，占17.02%；山地4 676.47km^2，占41.52%。山地主要集中于市域东南部，岗地以市域中北部居多，平原沿湘江两岸分布。

根据两系杂交稻制种不育系育性转换敏感期气候风险和扬花授粉期危害指数两个指标，分析了株洲市所辖的株洲县、醴陵市、攸县、茶陵、炎陵县等5个制种基地县不育系育性转换敏感期气候风险和扬花授粉期危害指数的时空分布规律；根据实用不育系（23.0～24.0℃）雄性不育有保障的原则（100%或97.5%），保障制种安全，将扬花授粉期安排在危害指数最低时段，确定两系制种的最适播种期，从而保障杂交稻制种安全。

第一节　株洲县制种基地生产安排

一、时空择优气候诊断分析

根据当地气象站历史资料统计分析，分析了株洲县不同不育系育性转换起点温度风险较低时段（图9-1）。由图9-1可见：

育性转换起点温度指标为22.0℃时，不育系育性转换风险最低时段为7月4日至8月15日，为历史未遇。

育性转换起点温度指标为22.5℃时，不育系育性转换风险最低时段为7月7—28日、7月29日至8月14日，为历史未遇。

育性转换起点温度指标为23.0℃时，不育系育性转换风险最低时段为7月8—28日、7月29日至8月31日，为历史未遇。

育性转换起点温度指标为23.5℃时，不育系育性转换风险最低时段为7月9—28日，为历史未遇，其次是7月29日至8月14日，为40年一遇。

育性转换起点温度指标为24.0℃时，不育系育性转换风险最低时段为7月13日至8月6日，为40年一遇。

育性转换起点温度指标为24.5℃时，不育系育性转换风险最低时段为7月11日至8月20日，为10年一遇。

育性转换起点温度指标为25.0℃时，不育系育性转换风险最低时段为7月11—31日，为10年一遇。

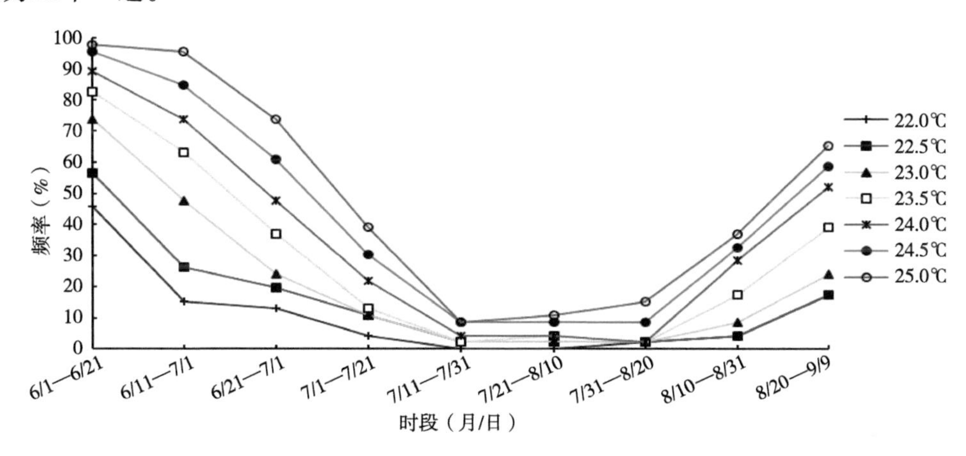

图9-1　株洲县育性敏感期临界温度几率变化曲线

利用扬花授粉期危害指数公式，计算了株洲县杂交稻制种扬花授粉期各时段的危害指数（图9-2）。由图9-2可见，6月6日后呈上升趋势，7月16日达峰值，为13.30；7月21日后呈下降趋势，8月10日降到6.63，之后缓慢变化，9月24日为7.21。开展两系法超级杂交稻制种时，建议将扬花授粉时段安排在8月15日至9月19日，将危害指数控制在6.5以下。

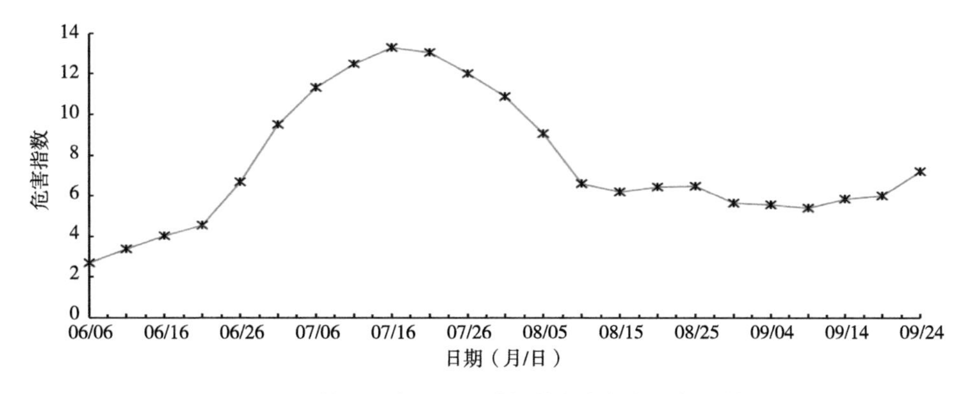

图9-2　株洲县杂交稻制种扬花危害指数变化规律

二、气候时段安排

根据两系杂交稻制种不育系育性转换敏感期气候风险和扬花授粉期危害指数两个重要指标，在确保不育系雄性不育保证率高于96.7%（气候风险小于30年一遇），保障制种安全，并将扬花授粉期安排在危害指数最低时段，从而确定两系制种的最适播种期（表9-1）。由表9-1可见，当不育系育性转换临界温度指标为23.0℃时，选择播始历期（播种至始穗期）为80d的不育系时，其最适播种期为5月22日，扬花授粉结束期为8月20日，不育系雄性不育保证率达100%，扬花时段危害指数为6.16，可安全高产；当不育系育性转换临界温度指标为23.5℃时，其最适播种期为5月21日，扬花授粉结束期为8月19日，不育系雄性不育保证率达97.7%，扬花时段危害指数为6.02。

表9-1 株洲县两个临界温度适宜播种期安排（播始历期80d）

不育系临界温度指标(℃)	播种日期(月/日)	敏感期日期(月/日)	始穗日期(月/日)	扬花终止日期(月/日)	播种至始穗期天数(d)	敏感期至始穗期天数(d)	不育系雄性不育保证率(%)	扬花时段危害指数
23.0	5/22	8/13	8/09	8/20	80	10	100	6.16
23.5	5/21	7/30	8/08	8/19	80	10	97.7	6.02

三、具体地段安排

根据育性转换不同的临界温度指标，分析了株洲县杂交稻制种的气候风险区域（图9-3）。

育性转换起点温度指标为22.0℃：大部分地区为极低风险制种区域，东南部有零星的较低风险区域。

育性转换起点温度指标为22.5℃：大部分地区为极低风险制种区域，东南布有零星的较低风险区域。

育性转换起点温度指标为23.0℃：大部分地区为较低风险区域，东南部有零星的中度风险区域。

育性转换起点温度指标为23.5℃：大部分地区为较低风险区域，东南部的水口山林场分布着中度风险区域。

育性转换起点温度指标为24.0℃时，极低风险区没有，全县大部分地区为较低风险区，中度风险区主要分布在太湖乡西部、砖桥乡西部、龙潭乡、龙凤乡等地，其他大部分地区为极高风险区。

育性转换起点温度指标为24.5℃时，大部分地区为中度风险区，极低风险区没有，较低风险区主要分布在仙井乡东部、渌口镇东部、南阳桥乡东部、洲坪乡东部、淦田镇东部等地，极高风险区主要分布在太湖乡东部、砖桥乡东部、龙潭乡东部、龙凤乡南部等地，其他大部分地区为极高风险区。

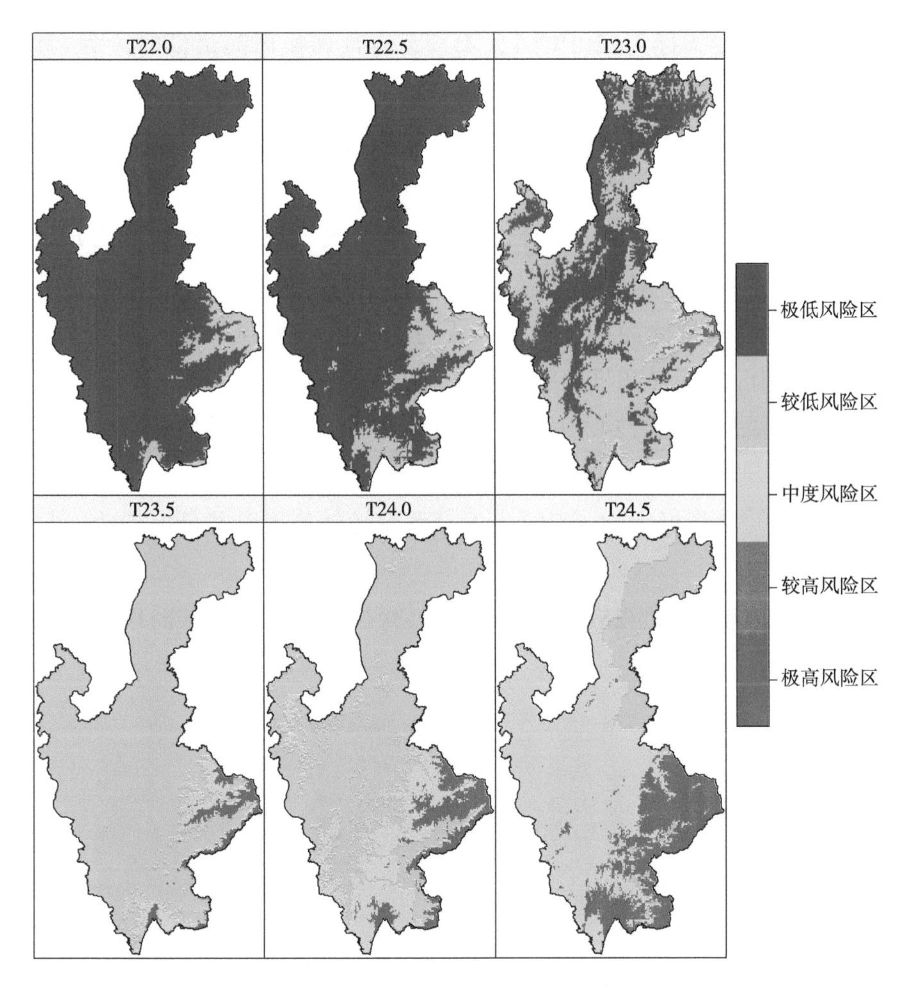

图9-3　株洲县制种气候风险区划

目前育种专家培育的两用不育系育性转换起点温度大多为22.0～25.0℃，而生产上应用的两用不育系育性转换起点温度大多为23.0～24.0℃。根据大多数两用不育系制种气候风险分析结果，建议制种基地具体地段选择在仙井乡东部、渌口镇东部、南阳桥乡东部、洲坪乡东部、淦田镇东部等地，母本在5月21日左右播种（播始历期80d）。

第二节　醴陵市制种基地生产安排

一、时空择优气候诊断分析

根据当地气象站历史资料统计分析，分析了醴陵市不同不育系育性转换起点温度风险较低时段（图9-4）。由图9-4可见：

育性转换起点温度指标为22.0℃时，不育系育性转换风险最低时段为7月4日至8月15日，为历史未遇。

育性转换起点温度指标为22.5℃时，不育系育性转换风险最低时段为7月7—28日、7月29日至8月15日，为历史未遇。

育性转换起点温度指标为23.0℃时，不育系育性转换风险最低时段为7月8—28日、7月29日至8月14日，为历史未遇。

育性转换起点温度指标为23.5℃时，不育系育性转换风险最低时段为7月12—28日，为历史未遇，其次是7月29日至8月14日，为40年一遇。

育性转换起点温度指标为24.0℃时，不育系育性转换风险最低时段为7月13日至8月6日，为40年一遇。

育性转换起点温度指标为24.5℃时，不育系育性转换风险最低时段为7月11日至8月10日，为15年一遇。

育性转换起点温度指标为25.0℃时，不育系育性转换风险最低时段为7月21日至8月10日，为10年一遇。

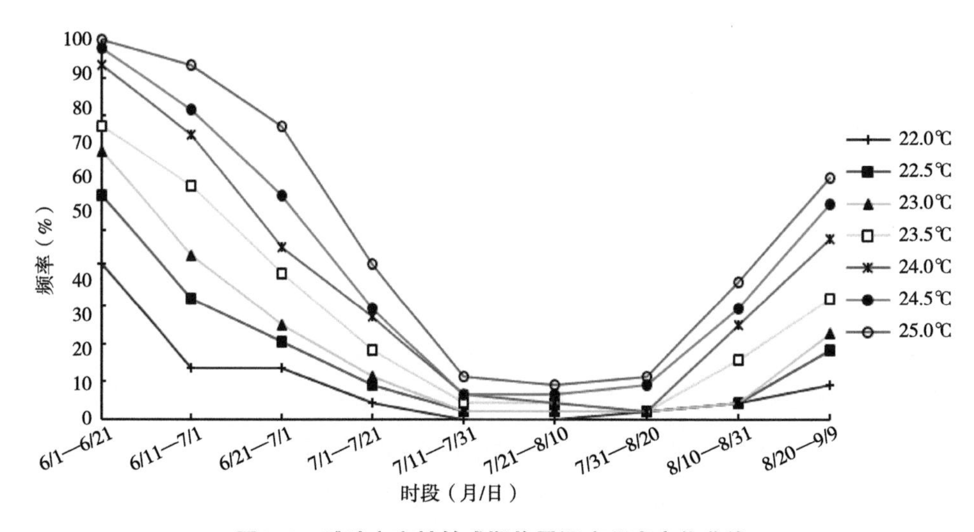

图9-4　醴陵市育性敏感期临界温度几率变化曲线

利用扬花授粉期危害指数公式，计算了醴陵市杂交稻制种扬花授粉期各时段的危害指数（图9-5）。由图9-5可见，6月6日后呈上升趋势，7月16日达峰值，为11.46；7月21日后呈下降趋势，9月4日降到3.68；之后呈上升趋势，9月24日达到7.15。开展两系法超级杂交稻制种时，建议将扬花授粉时段安排在8月15日至9月14日，将危害指数控制在5.0以下。

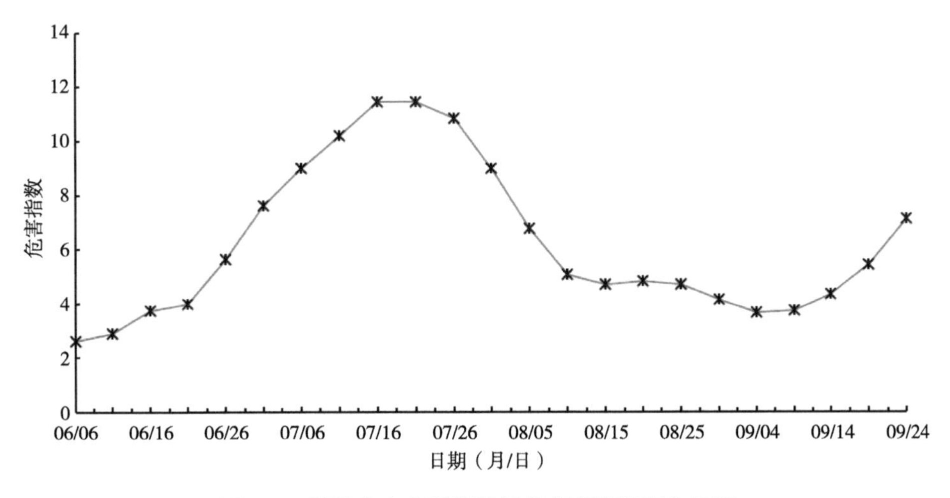

图9-5　醴陵市杂交稻制种扬花危害指数变化规律

二、气候时段安排

根据两系杂交稻制种不育系育性转换敏感期气候风险和扬花授粉期危害指数两个重要指标，在确保不育系雄性不育保证率高于96.7%（气候风险小于30年一遇），保障制种安全，并将扬花授粉期安排在危害指数最低时段，从而确定两系制种的最适播种期（表9-2）。由表9-2可见，当不育系育性转换临界温度指标为23.0℃时，选择播始历期（播种至始穗期）为80d的不育系时，其最适播种期为5月22日，扬花授粉结束期为8月20日，不育系雄性不育保证率达100%，扬花时段危害指数为4.54，可安全高产；当不育系育性转换临界温度指标为23.5℃时，其最适播种期为5月21日，扬花授粉结束期为8月19日，不育系雄性不育保证率达97.6%，扬花时段危害指数为4.44，可安全高产。

表9-2　醴陵市两个临界温度适宜播种期安排（播始历期80d）

不育系临界温度指标（℃）	播种日期（月/日）	敏感期日期（月/日）	始穗日期（月/日）	扬花终止日期（月/日）	播种至始穗期天数（d）	敏感期至始穗期天数（d）	不育系雄性不育保证率（%）	扬花时段危害指数
23.0	5/22	8/13	8/09	8/20	80	10	100	4.54
23.5	5/21	7/30	8/08	8/19	80	10	97.6	4.44

三、具体地段安排

根据育性转换不同的临界温度指标，分析了醴陵市杂交稻制种的气候风险区域（图9-6）。

育性转换起点温度指标为22.0℃：大部分地区为极低风险制种区域和较低风险区域。

育性转换起点温度指标为22.5℃：大部分地区为极低风险制种区域和较低风险区域。

育性转换起点温度指标为23.0℃：大部分地区为较低风险区域，南部海拔较高的地区为极高风险区域。

育性转换起点温度指标为23.5℃：大部分地区为较低风险区，极低风险区主要分布在船湾镇，极高风险区主要分布在官庄乡、枫林市乡东部、黄獭嘴镇东部、白兔潭镇东部、王坊镇东部、贺家桥镇西部等地。

育性转换起点温度指标为24.0℃：极低风险区没有，大部分地区为较低风险区域，极高风险区域分布在北部的黄獭嘴镇以北以及水口山林场。

育性转换起点温度指标为24.5℃：极低风险区没有，较低风险区主要分布在仙霞镇、板杉乡、新阳乡、石亭镇、神福港镇、均楚镇、栗山坝镇、嘉树乡、孙家湾乡、泗汾镇、船湾镇、大障镇等地，其他大部分地区为极高风险区。

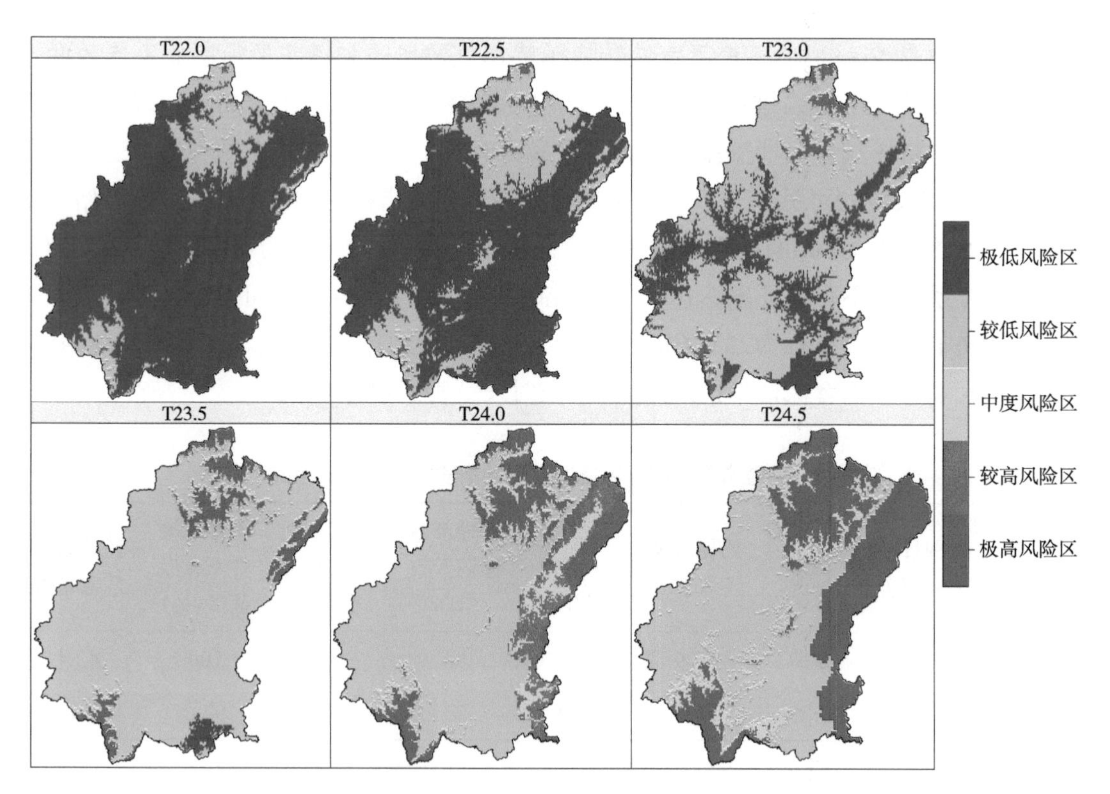

图9-6　醴陵市制种气候风险区划

目前育种专家培育的两用不育系育性转换起点温度大多为22.0～25.0℃，而生产上应用的两用不育系育性转换起点温度大多为23.0～24.0℃。根据大多数两用不育系制种气候风险分析结果，建议制种基地具体地段选择在仙霞镇、板杉乡、新阳乡、石亭镇、神福港镇、均楚镇、栗山坝镇、嘉树乡、孙家湾乡、泗汾镇、船湾镇、大障镇等地，母本在5月21日左右播种（播始历期80d）。

第三节　攸县制种基地生产安排

一、时空择优气候诊断分析

根据攸县气象站历史资料统计分析，分析了不同不育系育性转换起点温度风险较低时段（图9-7）。由图9-7可见：

育性转换起点温度指标为22.0℃时，不育系育性转换风险最低时段为7月2日至9月4日，为历史未遇。

育性转换起点温度指标为22.5℃时，不育系育性转换风险最低时段为7月6—28日、7月29日9至9月4日，为历史未遇。

育性转换起点温度指标为23.0℃时，不育系育性转换风险最低时段为7月7—28日、8月15—27日，为历史未遇。

育性转换起点温度指标为23.5℃时，不育系育性转换风险最低时段为7月13—28日，为历史未遇，其次是7月29日至8月14日，为40年一遇。

育性转换起点温度指标为24.0℃时，不育系育性转换风险最低时段为7月14日至8月6日，为40年一遇。

育性转换起点温度指标为24.5℃时，不育系育性转换风险最低时段为7月11日至8月10日，为20年一遇。

育性转换起点温度指标为25.0℃时，不育系育性转换风险最低时段为7月21日至8月20日，为15年一遇。

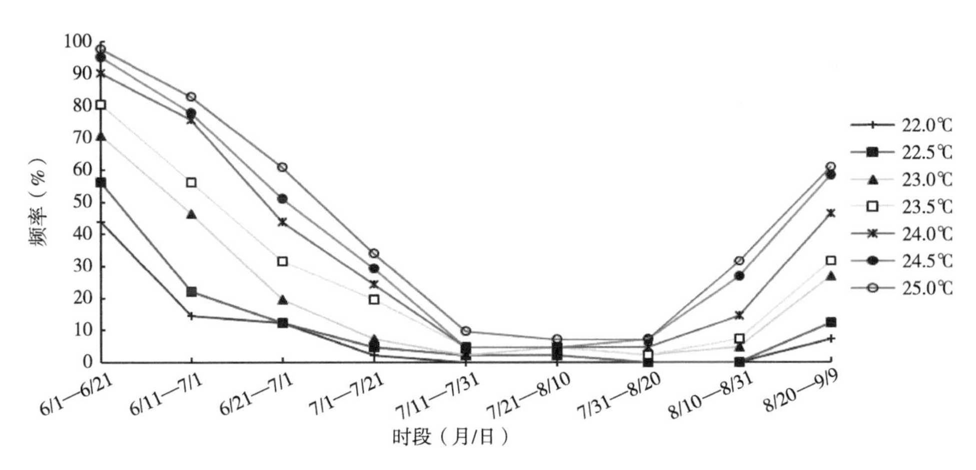

图9-7　攸县育性敏感期临界温度几率变化曲线

利用扬花授粉期危害指数公式，计算了攸县杂交稻制种扬花授粉期各时段的危害指数（图9-8）。由图9-8可见，6月6日后呈上升趋势，7月16日达峰值，为15.26；7月16日后呈下降趋势，9月9日降到5.08，之后呈上升趋势，9月24日达到7.71。开展两系法超级杂交稻制种时，建议将扬花授粉时段安排在8月20日至9月19日，将危害指数控制在6.5以下。

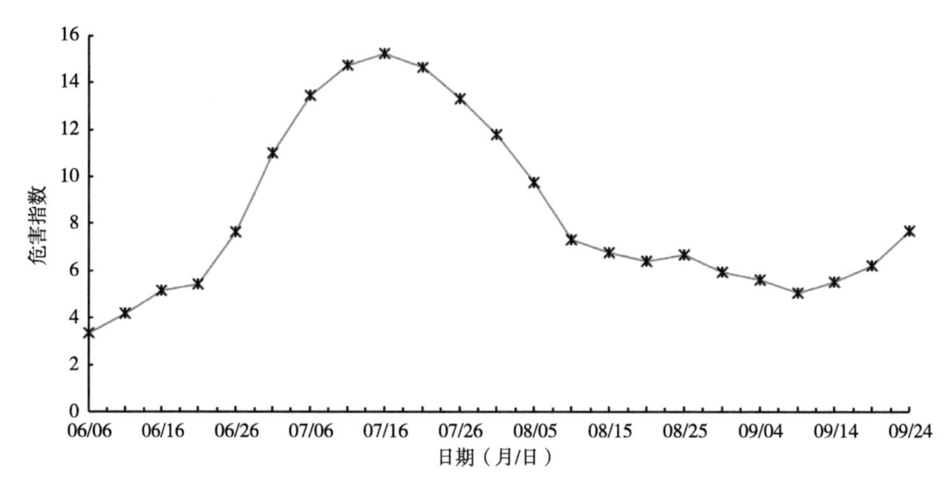

图9-8　攸县杂交稻制种扬花危害指数变化规律

二、气候时段安排

根据两系杂交稻制种不育系育性转换敏感期气候风险和扬花授粉期危害指数两个重要指标，在确保不育系雄性不育保证率高于96.7%（气候风险小于30年一遇），保障制种安全，并将扬花授粉期安排在危害指数最低时段，从而确定两系制种的最适播种期（表9-3）。由表9-3可见，当不育系育性转换临界温度指标为23.0℃时，选择播始历期（播种至始穗期）为80d的不育系时，其最适播种期为6月9日，扬花授粉结束期为9月7日，不育系雄性不育保证率达100%，扬花时段危害指数为5.61，可安全高产；当不育系育性转换临界温度指标为23.5℃时，其最适播种期为6月16日，扬花授粉结束期为9月14日，不育系雄性不育保证率达97.4%，扬花时段危害指数为4.97，可安全高产。

表9-3　攸县两个临界温度适宜播种期安排（播始历期80d）

不育系临界温度指标（℃）	播种日期（月/日）	敏感期日期（月/日）	始穗日期（月/日）	扬花终止日期（月/日）	播种至始穗期天数（d）	敏感期至始穗期天数（d）	不育系雄性不育保证率（%）	扬花时段危害指数
23.0	6/09	8/18	8/27	9/07	80	10	100	5.61
23.5	6/16	8/25	9/03	9/14	80	10	97.4	4.97

三、具体地段安排

根据育性转换不同的临界温度指标，分析了攸县杂交稻制种的气候风险区域（图9-9）。

育性转换起点温度指标为22.0℃：大部分地区为极低风险制种区域和较低风险区域，东北部有零星极高风险区域。

育性转换起点温度指标为22.5℃：大部分地区为极低风险制种区域和较低风险区域，东北部有零星极高风险区域。

育性转换起点温度指标为23.0℃：大部分地区为极低风险制种区域和较低风险区域，东北部边缘有极高风险区域。

育性转换起点温度指标为23.5℃：大部分地区为较低风险区域，东部海拔较高的地区为极高风险区域。

育性转换起点温度指标为24.0℃：大部分地区为较低风险区域，东部海拔较高的地区为极高风险区域。

育性转换起点温度指标为24.5℃：极低风险区没有，较低风险区主要分布在皇图岭镇、坪阳庙乡、湖南坳乡、丫江桥镇、槚山乡、网岭镇、酒埠江镇西部、新市镇、大同桥镇、石羊塘镇、鸭塘铺乡、桃水镇、土云桥镇、莲塘坳乡、城关镇、菜花坪镇、渌田镇中部和西部等地，其他大部分地区为极高风险区。

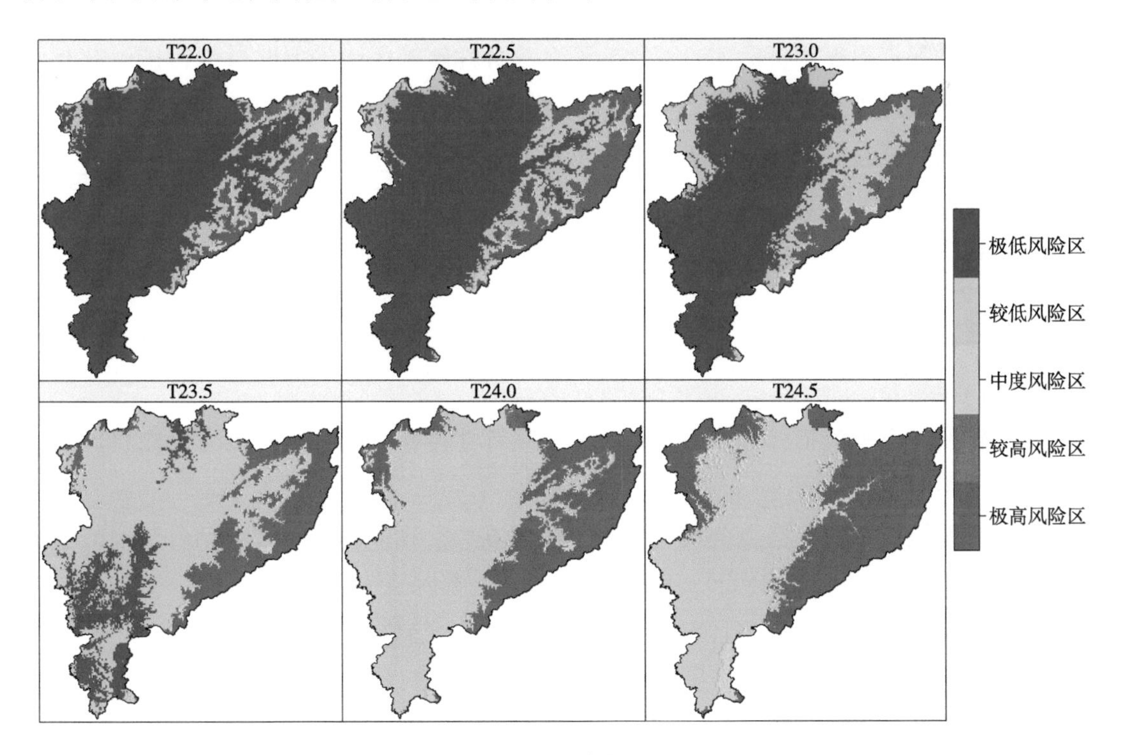

图9-9　攸县制种气候风险区划

目前育种专家培育的两用不育系育性转换起点温度大多为22.0～25.0℃，而生产上应用的两用不育系育性转换起点温度大多为23.0～24.0℃。根据大多数两用不育系制种气候风险分析结果，建议制种基地具体地段选择在皇图岭镇、坪阳庙乡、湖南坳乡、丫江桥镇、槚山乡、网岭镇、酒埠江镇西部、新市镇、大同桥镇、石羊塘镇、鸭塘铺乡、桃水镇、土云桥镇、莲塘坳乡、城关镇、菜花坪镇、渌田镇中部和西部等地，母本在6月16日左右播种（播始历期80d）。

第四节　茶陵县制种基地生产安排

一、时空择优气候诊断分析

根据茶陵县气象站历史资料统计分析，分析了不同不育系育性转换起点温度风险较低时段（图9-10）。由图9-10可见：

育性转换起点温度指标为22.0℃时，不育系育性转换风险最低时段为6月26日至7月29日、7月30日至9月4日，为历史未遇。

育性转换起点温度指标为22.5℃时，不育系育性转换风险最低时段为7月6—28日、7月29日至9月4日，为历史未遇。

育性转换起点温度指标为23.0℃时，不育系育性转换风险最低时段为7月7—28日、7月29日至8月24日，为历史未遇。

育性转换起点温度指标为23.5℃时，不育系育性转换风险最低时段为7月7—28日，为历史未遇，其次是7月30日至8月14日，为40年一遇。

育性转换起点温度指标为24.0℃时，不育系育性转换风险最低时段为7月14日至8月6日，为40年一遇。

育性转换起点温度指标为24.5℃时，不育系育性转换风险最低时段为7月11日至8月20日，为15年一遇。

育性转换起点温度指标为25.0℃时，不育系育性转换风险最低时段为7月21日至8月20日，为10年一遇。

利用扬花授粉期危害指数公式，计算了茶陵县杂交稻制种扬花授粉期各时段的危害指数（图9-11）。由图9-11可见，6月6日后呈上升趋势，7月11日达峰值，为11.46；7月16日后呈下降趋势，8月30日降到4.07，之后呈上升趋势，9月24日达到7.68。开展两系法超级杂交稻制种时，建议将扬花授粉时段安排在8月10日至9月14日，将危害指数控制在5.0以下。

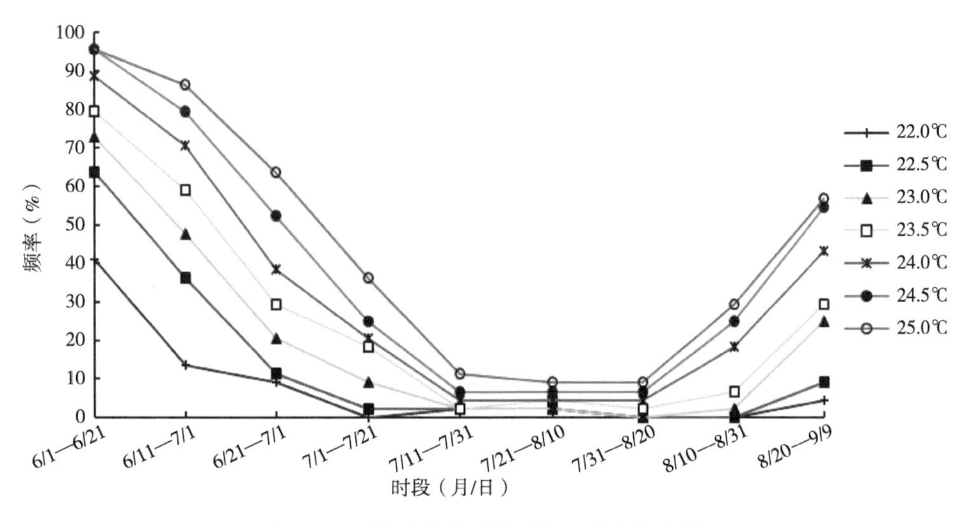

图9-10　茶陵县育性敏感期几率变化曲线

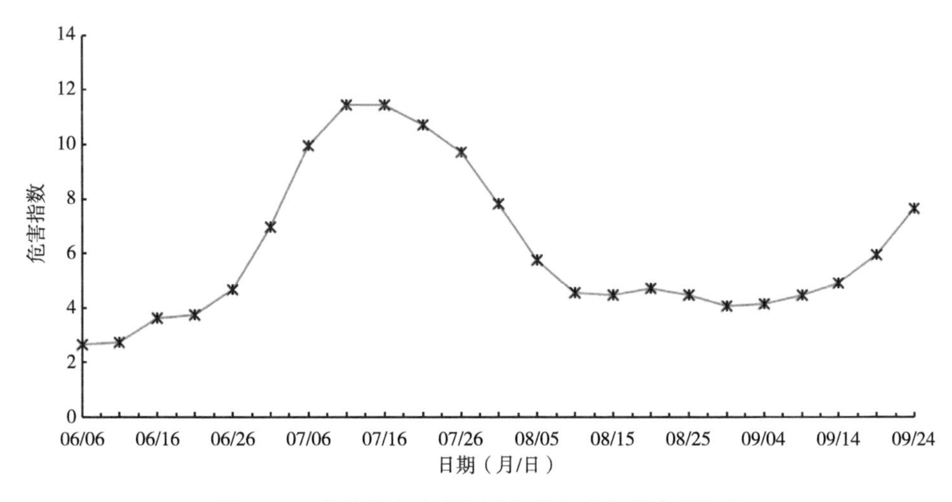

图9-11　茶陵县杂交稻制种扬花危害指数变化规律

二、气候时段安排

根据两系杂交稻制种不育系育性转换敏感期气候风险和扬花授粉期危害指数两个重要指标，在确保不育系雄性不育保证率高于96.7%（气候风险小于30年一遇），保障制种安全，并将扬花授粉期安排在危害指数最低时段，从而确定两系制种的最适播种期（表9-4）。由表9-4可见，当不育系育性转换临界温度指标为23.0℃或23.5℃时，选择播始历期（播种至始穗期）为80d的不育系时，其最适播种期为6月9日，扬花授粉结束期为9月7日，不育系雄性不育保证率在97.6%以上，扬花时段危害指数为4.02，可安全高产。

表9-4 茶陵县两个临界温度适宜播种期安排（播始历期80d）

不育系临界温度指标（℃）	播种日期（月/日）	敏感期日期（月/日）	始穗日期（月/日）	扬花终止日期（月/日）	播种至始穗期天数（d）	敏感期至始穗期天数（d）	不育系雄性不育保证率（%）	扬花时段危害指数
23.0	6/09	8/18	8/27	9/07	80	10	100	4.02
23.5	6/09	8/18	8/27	9/07	80	10	97.6	4.02

三、具体地段安排

根据育性转换不同的临界温度指标，分析了茶陵县杂交稻制种的气候风险区域（图9-12）。

育性转换起点温度指标为22.0℃：茶陵县区大部分地区为极低风险制种区域，西北边缘、东南边缘和严塘镇为风险区域。

育性转换起点温度指标为22.5℃：茶陵县区大部分地区为极低风险制种区域，西北边缘、东南边缘和严塘镇为风险区域。

育性转换起点温度指标为23.0℃：极低风险区域主要分布在高陇镇、腰陂镇、茶陵、枣市镇一线以及虎踞镇。育性转换起点温度指标为23.5℃：极低风险区域和较低风险区域主要分布在高陇镇、腰陂镇、枣市镇一线以及虎踞镇。

育性转换起点温度指标为23.5℃：极低风险区主要分布在虎踞镇、平水镇、火田镇、七地乡南部、腰陂镇、思聪乡东部、洣江乡、下东乡、严塘镇西部、舲舫乡、马江镇、枣市镇、界首镇西部、湖口镇、浣溪镇等地，较低风险区主要分布在高陇镇中部、七地乡中部、潞水镇中部、界首镇东部、严塘镇中部、桃坑乡中部等地，中度风险区主要分布在高陇镇北部、七地乡北部、潞水镇北部和西部、思聪乡西部、严塘镇东部、桃坑乡北部和南部等地，其他大部分地区为极高风险区。

育性转换起点温度指标为24.0℃：极低风险区没有，较低风险区主要分布在虎踞镇、腰陂镇、思聪乡东部、洣江乡、下东乡、严塘镇西部、舲舫乡、马江镇、界首镇西部、湖口镇等地，中度风险区主要分布在高陇镇、火田镇、七地乡、潞水镇、思聪乡西部、界首镇东部、严塘镇东部、桃坑乡等地，其他大部分地区为极高风险区。

育性转换起点温度指标为24.5℃：极低风险区没有，较低风险区主要分布在虎踞镇北部，中度风险区主要分布在高陇镇、火田镇、七地乡、潞水镇、腰陂镇、思聪乡、洣江乡、下东乡、严塘镇、舲舫乡、马江镇、界首镇、湖口镇、桃坑乡中部等地，其他大部分地区为极高风险区。

目前育种专家培育的两用不育系育性转换起点温度大多为22.0～25.0℃，而生产上应用的两用不育系育性转换起点温度大多为23.0～24.0℃。根据大多数两用不育系制种

气候风险分析结果，建议制种基地具体地段选择在虎踞镇、腰陂镇、思聪乡东部、洣江乡、下东乡、严塘镇西部、舲舫乡、马江镇、界首镇西部、湖口镇等地，母本在6月9日左右播种（播始历期80d）。

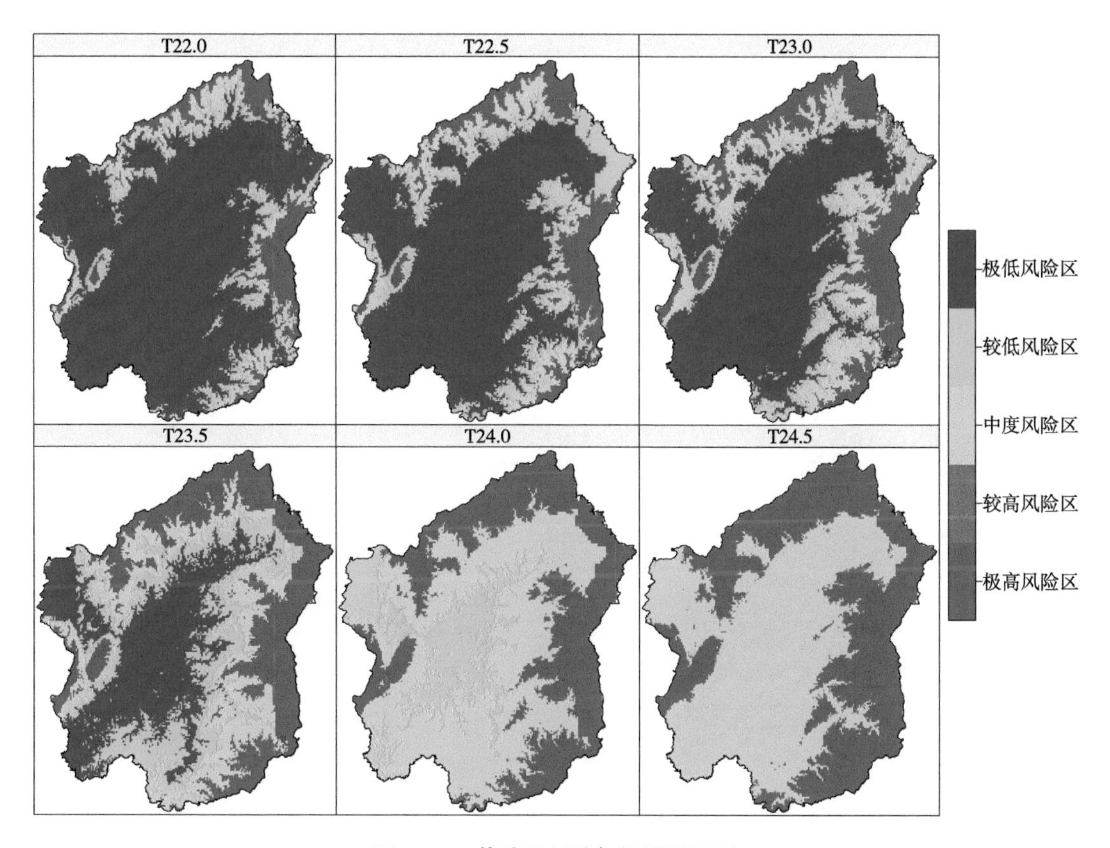

图9-12　茶陵县制种气候风险区划

第五节　炎陵县制种基地生产安排

一、时空择优气候诊断分析

根据炎陵县气象站历史资料统计分析，分析了不同不育系育性转换起点温度风险较低时段（图9-13）。由图9-13可见：

育性转换起点温度指标为22.0℃时，不育系育性转换风险最低时段为6月24日至7月29日、7月30日至8月28日，为历史未遇。

育性转换起点温度指标为22.5℃时，不育系育性转换风险最低时段为6月26日至7月28日、7月30日至8月19日，为历史未遇。

育性转换起点温度指标为23.0℃时，不育系育性转换风险最低时段为7月7—28日、

7月30日至8月19日，为历史未遇。

育性转换起点温度指标为23.5℃时，不育系育性转换风险最低时段为7月7—28日，为历史未遇，其次是7月30日至8月19日，为40年一遇。

育性转换起点温度指标为24.0℃时，不育系育性转换风险最低时段为7月7—24日，为历史未遇。

育性转换起点温度指标为24.5℃时，不育系育性转换风险最低时段为7月21日至8月10日，为10年一遇。

育性转换起点温度指标为25.0℃时，不育系育性转换风险最低时段为7月21日至8月10日，为8年一遇。

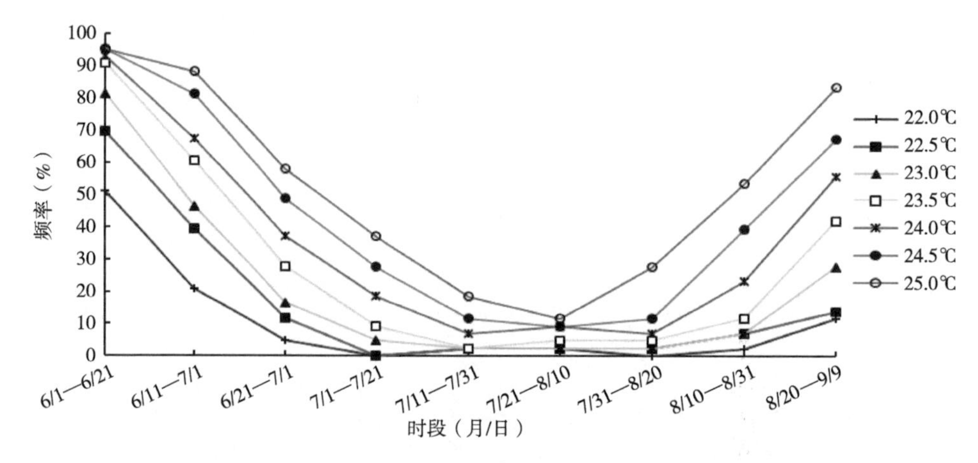

图9-13　炎陵县育性敏感期临界温度几率变化曲线

利用扬花授粉期危害指数公式，计算了炎陵县杂交稻制种扬花授粉期各时段的危害指数（图9-14）。由图9-14可见，6月6日至9月4日，炎陵县杂交稻制种扬花危害指数较小，在2.6以下，其中7月31日最小，为0.55，9月4日后呈上升趋势，9月24日达到6.0。开展两系法超级杂交稻制种时，建议将扬花授粉时段安排在7月6日至8月30日，将危害指数控制在1.5以下。

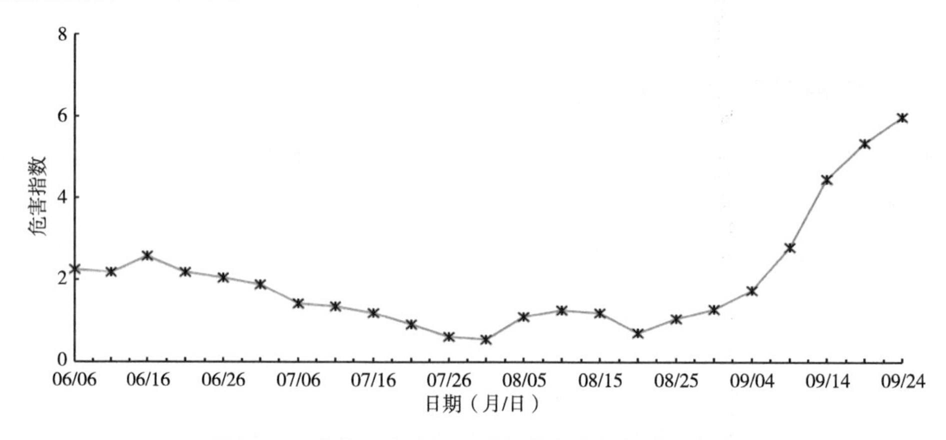

图9-14　炎陵县杂交稻制种扬花危害指数变化规律

二、气候时段安排

根据两系杂交稻制种不育系育性转换敏感期气候风险和扬花授粉期危害指数两个重要指标，在确保不育系雄性不育保证率高于96.7%（气候风险小于30年一遇），保障制种安全，并将扬花授粉期安排在危害指数最低时段，从而确定两系制种的最适播种期（表9-5）。由表9-5可见，当不育系育性转换临界温度指标为23.0℃或23.5℃时，选择播始历期（播种至始穗期）为80d的不育系时，其最适播种期为5月6日，扬花授粉结束期为8月4日，不育系雄性不育保证率达100%，扬花时段危害指数为0.5，可安全高产。

表9-5　炎陵县两个临界温度适宜播种期安排（播始历期80d）

不育系临界温度指标（℃）	播种日期（月/日）	敏感期日期（月/日）	始穗日期（月/日）	扬花终止日期（月/日）	播种至始穗期天数（d）	敏感期至始穗期天数（d）	不育系雄性不育保证率（%）	扬花时段危害指数
23.0	5/06	7/15	7/24	8/04	80	10	100	0.5
23.5	5/06	7/15	7/24	8/04	80	10	100	0.5

三、具体地段安排

根据育性转换不同的临界温度指标，分析了炎陵县杂交稻制种的气候风险区域（图9-15）。

育性转换起点温度指标为22.0℃：极低风险区域主要分布在沔渡镇、霞阳镇、鹿原镇。

育性转换起点温度指标为22.5℃：极低风险区域主要分布在沔渡镇、霞阳镇、鹿原镇。

育性转换起点温度指标为23.0℃：大部分地区为高风险区域，极低风险区域主要分布在霞阳镇、鹿原镇。

育性转换起点温度指标为23.5℃：极低风险区主要分布在三河镇中部和南部、鹿原镇、东风乡东部、垄溪乡中部和南部、沔渡镇中部等地，较低风险区主要分布在三河镇北部、船形乡中部、垄溪乡北部、沔渡镇北部和南部等地，其他大部分地区为极高风险区。

育性转换起点温度指标为24.0℃：极低风险区主要分布在三河镇中部，较低风险区主要分布在三河镇东部和南部、鹿原镇中部等地，中度风险区主要分布在东风乡中部、垄溪乡中部、沔渡镇中部等地，其他大部分地区为极高风险区。

育性转换起点温度指标为24.5℃：较低风险区没有，中度风险区主要分布在三河镇，较高风险区主要分布在鹿原镇中部，其他大部分地区为极高风险区。

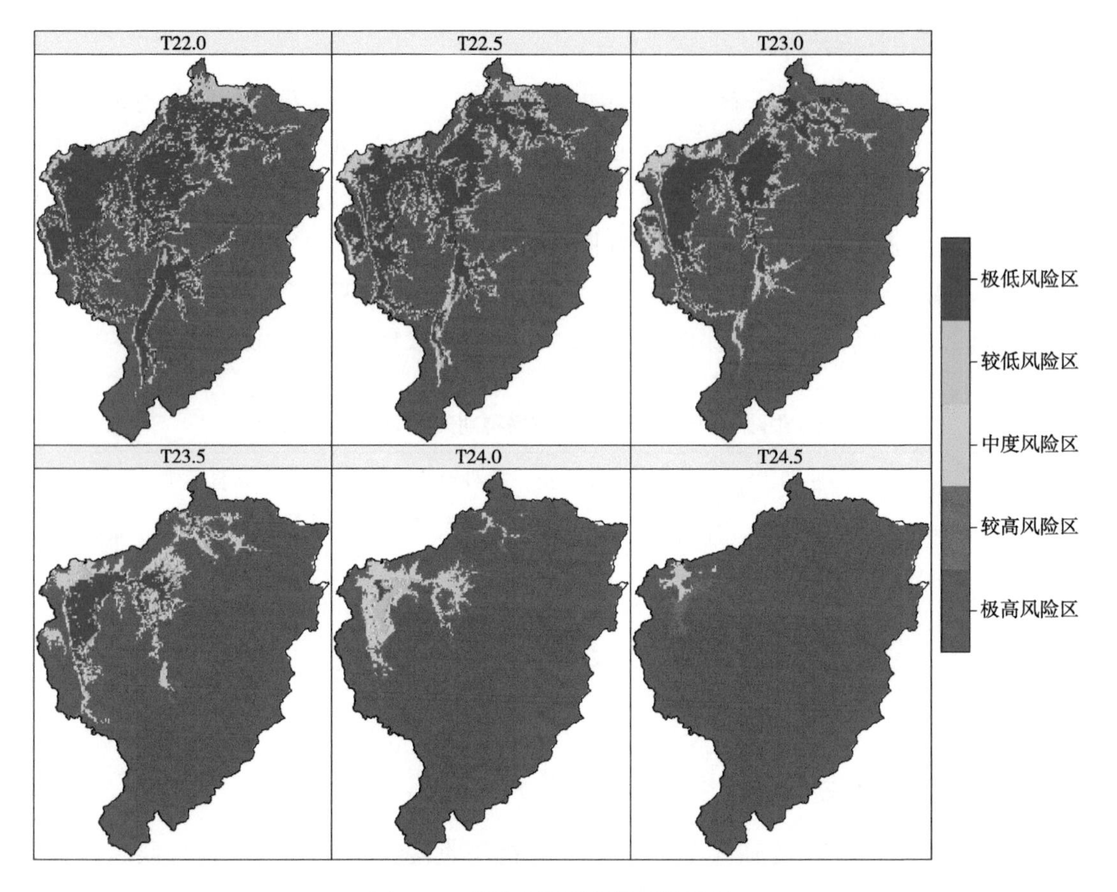

图9-15　炎陵县制种气候风险区划

目前育种专家培育的两用不育系育性转换起点温度大多为22.0～25.0℃，而生产上应用的两用不育系育性转换起点温度大多为23.0～24.0℃。根据大多数两用不育系制种气候风险分析结果，建议制种基地具体地段选择在三河镇中部和南部、鹿原镇、东风乡东部、垄溪乡中部和南部、沔渡镇中部等地，母本在5月6日左右播种（播始历期80d）。

第十章　娄底市主要制种基地县的气候适宜性生产安排

娄底市，位于湖南的地理几何中心，介于北纬27° 12′31″～28° 14′27″、东经110° 45′40″～112° 31′07″，境内地势西高东低，呈阶梯状倾斜。在大地貌格局中，新化县、冷水江市、涟源市的西南部属湘西山地区，涟源市的中、东部和娄星区、双峰县属湘中丘陵区，总面积8 117km^2，其中耕地面积19.455万hm^2（水田13.968万hm^2，旱地5.406万hm^2），占24%。

根据两系杂交稻制种不育系育性转换敏感期气候风险和扬花授粉期危害指数两个指标，分析了娄底市所辖主要制种基地的新化县、冷水滩市、涟源市、双峰县等4个制种基地县不育系育性转换敏感期气候风险和扬花授粉期危害指数的时空分布规律；根据实用不育系（23.0～24.0℃）雄性不育有保障的原则（100%或97.5%），保障制种安全，将扬花授粉期安排在危害指数最低时段，确定两系制种的最适播种期，从而保障杂交稻制种安全。

第一节　新化县制种基地生产安排

一、时空择优气候诊断分析

根据新化县地气象站历史资料统计分析，分析了不同不育系育性转换起点温度风险较低时段（图10-1）。由图10-1可见：

育性转换起点温度指标为22.0℃时，不育系育性转换风险最低时段为7月6—28日、7月29日至8月24日，为历史未遇。

育性转换起点温度指标为22.5℃时，不育系育性转换风险最低时段为7月13—28日，为历史未遇，其次是7月28日至8月13日，为40年一遇。

育性转换起点温度指标为23.0℃时，不育系育性转换风险最低时段为7月13日至8月3日，为40年一遇。

育性转换起点温度指标为23.5℃时，不育系育性转换风险最低时段为7月14日至8月3日，为40年一遇。

育性转换起点温度指标为24.0℃时，不育系育性转换风险最低时段为7月14日至8月2日，为40年一遇。

育性转换起点温度指标为24.5℃时，不育系育性转换风险最低时段为7月21日至8月10日，为10年一遇。

育性转换起点温度指标为25.0℃时，不育系育性转换风险最低时段为7月21日至8月10日，为5年一遇。

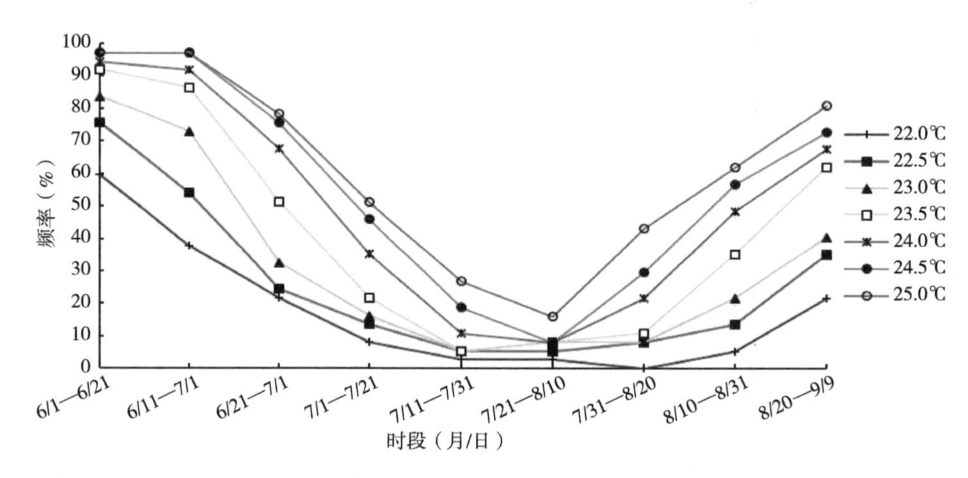

图10-1　新化县育性敏感期临界温度几率变化曲线

利用扬花授粉期危害指数公式，计算了新化县杂交稻制种扬花授粉期各时段的危害指数（图10-2）。由图10-2可见，6月6日后呈上升趋势，7月16日达峰值，为8.19；7月16日后呈下降趋势，8月15日降到2.68，之后呈上升趋势，9月24日达到8.11。开展两系法超级杂交稻制种时，建议将扬花授粉时段安排在8月10—30日，将危害指数控制在4.5以下。

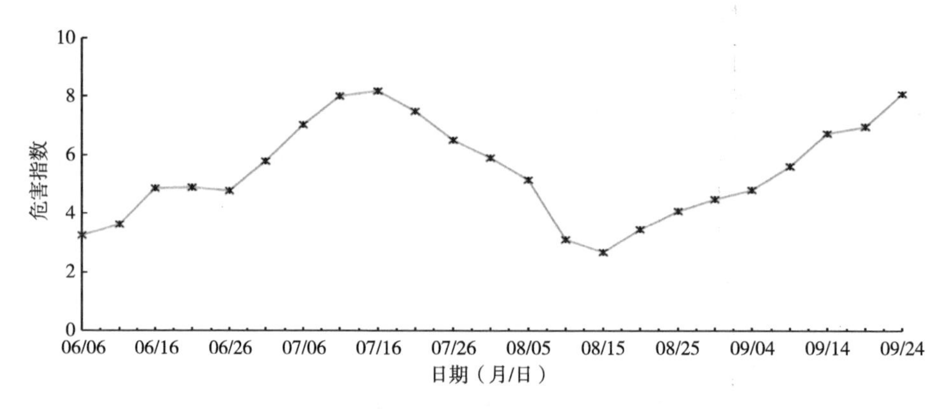

图10-2　新化县杂交稻制种扬花危害指数变化规律

二、气候时段安排

根据两系杂交稻制种不育系育性转换敏感期气候风险和扬花授粉期危害指数两个重要指标，在确保不育系雄性不育保证率高于96.7%（气候风险小于30年一遇），保障制种安全，并将扬花授粉期安排在危害指数最低时段，从而确定两系制种的最适播种期（表10-1）。由表10-1可见，当不育系育性转换临界温度指标为23.0℃或23.5℃时，选择播始历期（播种至始穗期）为80d的不育系时，其最适播种期为5月20日，扬花授粉结束期为8月18日，不育系雄性不育保证率达97.3%，扬花时段危害指数为2.7，可安全高产。

表10-1 新化县两个临界温度适宜播种期安排（播始历期80d）

不育系临界温度指标（℃）	播种日期（月/日）	敏感期日期（月/日）	始穗日期（月/日）	扬花终止日期（月/日）	播种至始穗期天数（d）	敏感期至始穗期天数（d）	不育系雄性不育保证率（%）	扬花时段危害指数
23.0	5/20	7/29	8/07	8/18	80	10	97.3	2.7
23.5	5/20	7/29	8/07	8/18	80	10	97.3	2.7

三、具体地段安排

根据育性转换不同的临界温度指标，分析了新化县杂交稻制种的气候风险区域（图10-3）。

育性转换起点温度指标为22.0℃：新化市区极低风险制种区域主要分布在白溪镇、圳上镇和新化市区，较低风险区主要分布在圳上镇、白溪镇、曹家镇、炉观镇一线。

育性转换起点温度指标为22.5℃：较低风险区域主要分布在圳上镇、白溪镇、曹家镇、炉观镇一线。

育性转换起点温度指标为23.0℃：极低风险区没有，较低风险区主要分布在荣花乡南部、圳上镇南部、白溪镇、琅塘镇、油溪乡、孟公镇、西河镇、炉观镇、游家镇、科头乡、上梅镇、桑梓镇、石冲口镇、洋溪镇、槎溪镇等地，中度风险区主要分布在圳上镇北部、吉庆镇、坐石乡、维山乡北部等地，其他大部分地区为极高风险区。

育性转换起点温度指标为23.5℃：极低风险区没有，较低风险区主要分布在荣花乡南部、白溪镇、琅塘镇北部、油溪乡中部、游家镇、炉观镇、科头乡、上梅镇、桑梓镇等地，中度风险区主要分布在圳上镇南部、琅塘镇南部、孟公镇、西河镇、洋溪镇、槎溪镇、石冲口镇、维山乡北部等地，其他大部分地区为极高风险区。

育性转换起点温度指标为24.0℃：较低风险区没有，中度风险区主要分布在荣花乡南部、白溪镇、琅塘镇北部、油溪乡中部、孟公镇中部、西河镇中部、游家镇、炉观镇、科头乡、洋溪镇、槎溪镇北部、上梅镇、石冲口镇、桑梓镇等地，较高风险区主要分布在圳上镇南部、琅塘镇南部、维山乡北部等地，其他大部分地区为极高风险区。

育性转换起点温度指标为24.5℃：较低风险区没有，中度风险区主要分布在荣花乡南部、白溪镇中部等地，较高风险区主要分布在荣花乡南部、白溪镇北部和南部、琅塘镇北部、油溪乡中部、游家镇、炉观镇、科头乡、上梅镇、桑梓镇等地，其他大部分地区为极高风险区。

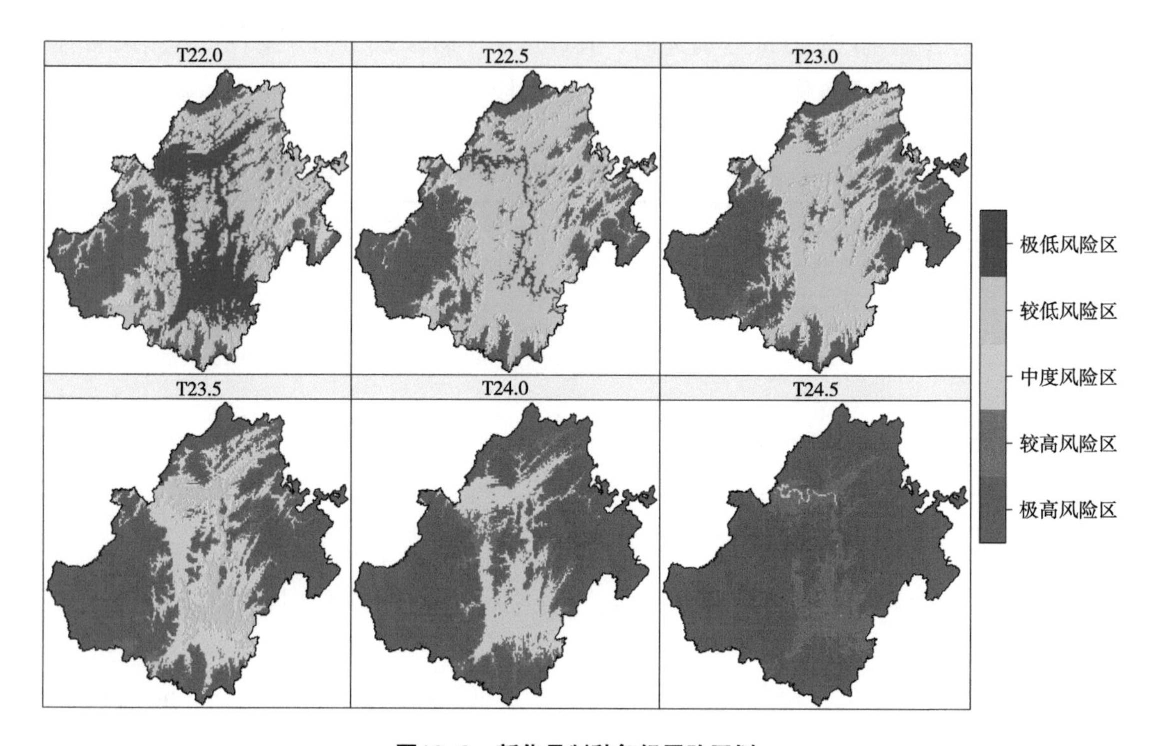

图10-3　新化县制种气候风险区划

目前育种专家培育的两用不育系育性转换起点温度大多为22.0～25.0℃，而生产上应用的两用不育系育性转换起点温度大多为23.0～24.0℃。根据大多数两用不育系制种气候风险分析结果，建议制种基地具体地段选择在荣花乡南部、白溪镇、琅塘镇北部、油溪乡中部、游家镇、炉观镇、科头乡、上梅镇、桑梓镇等地，母本在5月20日左右播种（播始历期80d）。

第二节　冷水江市制种基地生产安排

一、时空择优气候诊断分析

根据冷水江市气象站历史资料统计分析，分析了不同不育系育性转换起点温度风险较低时段（图10-4）。由图10-4可见：

育性转换起点温度指标为22.0℃时，不育系育性转换风险最低时段为7月7—28日、7月29日至8月23日，为历史未遇。

育性转换起点温度指标为22.5℃时，不育系育性转换风险最低时段为7月7—27日，为历史未遇，其次是7月29日至8月14日，为30年一遇。

育性转换起点温度指标为23.0℃时，不育系育性转换风险最低时段为7月8—27日，为历史未遇，其次是7月29日至8月13日，为30年一遇。

育性转换起点温度指标为23.5℃时，不育系育性转换风险最低时段为7月8—27日，为历史未遇。

育性转换起点温度指标为24.0℃时，不育系育性转换风险最低时段为7月18日至8月5日，为30年一遇。

育性转换起点温度指标为24.5℃时，不育系育性转换风险最低时段为7月21日至8月10日，为7年一遇。

育性转换起点温度指标为25.0℃时，不育系育性转换风险最低时段为7月21日至8月10日，为3年一遇。

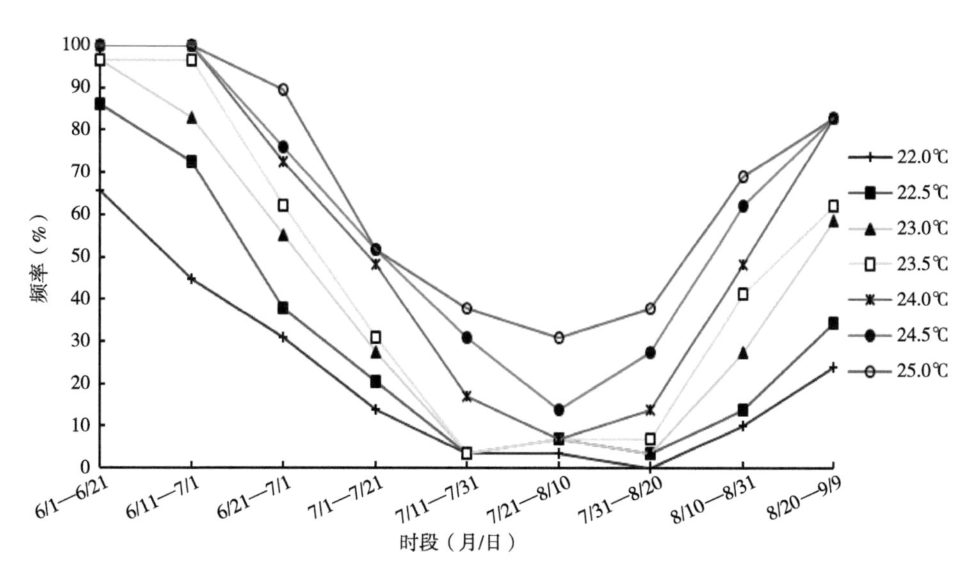

图10-4　冷水江市育性敏感期临界温度几率变化曲线

利用扬花授粉期危害指数公式，计算了冷水江市杂交稻制种扬花授粉期各时段的危害指数（图10-5）。由图10-5可见，6月6日后呈上升趋势，7月16日达峰值，为8.03；7月16日后呈下降趋势，8月15日降到2.62，之后呈上升趋势，9月24日达到8.62。开展两系法超级杂交稻制种时，建议将扬花授粉时段安排在8月5—30日，将危害指数控制在4.5以下。

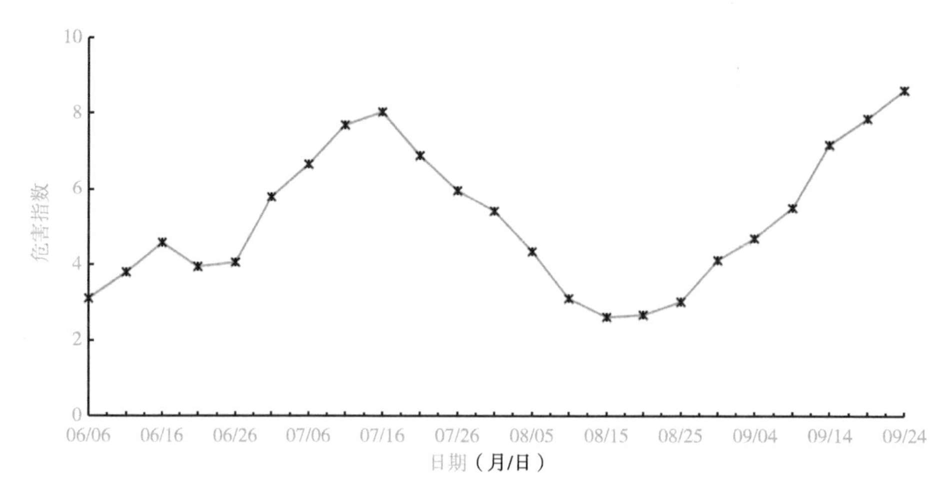

图10-5　冷水江市杂交稻制种扬花危害指数变化规律

二、气候时段安排

根据两系杂交稻制种不育系育性转换敏感期气候风险和扬花授粉期危害指数两个重要指标，在确保不育系雄性不育保证率高于96.7%（气候风险小于30年一遇），保障制种安全，并将扬花授粉期安排在危害指数最低时段，从而确定两系制种的最适播种期（表10-2）。由表10-2可见，当不育系育性转换临界温度指标为23.0℃时，选择播始历期（播种至始穗期）为80d的不育系时，其最适播种期为5月25日，扬花授粉结束期为8月23日，不育系雄性不育保证率达96.7%，扬花时段危害指数为2.23；当不育系育性转换临界温度指标为23.5℃时，其最适播种期为5月21日，扬花授粉结束期为8月19日，不育系雄性不育保证率达96.7%，扬花时段危害指数为2.73，可安全高产。

表10-2　冷水江市两个临界温度适宜播种期安排（播始历期80d）

不育系临界温度指标（℃）	播种日期（月/日）	敏感期日期（月/日）	始穗日期（月/日）	扬花终止日期（月/日）	播种至始穗期天数（d）	敏感期至始穗期天数（d）	不育系雄性不育保证率（%）	扬花时段危害指数
23.0	5/25	8/03	8/12	8/23	80	10	96.7	2.23
23.5	5/21	7/30	8/08	8/19	80	10	96.7	2.73

三、具体地段安排

根据育性转换不同的临界温度指标，分析了冷水江市杂交稻制种的气候风险区域（图10-6）。

育性转换起点温度指标为22.0℃：西南部和东部边缘区为极低风险制种区域，高风险区域主要分布在北部，其余大部分地区为较低风险区，其中有零星的风险区域。

育性转换起点温度指标为22.5℃：大部分地区为较低风险区，极低风险区主要分布在同兴乡、毛易镇、禾青镇、金竹山乡、渣渡镇中部、岩口镇等地，中度风险区主要分布在潘桥乡、三尖镇北部等地，极高风险区主要分布在矿山乡、梓龙乡北部、三尖镇南部等地。

育性转换起点温度指标为23.0℃：极低风险区没有，全市大部分地区为较低风险区，主要分布在中连乡东部、同兴乡、毛易镇、禾青镇、金竹山乡、渣渡镇、铎山镇、岩口镇等地，中度风险区主要分布在中连乡西部、潘桥乡、三尖镇北部等地，其他大部分地区为极高风险区。

育性转换起点温度指标为23.5℃：极低风险区没有，较低风险区主要分布在中连乡东部、同兴乡东部、毛易镇、禾青镇、金竹山乡、渣渡镇南部、铎山镇、岩口镇等地，中度风险区主要分布在同兴乡西部、潘桥乡、三尖镇北部等地，其他大部分地区为极高风险区。

育性转换起点温度指标为24.0℃：极低风险区没有，较低风险区主要分布在毛易镇、禾青镇、渣渡镇南部、铎山镇、岩口镇等地，中度风险区主要分布在同兴乡、潘桥乡南部、金竹山乡、三尖镇北部等地，其他大部分地区为极高风险区。

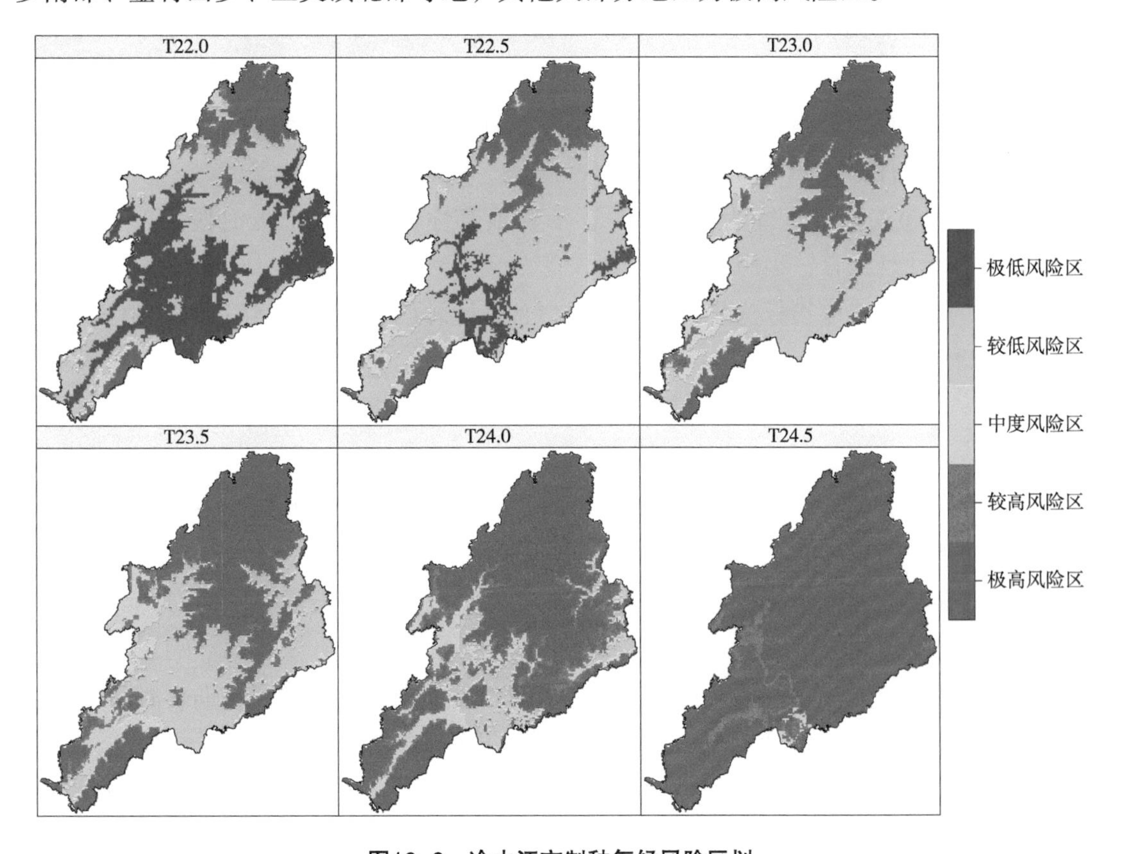

图10-6　冷水江市制种气候风险区划

育性转换起点温度指标为24.5℃：较低风险区没有，中度风险区主要分布在禾青镇，较高风险区主要分布在同兴乡中部、毛易镇中部、三尖镇北部等地，其他大部分地区为极高风险区。

目前育种专家培育的两用不育系育性转换起点温度大多为22.0～25.0℃，而生产上应用的两用不育系育性转换起点温度大多为23.0～24.0℃。根据大多数两用不育系制种气候风险分析结果，建议制种基地具体地段选择在中连乡东部、同兴乡东部、毛易镇、禾青镇、金竹山乡、渣渡镇南部、铎山镇、岩口镇等地，母本在5月21日左右播种（播始历期80d）。

第三节　涟源市制种基地生产安排

一、时空择优气候诊断分析

根据当地气象站历史资料统计分析，分析了涟源市不同不育系育性转换起点温度风险较低时段（图10-7）。由图10-7可见：

育性转换起点温度指标为22.0℃时，不育系育性转换风险最低时段为7月6日至8月26日，为历史未遇。

育性转换起点温度指标为22.5℃时，不育系育性转换风险最低时段为7月7—28日、7月29日至8月15日，为30年历史未遇。

育性转换起点温度指标为23.0℃时，不育系育性转换风险最低时段为7月13—28日、7月29日至8月14日，为历史未遇。

育性转换起点温度指标为23.5℃时，不育系育性转换风险最低时段为7月13日至8月6日，为40年一遇。

育性转换起点温度指标为24.0℃时，不育系育性转换风险最低时段为7月14日至8月5日，为40年一遇。

育性转换起点温度指标为24.5℃时，不育系育性转换风险最低时段为7月21日至8月10日，为20年一遇。

育性转换起点温度指标为25.0℃时，不育系育性转换风险最低时段为7月21日至8月10日，为10年一遇。

利用扬花授粉期危害指数公式，计算了涟源市杂交稻制种扬花授粉期各时段的危害指数（图10-8）。由图10-8可见，6月6日后呈上升趋势，7月16日达峰值，为8.53；7月21日后呈下降趋势，8月15日降到2.66，之后缓慢上升，9月9日后呈上升趋势，9月24日达到7.29。开展两系法超级杂交稻制种时，建议将扬花授粉时段安排在8月10日至9月9日，将危害指数控制在4.1以下。

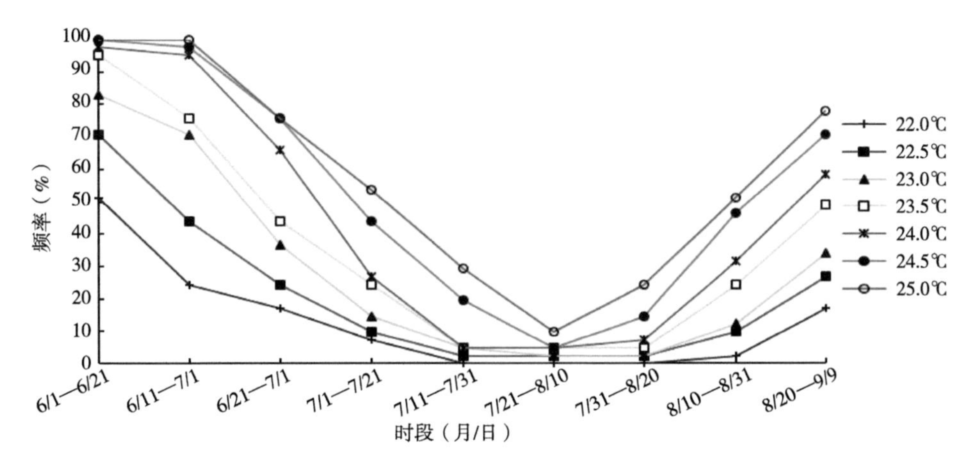

图10-7 涟源市育性敏感期临界温度几率变化曲线

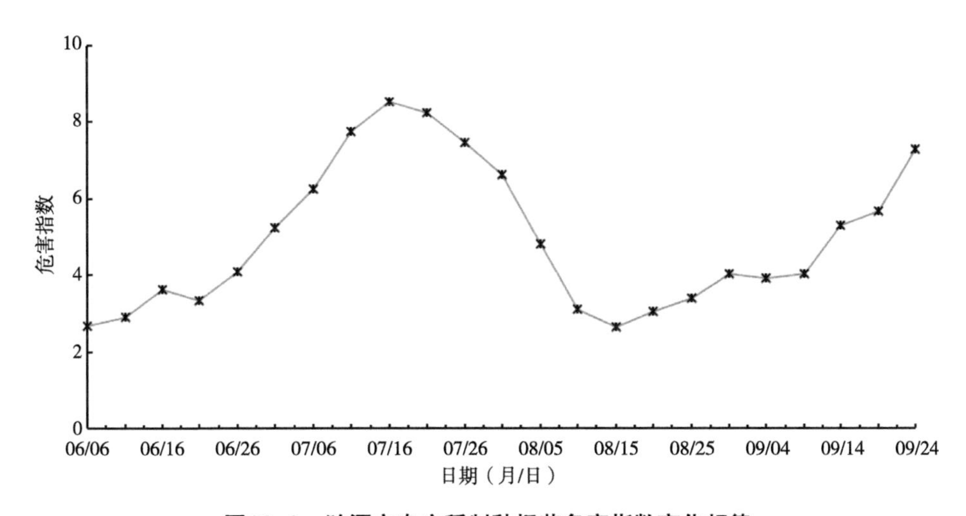

图10-8 涟源市杂交稻制种扬花危害指数变化规律

二、气候时段安排

根据两系杂交稻制种不育系育性转换敏感期气候风险和扬花授粉期危害指数两个重要指标，在确保不育系雄性不育保证率高于96.7%（气候风险小于30年一遇），保障制种安全，并将扬花授粉期安排在危害指数最低时段，从而确定两系制种的最适播种期（表10-3）。由表10-3可见，当不育系育性转换临界温度指标为23.0℃或23.5℃时，选择播始历期（播种至始穗期）为80d的不育系时，其最适播种期为5月24日，扬花授粉结束期为8月22日，不育系雄性不育保证率在97.4%以上，扬花时段危害指数为2.5，可安全高产。

表10-3　涟源市两个临界温度适宜播种期安排（播始历期80d）

不育系临界温度指标（℃）	播种日期（月/日）	敏感期日期（月/日）	始穗日期（月/日）	扬花终止日期（月/日）	播种至始穗期天数（d）	敏感期至始穗期天数（d）	不育系雄性不育保证率（%）	扬花时段危害指数
23.0	5/24	8/02	8/11	8/22	80	10	100	2.5
23.5	5/24	8/02	8/11	8/22	80	10	97.4	2.5

三、具体地段安排

根据育性转换不同的临界温度指标，分析了涟源市杂交稻制种的气候风险区域（图10-9）。

育性转换起点温度指标为22.0℃：涟源市区大部分地区为极低风险制种区域，西北和东北部有部分较低风险区，中度风险区域零星分布在北部和南部。其中有零星的风险区域。

育性转换起点温度指标为22.5℃：涟源市极低风险区域主要分布在中东部和东部，其他大部分地区分安去区域，在西北部有零星的风险区域，高风险区域主要分布在西北和西南部分地区。

育性转换起点温度指标为23.0℃：涟源市大部分地区为较低风险区域，主要分布在七星街镇、湄江镇、安平镇一线往南，其中龙山林场为高风险区域。

育性转换起点温度指标为23.5℃：极低风险区没有，较低风险区主要分布在七星街镇往南，往北大部分地区为极高风险区。

育性转换起点温度指标为24.0℃：极低风险区没有，较低风险区主要分布在桥头河镇一线往南，往北大部分为极高风险区。

育性转换起点温度指标为24.5℃：极低风险区没有，较低风险区主要分布在水洞底镇南部、金石镇东部等地，中度风险区主要分布在桥头河镇、渡头塘镇、水洞底镇、杨市镇、荷塘镇、金石镇等地，其他大部分地区为极高风险区。

目前育种专家培育的两用不育系育性转换起点温度大多为22.0～25.0℃，而生产上应用的两用不育系育性转换起点温度大多为23.0～24.0℃。根据大多数两用不育系制种气候风险分析结果，建议制种基地具体地段选择在桥头河镇、渡头塘镇、水洞底镇、杨市镇、荷塘镇、金石镇等地，母本在5月24日左右播种（播始历期80d）。

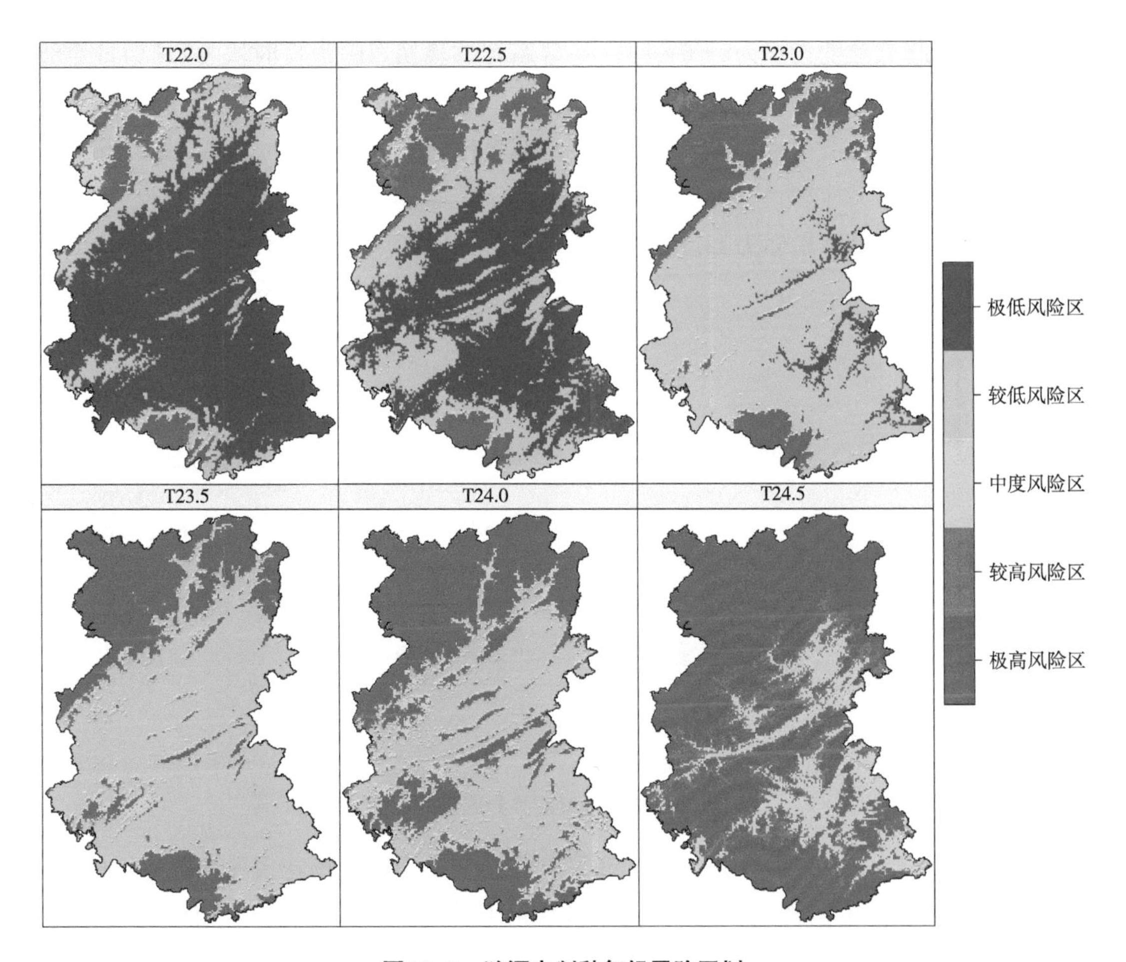

图10-9 涟源市制种气候风险区划

四、双峰县制种基地生产安排

（一）时空择优气候诊断分析

根据当地气象站历史资料统计分析，分析了双峰县不同不育系育性转换起点温度风险较低时段（图10-10）。由图10-10可见：

育性转换起点温度指标为22.0℃时，不育系育性转换风险最低时段为7月5—28日、7月29日至8月15日，为历史未遇。

育性转换起点温度指标为22.5℃时，不育系育性转换风险最低时段为7月7—28日、7月29日至8月14日，为历史未遇。

育性转换起点温度指标为23.0℃时，不育系育性转换风险最低时段为7月7—28日、7月29日至8月14日，为历史未遇。

育性转换起点温度指标为23.5℃时，不育系育性转换风险最低时段为7月9—27日，为历史未遇，其次是7月30日至8月14日，为40年一遇。

育性转换起点温度指标为24.0℃时，不育系育性转换风险最低时段为7月14日至8月5日，为40年一遇。

育性转换起点温度指标为24.5℃时，不育系育性转换风险最低时段为7月21日至8月10日，为15年一遇。

育性转换起点温度指标为25.0℃时，不育系育性转换风险最低时段为7月21日至8月10日，为7年一遇。

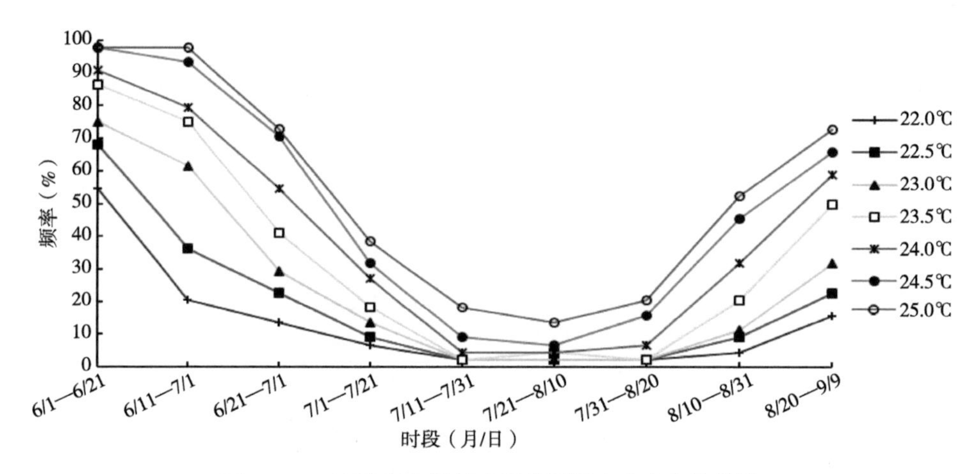

图10-10　双峰县育性敏感期临界温度几率变化曲线

利用扬花授粉期危害指数公式，计算了双峰县杂交稻制种扬花授粉期各时段的危害指数（图10-11）。由图10-11可见，6月6日后呈上升趋势，7月16日达峰值，为11.27；7月21日后呈下降趋势，8月15日降到3.66，之后呈上升趋势，9月24日达到6.85。开展两系法超级杂交稻制种时，建议将扬花授粉时段安排在8月10日至9月9日，将危害指数控制在5.0以下。

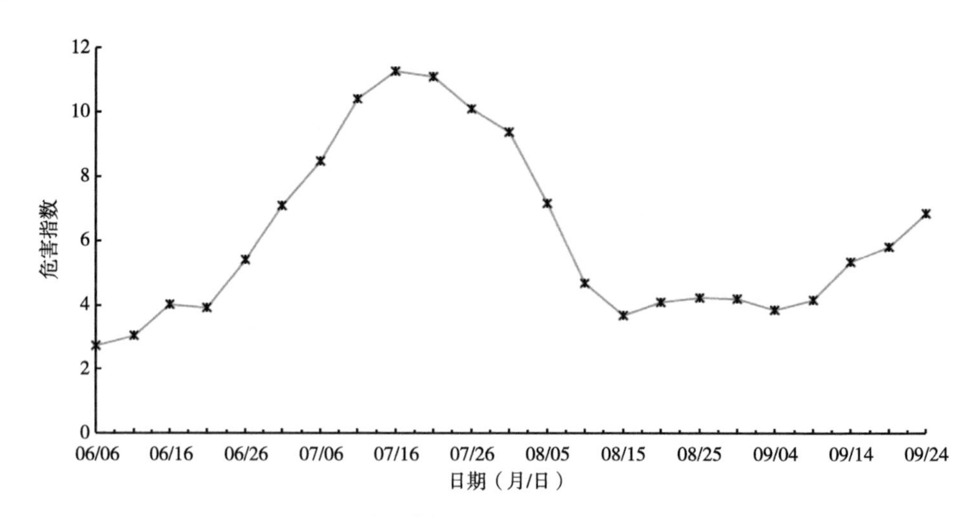

图10-11　双峰县杂交稻制种扬花危害指数变化规律

（二）气候时段安排

根据两系杂交稻制种不育系育性转换敏感期气候风险和扬花授粉期危害指数两个重要指标，在确保不育系雄性不育保证率高于96.7%（气候风险小于30年一遇），保障制种安全，并将扬花授粉期安排在危害指数最低时段，从而确定两系制种的最适播种期（表10-4）。由表10-4可见，当不育系育性转换临界温度指标为23.0℃或23.5℃时，选择播始历期（播种至始穗期）为80d的不育系时，其最适播种期为5月23日，扬花授粉结束期为8月21日，不育系雄性不育保证率在97.6%以上，扬花时段危害指数为3.66，可安全高产。

表10-4　双峰县两个临界温度适宜播种期安排（播始历期80d）

不育系临界温度指标（℃）	播种日期（月/日）	敏感期日期（月/日）	始穗日期（月/日）	扬花终止日期（月/日）	播种至始穗期天数（d）	敏感期至始穗期天数（d）	不育系雄性不育保证率（%）	扬花时段危害指数
23.0	5/23	8/01	8/10	8/21	80	10	100	3.66
23.5	5/23	8/01	8/10	8/21	80	10	97.6	3.66

（三）具体地段安排

根据育性转换不同的临界温度指标，分析了双峰县杂交稻制种的气候风险区域（图10-12）。

育性转换起点温度指标为22.0℃：大部分地区为极低风险制种区域，西部和东部有部分较低风险区。

育性转换起点温度指标为22.5℃：大部分地区为较低风险区域，中部为极低风险区域，东部有零星极高风险区域。

育性转换起点温度指标为23.0℃：大部分地区为较低风险区域，东部边缘地区有零星极高风险区域。

育性转换起点温度指标为23.5℃：极低风险区没有，全县大部分地区为较低风险区，极高风险区主要分布在甘堂镇西部、锁石镇东部、沙塘乡东部、石牛乡东部、荷叶塘西部等地。

育性转换起点温度指标为24.0℃：极低风险区没有，全县大部分地区为较低风险区，极高风险区主要分布在甘堂镇西部、杏子铺镇北部、梓门桥镇东部、锁石镇东部、沙塘乡东部、石牛乡东部、荷叶塘西部等地。

育性转换起点温度指标为24.5℃：极低风险区没有，较低风险区主要分布在杏子铺镇南部、梓门桥镇西部、洪山殿镇中部、走马街镇、永丰镇、印塘乡、锁石镇北部、荷叶塘东部等地，中度风险区主要分布在洪山殿镇北部和南部、三塘铺镇、青树坪镇、锁石镇中部等地，其他大部分地区为极高风险区。

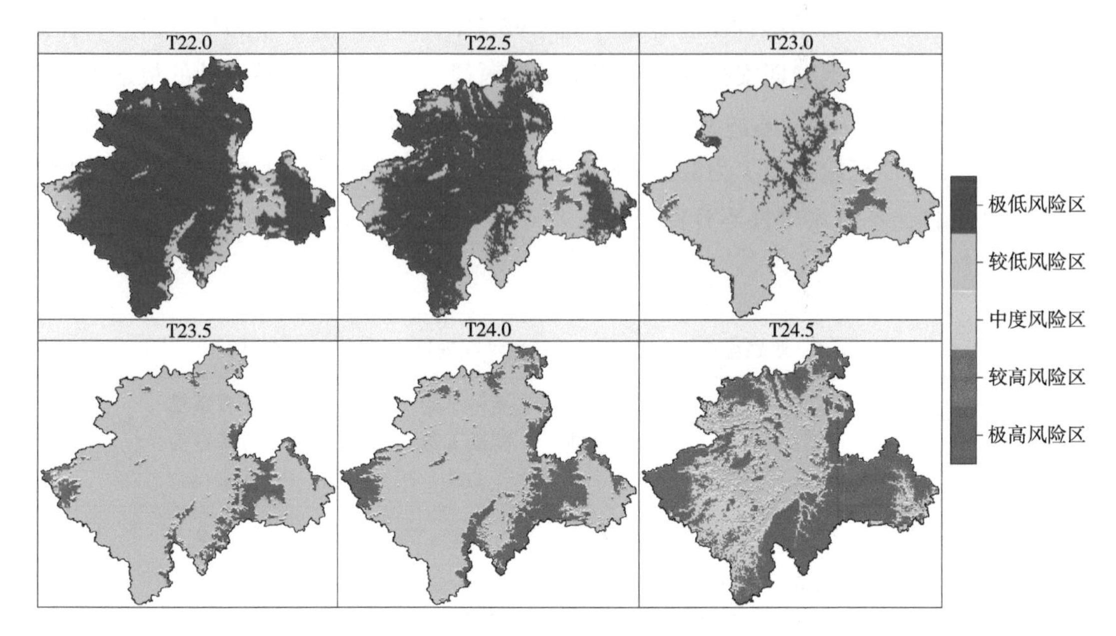

图10-12　双峰县制种气候风险区划

目前育种专家培育的两用不育系育性转换起点温度大多为22.0～25.0℃，而生产上应用的两用不育系育性转换起点温度大多为23.0～24.0℃。根据大多数两用不育系制种气候风险分析结果，建议制种基地具体地段选择在杏子铺镇南部、梓门桥镇西部、洪山殿镇中部、走马街镇、永丰镇、印塘乡、锁石镇北部、荷叶塘东部等地，母本在5月23日左右播种（播始历期80d）。

第十一章　两系法杂交制种安全高产气候诊断决策服务系统软件研发

为了提高杂交稻制种气象诊断分析与决策服务的自动化水平，为制种专家快速提供制种基地选择和生产时段安排，采用可视化语言研制了一个功能齐全、自动化程度高、界面友好的两系法杂交制种安全高产气候诊断决策服务系统。使用该系统时，用户只需用鼠标点击选择相应的参数，系统就会自动求取相应的结果，并将结果用彩色图表等显示出来，直观方便。

该系统通过引入GIS技术与电子地图，利用不育系育性转换起点温度指标22.0、22.5、23.0、23.5、24.0、24.5、25.0℃的100m×100m小网格推算模型，能够自动进行小网格推算分析，自动叠加地理信息数据，同时可在电子地图上查询任意网格点的经度、纬度、海拔和小网格推算值，其图像可进行放大、缩小、漫游和保存。

第一节　系统设计的基本思路

为了使决策服务系统更好地指导生产，在系统设计之前，广泛征求了两系制种专家的意见，根据有关专家的建议，按以下思路进行系统软件设计：①历史气象资料和不育系气象指标，建立基本资料数据库，设计数据库管理模块；②分析历史低温（连续3d或以上平均气温≤不育系临界可育温度），设计不育系育性敏感期安全分析模块，找出两系制种安全时段与区域；③结合制种产量，设计扬花安全期分析模块，找出最佳扬花授粉安全时段与区域；④综合分析两系制种的两段“安全期”，设计基地决策分析模块，找出两系制种的适宜区域与安全时段；⑤对假设的生产安排进行气候风险评估，设计气候风险评估分析模块。

一、系统的设计与结构

决策服务系统软件设计流程见图11-1，系统结构框架见图11-2。

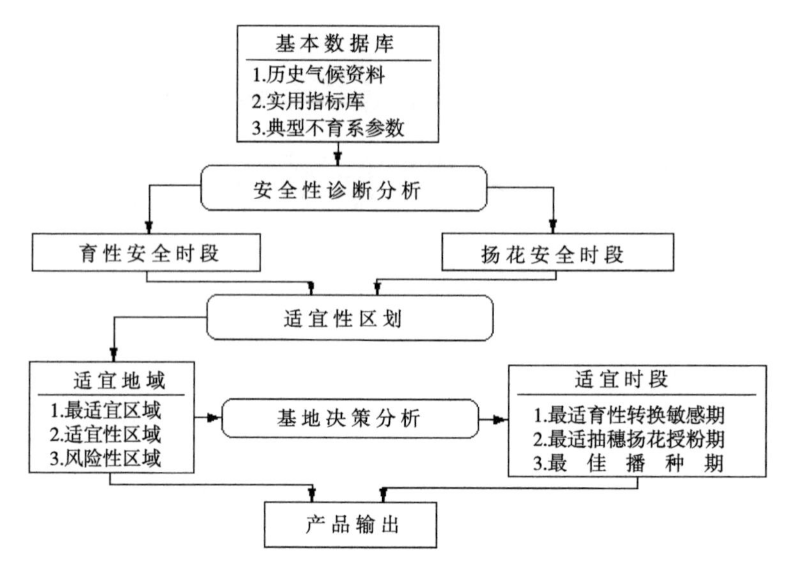

图11-1 决策服务系统设计流程图

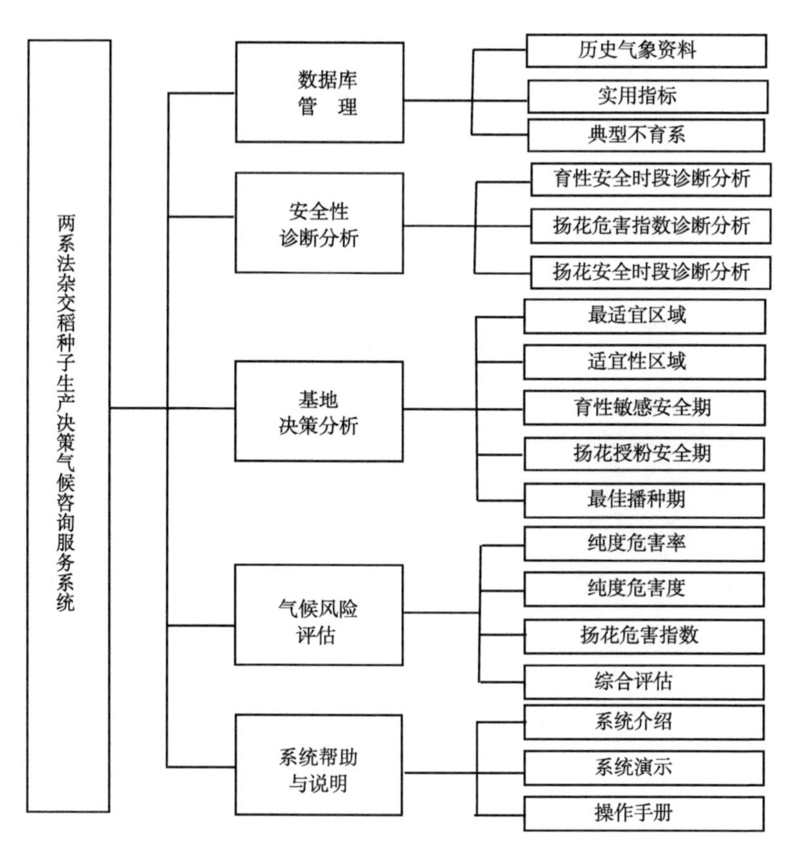

图11-2 决策服务系统结构框

二、系统研发的技术方法

将两系杂交制种安全高产气候诊断决策服务技术方法软件化。采用模块化方法进行研发，设计了数据库管理、育性转换气候生态安全期分析、扬花授粉气候生态安全期分析、制种基地生产决策分析、气候风险诊断评估分析、系统帮助等六个模块。使用数据库访问技术，设计了历史气象资料、低温过程、所有不育时段、扬花危害指数、育性敏感期、最佳播种日期等数据库，实现对气象、不育时段、扬花危害指数、播种日期等数据的查询、统计和显示等功能；调用EXCEL控件，实现扬花授粉综合天气危害指数变化曲线显示功能；调用GIS控件叠加行政边界、河流、海拔等地理信息数据，实现图像放大、缩小、漫游和保存等功能；采用GIS控件与数据库链接技术，使用GIS特征码为链接字段，实现电子地图上任意网格点经度、纬度、海拔和推算值的查询、显示等功能。

第二节 系统的主要功能

系统具有数据库管理、育性转换气候生态安全期分析、扬花授粉气候生态安全期分析、制种基地生产决策分析、气候风险诊断评估分析等功能。

一、数据库管理功能

收集全省历史气象资料，建立数据库，按单站多要素格式保存，其结构见表11-1。整个数据库的容量达253Mb。在数据库管理模块中，设计了数据检索和旬、月、年值的统计功能，可对平均气温、最高气温、最低气温、降水量、日照时数、相对湿度等要素进行检索和统计。

表11-1 数据库结构

字段序号	字段名	类型
1	站号	长整型
2	日期	长整型
3	平均气温	长整型
4	最高气温	长整型
5	最低气温	长整型
6	降水量	长整型

（续表）

字段序号	字段名	类型
7	日照时数	长整型
8	平均湿度	长整型
9	最小湿度	长整型

另外，还设计一个用来保存分析结果的数据库，主要有低温过程数据库、不育时段数据库、扬花危害指数数据库、敏感日期数据库、最佳播种日期数据库等几个，其结构见表11-2至表11-6。

表11-2　低温过程数据库结构

字段序号	字段名	类型
1	低温指标	单精度型
2	站名	文本型
3	起始日期	长整型
4	终止日期	长整型
5	持续天数	整型
6	资料总年数	整型

表11-3　所有不育时段数据库结构

字段序号	字段名	类型
1	温度指标	单精度型
2	站名	文本型
3	起始日期	长整型
4	终止日期	长整型
5	持续天数	整型
6	出现低温次数	整型
7	不育性保证率	单精度型
8	资料总年数	整型

表11-4　扬花危害指数数据库结构

字段序号	字段名	类型
1	站名	文本型
2	起始日期	长整型
3	终止日期	长整型
4	危害指数	单精度型
5	资料总年数	整型

表11-5　育性敏感期数据库结构

字段序号	字段名	类型
1	不育系类型	文本型
2	站名	文本型
3	育性敏感期	整型
4	盛花期	整型
5	扬花危害指数	单精度型
6	不育性保证率	单精度型
7	资料总年数	整型

表11-6　最佳播种日期数据库结构

字段序号	字段名	类型
1	不育系类型	文本型
2	站名	文本型
3	最佳播种期	整型
4	育性敏感期	整型
5	盛花期	整型
6	盛花期危害指数	单精度型
7	不育性保证率	单精度型
8	资料总年数	整型

二、育性转换气候生态安全期分析功能

设计本模块的主要目的是要找到两系制种的初选区域与时段（图11-3）。两系制种的特点是一系两用，利用其不育性进行制种，利用其可育性进行自繁。生产上利用的两用核不育系，主要为温敏型，其雄性不育性的控制因素主要是温度。一般来说，温敏核不育系的不育性充分表达的气象指标为：在育性敏感期内（幼穗分化第三期至第六期，穗前10～25d），不能遇到低温，否则，两系制种不安全，种子不纯，制种会失败。为此，先分析低温（本系统设计时温度指标考虑得较宽，有22.0℃、22.5℃、23.0℃、23.5℃、24.0℃、24.5℃、25.0℃等），然后分析不育时段的分布情况（6月1日至9月30日），把历史未遇（持续10d以上），30年一遇（持续12d以上），20年一遇（持续14d以上），10年一遇（持续16d以上）的时段整理出来，保存在数据库里，需要时可访问该数据库。

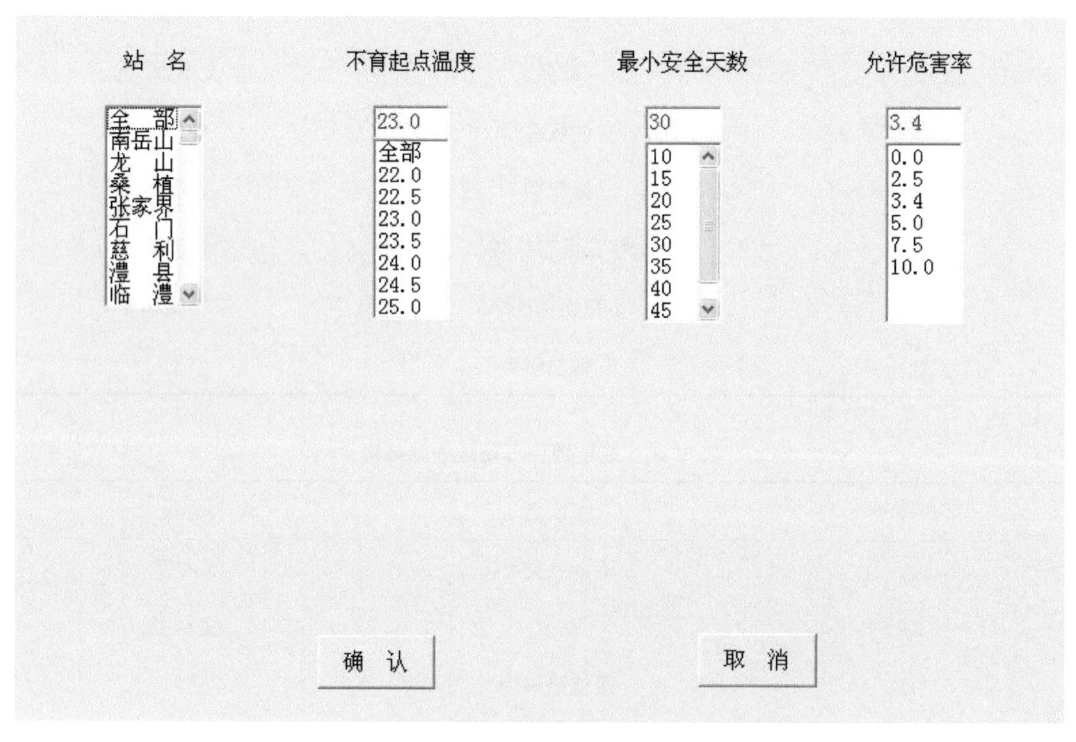

图11-3　不育系育性敏感期安全分析模块主要参数设置

三、扬花授粉气候生态安全期分析模块

在分析了不育系育性敏感期安全时段后，为了提高制种产量，还需考虑扬花授粉时段（图11-4）。与三系杂交制种一样，两系制种产量也主要取决于亲本扬花授粉期间的天气气候条件，扬花授粉期是决定制种产量的关键时段。设计思路是：采用综合天气危

害指数，12d（前5d，后6d，加上当天为12d）为一段，逐时段滑动分析。综合天气危害指数的计算方法为：统计12d内出现上述各种气象灾害的累计次数，然后除以总年数再乘以100%。

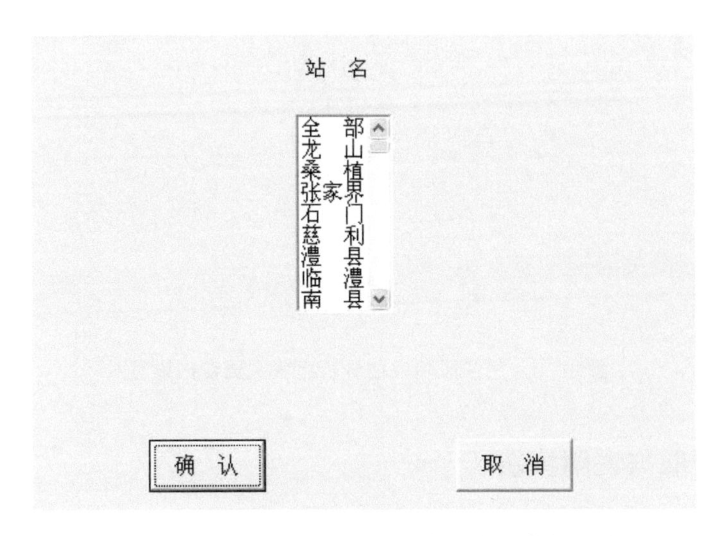

图11-4　扬花授粉期安全分析模块主要参数设置

四、制种基地生产决策分析模块

设计基地决策分析模块，主要是考虑在保证两系制种纯度的基础上，如何提高制种产量。采用的方法是将不育系育性安全期与扬花安全期综合考虑。为此，笔者设置了一些参数可供用户选择。例如，可以将30年一遇，持续20d以上的县站作为基地来考虑，从而缩小分析范围，加快分析速度。在此模块中，利用“GIS”图层控件，加入了全省有关的地理信息数据，用户可以对感兴趣的区域进行更详细的分析和查询。另外，用户通过改变参数（育性敏感期至始穗期的天数）值，可以自由地实现两个“安全期”的任意组合。此种设置，解决了当两个“安全期”的时间组合发生变化时（①因各地生态条件的不同，导致同一不育系的育性敏感期至始穗期的天数有一定的变化；②不同的不育系，其育性敏感期至始穗期的天数有变化），可以通过对参数值的修改，达到分析的目的。

五、气候风险诊断评估分析模块

对假设（或已有）的两系制种生产安排，如何进行风险评估？这是本模块要解决的问题。通过设置一些参数，如站名、温度指标、播种日期、育性敏感期至扬花授粉期的间隔天数等，就可以计算出不育系的育性转换敏感期和扬花授粉期，从而计算出不育系的育性恢复几率和扬花授粉期综合天气危害指数，诊断此种安排的风险有多大，能否获得较高的产量，进行综合评估（图11-5）。

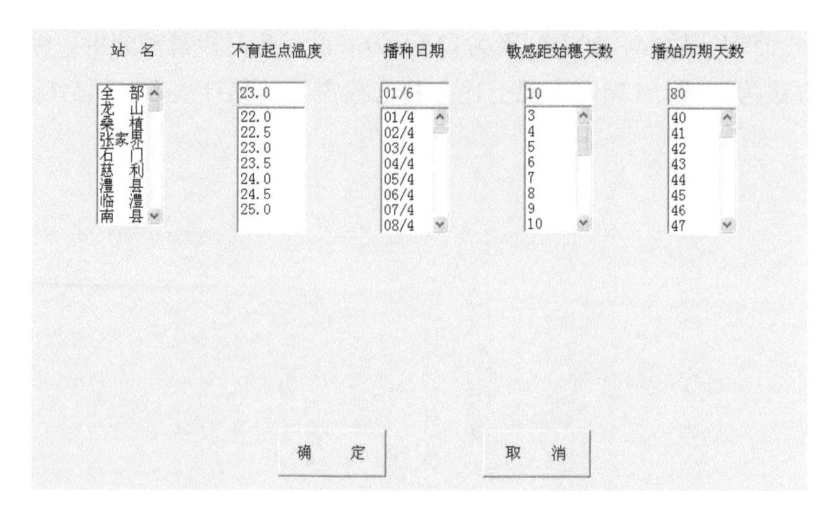

图11-5　气候风险评估分析模块主要参数设置

六、系统帮助与说明模块

对系统的来源、研发的目的、意义和主要功能进行介绍，对如何操作使用该系统进行帮助和说明。

第三节　系统操作使用说明

本系统采用Visual Basic语言，WINDOWS平台，共设计了八个主菜单。

一、概述

运行hnlx.exe，进入系统封面，按任意键进入系统主菜单（图11-6）。

图11-6　系统封面

本系统采用Visual Basic语言，WINDOWS平台，共设计了八个主菜单，分别为【气候要素】、【制种参数】、【安全分析】、【基地选择】、【时段安排】、【风险分析】、【小网格分析】、【帮助】等（图11-7）。

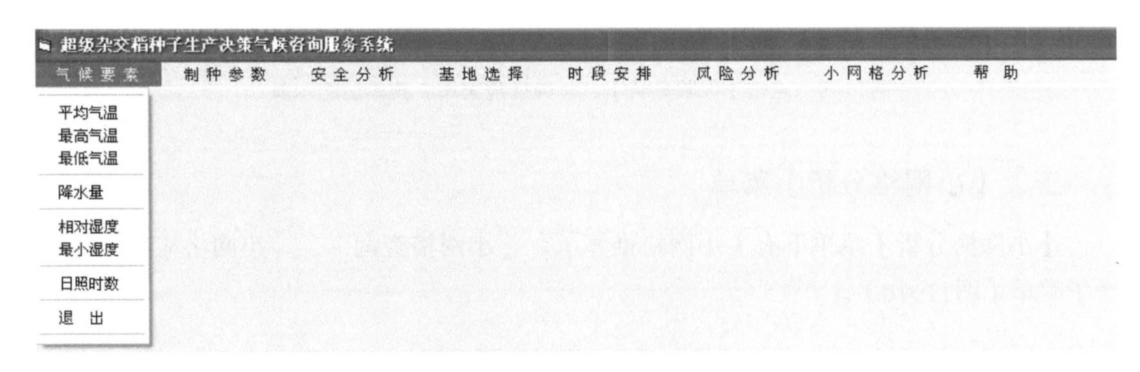

图11-7　系统菜单示意

二、【气候要素】菜单

【气候要素】菜单是对历史资料进行分析管理，便于快速查询。其下主要有〖平均气温〗、〖最高气温〗、〖最低气温〗、〖降水量〗、〖相对湿度〗、〖最小湿度〗、〖日照时数〗、〖退出〗等八个子菜单。

三、【时段安排】菜单

【时段安排】菜单下有〖育性敏感期〗、〖扬花授粉期〗、〖最佳播种期〗等三个子菜单（图11-8）。

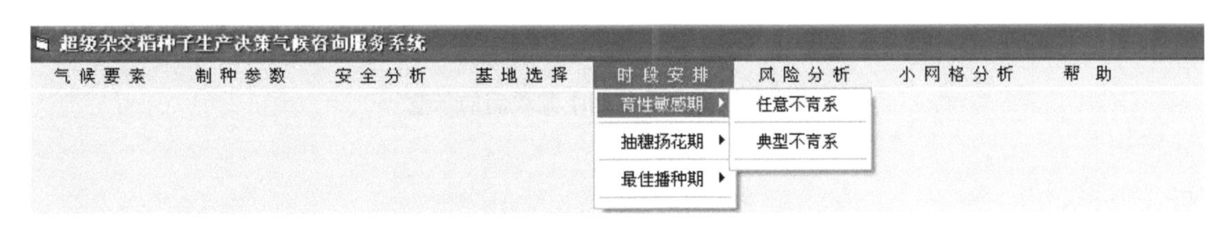

图11-8　点击【时段安排】菜单后的示意

四、【风险分析】菜单

【风险分析】菜单下有〖纯度危害率〗、〖纯度危害度〗、〖扬花危害指数〗等三个子菜单（图11-9）。

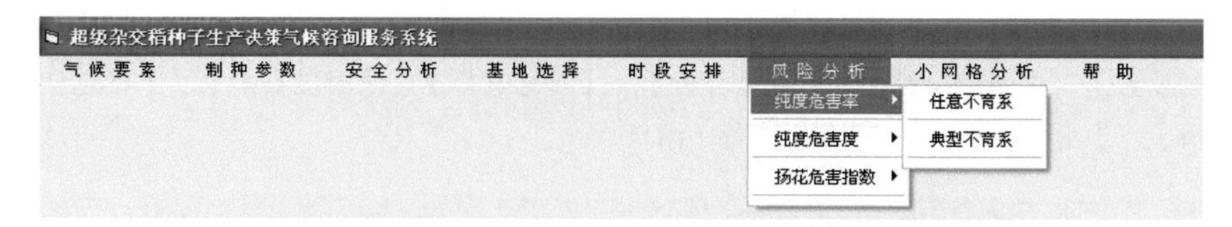

图11-9　点击【风险分析】、〖纯度危害率〗菜单后的示意

五、【小网格分析】菜单

【小网格分析】菜单下有〖小网格推算〗、〖小网格查询〗、〖小网格显示〗等三个子菜单（图11-10）。

图11-10　点击【小网格分析】菜单后的示意

六、【帮助】菜单

【帮助】菜单下有〖系统简介〗、〖操作手册〗等两个子菜单（图11-11）。

图11-11　点击【帮助】菜单后的示意

第十二章　两系法杂交制种气象保障服务

湖南杂交稻春季制种一般在3月下旬播种，父母本在6月中旬开始抽穗，7月上旬开始收获；夏季制种一般在4月下旬播父本，父母本在7月底8月初开始抽穗，9月上旬开始收获；秋季制种一般在5月下旬播父本，父母本在8月底9月初开始抽穗，10月上旬开始收获。为减轻盛夏低温、洪涝、高温干旱、连阴雨等农业气象灾害对杂交稻制种造成的危害，发挥上述研究成果在种子生产中的作用，向省农业厅两系办、隆平种业有限公司和制种基地县（市）开展气象保障服务。

第一节　适宜的气象条件与不利气象条件指标

一、育性转换敏感期适宜的气象条件与不利气象条件指标

不育系育性转换起点温度指标大多为22.0～25.0℃，实用不育系的指标为23～24.0℃。在进行两系杂交制种时，不育系的育性转换敏感期间如果出现了温光要素值低于育性转换临界指标的天气条件，不育系的育性就会得以恢复或只有部分恢复，出现所谓的“打摆子”现象，造成杂交种子育性混杂，甚至导致制种失败。根据不育系育性转换敏感期温光气候条件，开展育性安全期农用天气预报服务。当不育系的育性转换敏感期间出现了温光要素值低于育性转换临界指标的天气条件时，提醒制种基地采取防御措施，如通过灌15～20cm的深水，可增加穗部温度2℃左右，从而减轻低温对育性转换期杂交稻的危害。

二、扬花授粉期适宜的气象条件与不利气象条件指标

扬花授粉期是决定两系杂交制种产量的关键时段。适宜的气候生态条件，一是晴朗

天气，二是日平均气温在26～28℃，三是相对湿度为80%～90%，四是2～3级风力。白天温度29.1～33.0℃、湿度71%～90%对开花授粉较为理想。不利的天气条件是低温阴雨或者高温低湿火南风，主要有：①连续3d平均气温≤24℃或≥30℃；②连续3d平均湿度≤70%或≥90%；③连续3d均为阴雨天，尤其是出现大雨洗花。遇到上述一种气象灾害，就会导致杂交制种的产量低，甚至失收。根据扬花授粉期温度、湿度、降雨等气象条件，开展扬花授粉期农用天气预报服务。当扬花授粉期出现有利气象条件时，可提醒制种基地及时开展人工辅助授粉。

三、收获期适宜的气象条件与不利气象条件指标

成熟收获期如遇连续2d日降雨量大于5mm，将导致已收获的稻谷无法晒干，如果阴雨时间太长，甚至会造成种子发芽、霉烂，导致产量和质量均下降。根据成熟收获期降雨气象条件，开展成熟收获期农用天气预报服务。当成熟收获期出现有利气象条件时，可提醒制种基地及时收割；当成熟收获期出现不利气象条件时，可提醒制种基地适当提前收割，减轻阴雨危害。

第二节　气候生态安全期农用天气预报

为保证杂交水稻制种的安全，提高种子的纯度和产量，针对杂交稻制种的育性安全期、扬花安全期、收获安全期开展相关的农用天气预报服务。

一、制种基地育性安全期农用天气预报

育性安全期气象服务重点是考虑温度要素，为了精准化各制种基地的逐日平均气温，对温度进行如下订正：第一步，对上一周气象预报服务产品中各制种基地县气象站的日平均气温与观测值进行比较和分析，得到各制种基地县日平均气温的修订值；第二步，利用修订值，对气象预报服务产品中各制种基地县气温站的日平均气温预报值进行修订；第三步，根据县气象站点与制种基地的日平均气温差异进行小气候订正（制种基地缺日平均气温观测值时，主要根据日平均气温随海拔的变化规律进行计算，如海拔升高1 000m，气温下降6℃）。

每年在杂交稻制种育性敏感期，根据育性转换的气象指标，开展专题气象服务。根据未来7d天气趋势，分析母本育性敏感期出现连续3d日平均气温≤24℃低温可能情况，制作如下相应产品。

杂交稻制种关键期农用天气预报

XXXX 年 X 月 X 日第 X 期

湖南省农业气象中心　　签发人：***

制种基地育性转换敏感期农事天气趋势

【提要】目前杂交稻制种母本陆续进入育性转换关键时期，日平均气温在 26℃以上有利于母本雄性不育。据最新天气预报，未来 7 天各种子生产基地不会出现连续 3 天日平均气温≤24℃低温天气，但湘南地区后期有高温天气，注意防范。

一、　前期天气概述及影响

今年夏制杂交稻从播种以来，未出现明显低温冷害和洪涝灾害，禾苗长势较好。育秧期各地气温略偏高，日照较充裕，未出现低温连阴雨天气，秧苗生长健壮。父母本移栽后，未出现长时间的阴雨寡照天气和强降水过程，有利于返青分蘖。自播种以来至今，天气条件有利于杂交稻父母本的生长发育。

二、后期天气趋势预测

预计未来 7 天（6 月 29 日至7 月 5 日）杂交稻种子生产基地母本育性敏感期平均气温均在 26.5℃以上，不会出现连续 3 天日平均气温≤24℃低温天气，有利于母本雄性不育。各制种基地育性转换敏感期温度预报见下表。

各制种基地未来 7 天（6 月 29 日—7 月 5 日）逐日平均气温预报（单位：℃）

制种基地	29/6	30/6	1/7	2/7	3/7	4/7	5/7
新邵	28.5	28	27	27	27	27	28
绥宁	28.0	28	27	27	27	27	28
武冈	28.5	28	27	27	27	27	28
邵阳	28.5	28	27	27	27	27	28
洞口	28.5	28	27	27	27	27	28
隆回	28.5	28	27	27	27	27	28
新宁	28.5	28	27	27	27	27	28
靖州	29	28	27	26.5	26	28	28
通道	28	28	26.5	26.5	26.5	27	28
芷江	28	27.5	27	27	27	27.5	28
中方	28	27.5	27	27	27	27.5	28
洪江	28	27.5	27	27	27	27.5	28
麻阳	28	27.5	27	27	27	28	28
零陵	29.5	29	27.5	28	29	29	30
道县	29	29	28	28	29	29	30
新田	29	29	27.5	28	28.5	29	30
蓝山	29	28	28	28	28	29	30
宁远	29	29	28	28	28	29	30
祁阳	29	29	28	28	28	29	30
苏仙	29	29	28	28	28	30	30
资兴	29	29	28	28	28	30	30
永兴	29	29	28	28	28	30	30
汝城	26	25	24	25	25.5	26	26
桂阳	29	29	28	28	28	30	30
攸县	29	28	25	26	25	27	28
醴陵	29	27.5	25	26	25	27	28
湘潭	29	28	26	27	27	28	30
耒阳	30	30	27	26.5	27	28	29

三、农事建议

1. 各制种基地未来7天不会出现影响母本育性转换的低温天气，正常管理即可。

2. 湘南制种基地7月5日会出现日平均气温30℃的高温天气，有关制种基地可采取采水灌溉措施，调节田间小气候，降低穗部温度。

二、制种基地扬花安全期农用天气预报服务

扬花安全期气象服务重点考虑温度、降水要素，为了精准化各制种基地的逐日平均气温，采用前述育性安全期温度订正方法进行温度订正。每年在杂交稻制种抽穗授粉期，开展专题气象服务。根据未来7d天气趋势，分析抽穗开花期出现连续3d日最高气温≥35℃高温等可能情况，制作服务产品。

三、制种基地收获安全期农用天气预报服务

收割期间的天气不仅影响收割的进度，而且会影响种子的质量，如果阴雨寡照天气持续时间长，不仅成熟的稻种无法收割，而且已收割的稻种也无法晾晒。为提高杂交稻种子产量和质量，减轻杂交稻制种收晒期间遭遇连阴雨天气的影响，每年在收割前开展杂交稻制种收获安全期农用天气预报服务。

收割期间各制种基地的降水量，根据小网络推算模式，将气象站的预报结合动力气候预测模式进行小气候订正，再结合收割期气候适宜度指标，发布杂交稻制种收获期农用天气预报服务产品。

杂交稻制种关键期农用天气预报

XXXX 年 X 月 X 日第 X 期

湖南省农业气象中心　　　　　　签发人：***

制种基地扬花授粉期农事天气趋势

【提要】目前杂交稻制种陆续进入抽穗开花期，日最高气温在 35℃以上将不利于杂交稻授粉结实。据最新天气预报，未来 7 天湘南地区有高温天气，需注意防范。

一、 前期天气概述及影响

今年夏制杂交稻从播种以来，未出现明显低温冷害和洪涝灾害，禾苗长势较好。育秧期各地气温略偏高，日照较充裕，未出现低温连阴雨天气，秧苗生长健壮。父母本移栽后，未出现长时间的阴雨寡照天气和强降水过程，有利于返青分蘖。自播种以来至今，天气条件有利于杂交稻父母本的生长发育。

二、后期天气趋势预测

预计未来 7 天（8 月 9 日—15 日）杂交稻种子生产基地抽穗授粉期日最高气温在 30℃以上，后期会出现连续 3 天日最高气温≥35℃高温天气，不利于杂交稻授粉结实。各制种基地扬花授粉期天气适宜度预报如下。

表 各制种基地未来 7 天（8 月 9 日—15 日）抽穗授粉期天气适宜度预报

制种基地	9/8	10/8	11/8	12/8	13/8	14/8	15/8
新邵	适宜	适宜	适宜	基本适宜	基本适宜	不适宜	不适宜
绥宁	适宜	适宜	适宜	适宜	适宜	基本适宜	基本适宜
武冈	适宜	适宜	适宜	基本适宜	基本适宜	不适宜	不适宜
邵阳	适宜	适宜	适宜	基本适宜	基本适宜	不适宜	不适宜
洞口	适宜	适宜	适宜	基本适宜	基本适宜	不适宜	不适宜
隆回	适宜	适宜	适宜	基本适宜	基本适宜	不适宜	不适宜
新宁	适宜	适宜	适宜	适宜	适宜	基本适宜	基本适宜
靖州	适宜	适宜	适宜	适宜	适宜	基本适宜	基本适宜
通道	适宜	适宜	适宜	适宜	适宜	基本适宜	基本适宜
芷江	适宜	适宜	适宜	适宜	适宜	基本适宜	基本适宜
中方	适宜	适宜	适宜	适宜	适宜	基本适宜	基本适宜
洪江	适宜	适宜	适宜	适宜	适宜	基本适宜	基本适宜
麻阳	适宜	适宜	适宜	适宜	适宜	基本适宜	基本适宜
零陵	适宜	适宜	适宜	基本适宜	基本适宜	不适宜	不适宜
道县	适宜	适宜	适宜	基本适宜	基本适宜	不适宜	不适宜
新田	适宜	适宜	适宜	基本适宜	基本适宜	不适宜	不适宜
蓝山	适宜	适宜	适宜	基本适宜	基本适宜	不适宜	不适宜
宁远	适宜	适宜	适宜	基本适宜	基本适宜	不适宜	不适宜
祁阳	适宜	适宜	适宜	基本适宜	基本适宜	不适宜	不适宜
苏仙	适宜	适宜	适宜	基本适宜	基本适宜	不适宜	不适宜
资兴	适宜	适宜	适宜	基本适宜	基本适宜	不适宜	不适宜
永兴	适宜	适宜	适宜	基本适宜	基本适宜	基本适宜	基本适宜
汝城	适宜	适宜	适宜	适宜	适宜	不适宜	不适宜
桂阳	适宜	适宜	适宜	基本适宜	基本适宜	不适宜	不适宜
攸县	适宜	适宜	适宜	基本适宜	基本适宜	不适宜	不适宜
醴陵	适宜	适宜	适宜	基本适宜	基本适宜	不适宜	不适宜
湘潭	适宜	适宜	适宜	基本适宜	基本适宜	不适宜	不适宜
耒阳	适宜	适宜	适宜	基本适宜	基本适宜	不适宜	不适宜

三、农事建议

1. 各制种基地未来7天前期不会出现影响扬花授粉的高温天气，正常管理即可。

2. 湘南制种基地8月13日后会出现日最高气温≥35℃的高温天气，有关制种基地可采取深水灌溉、喷水等措施，调节田间小气候，降低穗部温度，提高结实率。

杂交稻制种关键期农用天气预报

XXXX 年 X 月 X 日第 X 期

湖南省农业气象中心　　　　签发人：***

制种基地成熟收获期农用天气预报

【提要】目前杂交稻制种母本陆续进入育性转换关键时期，日平均气温在 26～28℃之间有利于育性转化。据最新天气预报，未来 7 天各种子生产基地不会出现连续 3 天日平均气温≤24℃低温天气，但湘南地区后期有高温天气，注意防范。

一、　前期天气概述及影响

今年夏制杂交稻从播种以来，未出现明显低温冷害和洪涝灾害，禾苗长势较好。育秧期各地气温略偏高，日照较充裕，未出现低温连阴雨和“倒春寒”天气，秧苗生长健壮。父母本移栽后，未出现长时间的阴雨寡照天气和强降水过程，有利于返青分蘖。自播种以来至今，天气条件有早于杂交稻父母的生长。

二、　后期天气趋势预测

如春季制种一般在 7 月上旬收获，发布的成熟收获期农用天气预报服务产品如下：根据 6 月 30 日至 7 月 3 日各地的预报降水量级，结合杂交稻制种适宜度气候指标，对各制种基地县开展了收获期气候适宜度预报（见下表）。

各制种基地未来一周（6 月 29 日－7 月 5 日）收获适宜度预报

制种基地	6 月 29 日	6 月 30 日	1 月 7 日	2 月 7 日	3 月 7 日	4 月 7 日	5 月 7 日
洞口	适宜	不适宜	不适宜	不适宜	不适宜	适宜	适宜
隆回	适宜	不适宜	不适宜	不适宜	不适宜	适宜	适宜
新宁	适宜	不适宜	不适宜	不适宜	不适宜	适宜	适宜
洪江	适宜	不适宜	不适宜	不适宜	不适宜	适宜	适宜
麻阳	不适宜	不适宜	不适宜	不适宜	不适宜	适宜	适宜
零陵	适宜	适宜	不适宜	不适宜	不适宜	不适宜	适宜
祁阳	适宜	适宜	不适宜	不适宜	不适宜	不适宜	适宜
资兴	适宜	适宜	不适宜	不适宜	不适宜	不适宜	适宜
永兴	适宜	适宜	不适宜	不适宜	不适宜	不适宜	适宜
汝城	适宜	适宜	不适宜	不适宜	不适宜	适宜	适宜
攸县	适宜	不适宜	不适宜	不适宜	不适宜	适宜	适宜
醴陵	适宜	不适宜	不适宜	不适宜	不适宜	适宜	适宜
耒阳	适宜	不适宜	不适宜	不适宜	不适宜	适宜	适宜

由表可见：6 月 30 日至 7 月 3 日，洞口、隆回、新宁、洪江、麻阳、攸县、醴陵、耒阳等制种基地会出现连阴雨天气，7 月 1 日至 7 月 4 日，永州、郴州等制种基地会出现连阴雨天气，不适宜收割。至 7 月 4 日，怀化、邵阳、株洲、衡阳等制种基地降水结束，7 月 5 日，永州、郴州等制种基地降水结束，可适时收割。

第三节　气象灾害监测预警服务

为减轻杂交稻制种育性敏感期低温、成熟收获期连阴雨等气象灾害所造成的损失，开展了杂交稻制种年景气象服务、月气象服务和周气象服务。

一、年景气候趋势预测服务

根据种子生产用户的需求，希望在年初安排生产的时候，能够提前知道当年气象条件对种子生产造成的不利影响，关注是否会出现盛夏低温、大范围洪涝、高温干旱、连阴雨等重大农业气象灾害及出现时间，希望通过生产时间的安排来避开重大农业气象灾害，将种子生产关键期安排在最佳气象条件下，从而保障种子生产安全优质高产。采取的技术方法主要是针对杂交稻制种生长季内盛夏低温、洪涝、高温干旱、秋季连阴雨等气象灾害风险分析的基础上，利用气候动力预测模式产品，以及杂交稻制种生长季内主要气象灾害的时空变化规律，预测春季播种育秧期天气趋势、制种期间旱涝趋势、育性敏感期低温趋势等。

例：某年杂交稻制种年景气象服务产品内容如下：

杂交稻制种气候预测

XXXX 年 X 月 X 日第 X 期

湖南省农业气象中心　　　　签发人：***

杂交稻制种气候年景预测

【提要】今年杂交稻制种育秧期气温正常略高，有利壮苗；主汛期无明显的洪涝灾害，但育性敏感期出现连续 3 天日平均气温≤24℃低温可能性较大，收获期湘东南出现连续阴雨天气概率较大。针对这种天气趋势，育性敏感期和收晒期要防范不利天气造成的危害。

一、后期天气趋势

播种育秧期天气预测：预计某年春季父本播种育秧期天气为正常略偏好年景。杂交稻种子生产基地大部分地区平均气温正常略高。湘东南生产基地的 4 月降水量正常略偏少，为 160～180mm，个别地区有春旱发生；湘西南生产基地正常略偏多，为 180～200mm。

主要生长季旱涝趋势预测：4—9 月杂交稻制种生产基地总降水量大部分地区接近常年，为 900mm 左右，较上一年略偏多，无大范围的洪涝灾害。其中 6～8 月降水量湘东南生产基地较常年略偏多，有过程性强降水发生，注意预防短时洪涝；湘西南生产基地正常略偏少，旱情不明显。

育性敏感期低温预测：预计 6 月下旬、7 月下旬、8 月中旬省内怀化、邵阳、株洲、湘潭、衡阳杂交稻种子生产基地母本育性敏感期可能出现连续 3 天日平均气温≤24℃低温天气，请注意采取相关预防措施。

收获期连阴雨天气预测：杂交稻种子生产基地收获期出现连续 2 天阴雨的可能性较大。湘东南的郴州、永州及株洲杂交稻种子生产基地要注意热带气旋登陆时引起降水对生产活动的影响。

二、农事建议

根据上述天气趋势预测，对杂交稻制种关键时期的农事活动建议如下：

1. 播种育秧期气温偏高，不会出现明显的低温冷害天气，无需采取特别的防灾减灾措施，正常管理即可。

2. 大田生长期间，虽无大范围的洪涝灾害，但短时强降水过程不能掉以轻心，届时请及时关注短时预报产品。

3. 两系育性敏感期在怀化、邵阳、株洲、湘潭、衡阳等地出现连续3天日平均气温≤24℃低温天气可能性较大，注意灌15～20cm的山塘水，改善田间小气候，增加泥温和株间温度。

4. 收获期间，湘东南地区可能受热带气旋的影响，会出现连续降水天气，需根据热带气旋的影响情况，及时调整收割时间，保障颗粒归仓。

二、月度气候趋势预测服务

月气象服务主要是针对杂交稻制种生产月内的主要气候问题有针对性地制作服务产品，如3—4月重点关注低温寡照天气，5月重点关注低温和强降水过程，6月主要关注育性敏感期低温和洪涝，7月重点关注强降水过程和高温热害，8月重点关注育性敏感期间低温和高温干旱，9月主要关注低温连阴雨等。

月度气候趋势预测中温度订正和降水订正采取上述的方法，再结合各月重点关注对象指标，开展相应的气象服务，发布相关产品。如某年8月抽穗期和收获期天气条件预测较差，针对这个关键时期，发布如下产品。

杂交稻制种气候预测

XXXX 年 X 月 X 日第 X 期

湖南省农业气象中心　　　　　　　签发人：***

杂交稻制种月度气候预测

【提要】今年杂交稻制种育性转换敏感期湘南（衡阳南部、郴州、永州）出现连续 3 天日平均气温≤24℃低温可能性较大；收获期出现连阴雨概率较大。要注意防范这两段不利天气对杂交稻制种的影响。

一、8 月天气趋势

预计 8 月怀化、邵阳、株洲、湘潭、衡阳杂交稻种子生产基地母本育性敏感期出现连续 3 天日平均气温≤24℃低温的可能性较小，但衡阳南部、郴州、永州部分基地可能受热带气旋（俗称“台风”）影响，8 月 8—10 日可能出现连续 3 天日平均气温接近 24℃的天气，需注意防范。

杂交稻种子生产基地收获期出现连续 2 天阴雨的可能性较大，湘东南的郴州、永州及株洲杂交稻种子生产基地要注意热带气旋登陆时引起降水对生产活动的影响。

二、农事建议

1. 衡阳南部、郴州、永州部分基地在日平均气温接近24℃的天气来临前，注意灌15～20cm的山塘水，改善田间小气候，增加泥温和株间温度。

2. 湘东南的郴州、永州及株洲杂交稻种子生产基地要及时收获7成熟的杂交稻种子，防范连阴雨天气的危害。

三、一周气候趋势预警服务

主要有育性敏感期低温预警和收获期天气分析。

（一）育性敏感期低温预警

当预报制种基地育性敏感期将出现低温时，开展育性敏感期低温预警。

例：育性敏感期低温预警服务产品内容：预计未来7d在汝城可能出现连续2d日平均气温接近24℃的天气，请注意采取相关预防措施。

（二）收获期天气分析

收割期间的天气不仅影响收割的进度，而且会影响种子的质量，如果阴雨寡照天气持续时间长，不仅成熟的稻种无法收割，而且已收割的稻种也无法晾晒。为减轻杂交稻制种收晒期间遭遇连阴雨天气的影响，开展杂交稻制种收获期连阴雨天气预警服务，为各制种基地适时收割提供气象决策服务。

为提高服务的精准性和精细化程度，在开展全省性服务的同时，我们也针对一些制种基地开展了收获期天气分析。

杂交稻制种专题气象服务

XXXX 年 X 月 X 日第 X 期

湖南省农业气象中心　　　　签发人：***

黄茅园和桥江基地未来 7 天天气趋势

【提要】黄茅园基地目前处于成熟收获后期，桥江基地处于抽穗扬花期。未来 7 天我县以晴热天气为主，有利黄茅园基地收割晾晒，不利于桥江基地抽穗扬花。

一、前期天气概述及影响

从 8 月 11 日开始，我县受高空偏北气流控制，以晴热高温天气为主，日最高气温均在 35℃以上，其中 11—13日、16—21 日最高气温均达到 37℃以上。期间 13 日北部部分乡镇有中等阵雨，这种晴热少雨的天气有利于杂交稻的成熟收割，但不利于抽穗扬花。

二、后期天气趋势预测

据最新天气预测，8 月下旬，我县基地仍以晴热天气过程为主，有利于杂交稻种子的收获，27 日左右有降雨过程，具体预报如下：

23 日：晴，最高气温 35℃；

24 日：晴，最高气温 35℃；

25 日：晴，最高气温 34℃；

26 日：阴天，最高气温 34℃；

27 日：阵雨，最高气温 33℃；

28 日：阵雨，最高气温 33℃；

三、农事建议

未来一周以晴热天气为主，极端最高气温均在35℃以上，针对这种天气，建议如下：

（1）黄茅园基地在26日前以晴为主，尽量争取在26日前收割完毕。

（2）桥江基地处目前仍为抽穗扬花期，虽极端气温较前期下降，但气温仍然较高，建议采取15-20cmm的深水灌溉，可降低穗部温度1.5～2.0℃，山泉水灌溉效果更好。

参考文献

陈立云，等. 2001. 两系法杂交水稻的理论与技术[M]. 上海：上海科学技术出版社.

陈良碧，徐孟亮，周广洽. 1999. 临界温度双低两用不育水稻的筛选研究[J]. 杂交水稻，14（4）：3-4.

邓启云，符习勤. 1998. 光温敏核不育水稻育性稳定性研究[J]. 湖南农业大学学报，24（1）：8-13.

胡忠孝，田妍，徐秋生. 2016. 中国杂交水稻推广历程及现状分析[J]. 杂交水稻，31（2）：1-8.

黄四齐，邹建平，邓家义，等. 1998. 两系杂交早稻香两优68高产制种技术[J]. 杂交水稻，13（繁殖制种技术专辑）：59-63.

黄银琪，姜文盛，吕继红. 江苏中部地区两系杂交稻制种气象条件分析[J]. 中国农业气象，23（3）：15-17.

靳德明. 2008. 水稻农艺工培训教材（南方本）[M]. 北京：金盾出版社.

雷东阳，周晓娇，肖层林，等. 2009. 两系杂交稻制种基地气象决策支持系统[J]. 中国农业气象，v. 30（1）：96-101.

李晏. 2010. 中国杂交水稻技术发展研究（1964—2010）[D]. 南京：南京农业大学.

汪扩军，李玉祥，张茂哲，等. 1996. 培两优组合制种的气象问题研究[J]. 湖南农业大学学报，22（6）：528-532.

汪扩军，帅细强，刘家清，等. 2003. 两系杂交稻制种生产的气候生态诊断技术[J]. 应用气象学报，14（1）：93-100.

汪扩军，帅细强，袁隆平. 2000. 湖南省两系杂交稻制种的适宜区域与时段[J]. 杂交水稻，15（6）：14-17.

夏永华. 1999. 高温对杂交水稻制种扬花授粉的影响及应付措施[J]. 杂交水稻，14（增刊）：17-18.

徐孟亮，陈良碧，周广洽，等. 2002. 温度对双低两用核不育水稻96-5-2S与培矮64S育性的影响[J]. 生态学报，22（4）：541-547.

许世觉，唐建初，王伟成. 2000. 培矮64S系列组合制种高产技术的研究与实践[J]. 杂交水稻，15：62-67.
姚克敏，储长树，卢显富. 1996. 水稻两用核雄性不育系的育性模型与鉴定方法[J]. 南京气象学院学报，19（4）：399-404.
姚克敏，储长树，杨亚新，等. 1995. 水稻光（温）敏雄性不育系的育性转换机理研究[J]. 作物学报，21（2）：187-197.
姚克敏，彭钊安，黄渭浒. 1979. 杂交水稻气象条件的研究[J]. 江苏农业科学（3）：17-23.
姚克敏，杨亚新，储长树，等. 1994. 水稻光敏核不育系的育性气象模型及其机理[J]. 南京气象学院学报，17（4）：418-425.
姚克敏. 1996. 对水稻光温敏核不育系育性模型研究的思考[J]. 杂交水稻（2）：31-33.
易著虎，呼格吉乐图，陈詹，等. 2008. 两系法杂交水稻制种技术研究进展[J]. 作物研究，22（5）：386-389.
殷剑敏，魏丽，王怀清. 2001. 江西省两系杂交水稻制种基地气候风险区划的研究[J]. 南京气象学院学报，24（3）：415-422.
袁隆平. 2008. 超级杂交水稻育种研究的进展[J]. 中国稻米（1）：1-3.
袁隆平. 2010. 超级杂交水稻育种研究新进展[J]. 中国农村科技（2）：24-25.
袁隆平. 1998. 两系法亚种间和长江流域优质水稻组合选育进展[J]. 安徽农学通报，4（3）：1-4.
袁隆平. 1997. 杂交水稻超高产育种[J]. 杂交水稻（12）：1-3.
袁隆平. 2016. 第三代杂交水稻初步研究成功[J]. 科学通报，61（31）：3 404.
袁隆平. 1992. 两系法杂交水稻研究的进展[M]//袁隆平主编. 两系法杂交水稻研究论文集. 北京：农业出版社，6-11.
袁隆平. 1997. 我国两系法杂交水稻研究的形势、任务和发展前景[J]. 农业现代化研究，18（1）：1-3.
袁隆平. 2012. 选育超高产杂交水稻的进一步设想[J]. 杂交水稻（27）：1-2.
袁隆平. 1992. 选育水稻光、温敏核不育系的技术策略[J]. 杂交水稻（1）：1-4.
袁隆平. 2018. 杂交水稻发展的战略[J]. 杂交水稻，33（5）：1-2.
张启发. 2009. 绿色超级稻的培育的设想[M]. 北京：科学出版社.
张启发. 2005. 绿色超级稻培育的设想[J]. 分子植物育种，3：601-2
中国气象局. 2016. GB/T 32779—2016. 超级杂交稻制种气候风险等级[S]. 北京：中国标准出版社.